国家安全保障の諸問題

飯田耕司・国防論集

飯田　耕司　著

三恵社

はじめに

本書は、第一編を除き筆者がこれまでに雑誌等に発表した国防問題に関する論考を集めた論文集である。第一編は今回書き下ろした文章であるが、他の八編は、平成十四年から平成二十九年までの十五年に亘って書かれたものである。それらを類似のテーマに分類して前・後編に編集した。

大東亜戦争の敗戦後、我が国を占領したマッカーサーの連合国軍総司令部（ＧＨＱ）は、日本の永久的な弱体化と米国への隷属を確実にするために、「日本国憲法」の制定を強要した。この憲法でＧＨＱは我が国古来の伝統に基づく「天皇の民本・徳治」の統治理念を否定し、「明治憲法」の「立憲君主制」の国体を米国模倣の「主権在民の民主制」に改め、「象徴天皇制」とした。また国民の「忠君・愛国」の精神基盤を無視し、木に竹を継いだ「国民主権」と「平和主義」を謳い、「戦力放棄」を規定した。ＧＨＱはその意図を「憲法前文」の夢想的な美辞麗句で糊塗し、「民主主義・基本的人権の尊重・平和主義」の「民主憲法」と宣伝した。憲法は国家体制を規定する基本法であり、空疎な宣伝文書ではない。更にＧＨＱは教育制度を根本的に改変し、日本民族の「敬神崇祖」の習わしや、「愛国心と国防意識」及び「忠孝仁義を尊ぶ国民道徳」を根底から破壊した。その結果、「戦後レジーム」が生まれ、国民を劣化させた。今日の社会で頻発する「親殺し、子殺し」の惨事や、恥知らずな不祥事の横行は、日本の文化や国民性に基づかないＧＨＱ速成の「日本国憲法」がもたらしたものである。その後七十数年間、「日本国憲法」は改正されずに過ぎた。近年漸く国会で改憲の論議が始まったが、そこで論ぜられている改正事項は、筆者には枝葉末節に過ぎないと思われてならない。「憲法改正」の最大の課題は、ＧＨＱの「日本弱体化」の意図を覆し、「日本の国家と民族」の基盤を如何に修復し復活するかにある。それが国家安全保障の根幹である。

本書の主題の第一は、「国家安全保障の根本の確立」である。近年の極東における中国・北朝鮮の脅威に対処するには、単なる「辺境防備の軍備増強」ではなく、「日本国憲法」を改正し、「国体」を正して「戦後レジーム」による国民の劣化を修復し、「国防軍」を建設することが喫緊の重要事である。次に第二の論点は、情報化時代にふさわしい合理的な「国防軍」を建設するには、防衛力整備計画の策定や、部隊の作戦・運用の細部に至るまで、「オペレーションズ・リサーチとシステムズ・アナリシス（以下、ＯＲ＆ＳＡと略記）」が不可欠であることを述べる。本書は上述の二つの主題に関する筆者の論考を、それぞれ前編、後編に分けて編集したものである。

今回、新たに執筆した第一編は、前・後編の全体を総論的にまとめたものである。最初に第二次大戦の終結後、我が国がＧＨＱ及び進歩的文化人とマスコミに煽られて「国民総平和ボケ」の時代に、世界各地で起った激烈な戦争を整理した。「日本国憲法」の前文に謳われている「平和を愛する諸国民の公正と信義に信頼して、われらの安全と生存を保持しようと決意した」という妄想の誤謬を明らかにするためである。次いで近年の極東における脅威を整理し、現代の戦争の特徴を論じ、我が国の安全保障環境について述べた。最後にこれらの危機的状況に対処する合理的な隙のない防衛力整備に必須の「軍事ＯＲ＆ＳＡ」について、その骨組みを概説した。

前編の第二～四編では、先ず我が国の「戦後レジーム」の原点である「日本国憲法」の成立の経緯や、ＧＨＱの占領政策、「日本国憲法」の問題点、「戦後レジーム」による国民劣化の「安全保障の内的脅威」、現代の安全保障環境の特徴、我が国周辺の軍事的脅威、国防施策の改革等、国家安全保障に関する諸問題の論考を集めた。

次いで後編の第五～九編では、合理的な「国防軍」の建設に必須の「軍事ＯＲ＆ＳＡ」について、その発展の歴史や自衛隊におけるＯＲの位置づけ、分析活動の組織、事例等を解説した報告等を集めた。最後の第九編は、筆者の防衛大学校退官記念講演会（平成十五年三月）で配布した冊子の文章であるが、このレポートはもともと横書きであり、多数の参考文献が挙げられ、更に付録として筆者がＯＲ学会誌や海上自衛隊の術科研究誌等に投稿した理論研究の論文リストが収録されている。これらの参考文献と付録は、英語の論文が多いので、横書きとした。なお今回、この報告以後、現在までの論文や著書を「付録追加」として加えた。

このように本書は、論理的な展開に基づいて一貫して書かれた書物ではなく、長年に亘っていろいろな雑誌に掲載された文章を集めたものである。したがって各編の論述はそれぞれで完結して書かれているので、全体としては同じ項目や意見が複数の個所で重複して出てくることがある。これは本書の成り立ちから避けられないことであるが、読者にはその記述の重複・冗長が異様であり、煩しいであろう。読者に対し予めお詫びする次第である。

平成二十九年五月

著者　誌す。

凡例

一　年次の表記は、日本学協会や水戸史学会の機関誌では、国内事案は和暦元号、国際事案は西暦であるが、その他の雑誌では本文は横書きで西暦を用いることが多い。本書の年次の表記は掲載誌の原文に従ったが、本文を縦書きに統一したために、西暦年次の数字は漢数字とした。

二　原文の誤字・脱字を改め、次の事項の記述様式を左記に統一した。

㈠　本書に所収の論文は、掲載誌によって縦書きのもの、横書きのもの、また段組も一～三段組みといろいろであるが、本書では縦書き・二段組みに統一した。そのため英語の表記は、縦書き本文の中の横書きを避けるために、人名はカタカナとし、組織名等の英字略語は大文字の英字の縦書き、初出時に英字フルスペルをカッコ内に横書きで示した。

㈡　原文中、年次表記を「今年、昨年」と書いた箇所がある。これは出版年次がまちまちの論考を集めた本書では、読者の誤解を招く惧れがあるので、当該事案の年次の表記に改めた。

㈢　参考文献の番号の表記を［1］…［n］に統一した。

㈣　見出し・小見出しの番号付けは原則として、一二、㈠㈡、㊀㊁、イロ、の順とし、また同じ見出し項目中の記述の番号づけは、①②、ⒶⒷ、ⓐⓑ、とした。

目次

はじめに　i
凡例　iii
第一編　国家安全保障とOR&SA……1
前編　国家安全保障の基本問題　49〜170
第二編　日本を取り戻す道―「日本国憲法」の改正に関する私見―　『水戸史学』（水戸史学会）、第八十号（平成二十六年六月）…49
第三編　戦後レジームの原点……70〜118
一　大東亜戦争の敗北と連合軍の日本占領　『日本』（日本学協会）、第六十五巻第一号（平成二十七年正月）70
二　連合軍による日本弱体化の占領政策　同　第二号（同年二月）78
三　同（続）　同　第三号（同年三月）88

四　「占領実施法」としての「日本国憲法」　同　第五号（同年五月）98
五　サンフランシスコ条約と戦後レジーム　同　第六号（同年六月）108

第四編　国家安全保障の基本問題……119〜170

第一部　世界の紛争と現代の国家安全保障環境　『日本』第六十六巻第六号（平成二十八年六月）119
第二部　我が国周辺の軍事情勢（一）　同　第七号（同年七月）127
同　（二）　同　第九号（同年九月）135
第三部　国防の内的脅威・戦後レジーム　同　第十号（同年十月）146
第四部　国家安全保障体制確立のための諸改革　同　第十二号（同年十二月）154
第五部　危機管理と防衛力整備の重点施策　同　第六十七巻第二号（同年二月）162

後　編　国家安全保障と軍事オペレーションズ・リサーチ活動……171〜281

第五編　国防の危機管理システム―軍事OR研究のすすめ―……171〜199

同　―上―　『日本』第六十巻第十二号（平成二十二年十二月）171
同　―中―　同　第六十一巻第一号（平成二十三年一月）178
同　―下―　同　第二号（平成二十三年二月）189

第六編　戦闘を科学的に分析する　軍事ORの理論、『OR大研究』
『エコノミスト増刊号』（平成二十二年三月）毎日新聞……200
第七編　海上自衛隊のOR&SA活動の概要
『月刊ロジスティック・ビジネス』（平成二十七年六月）
国際ロジスティクス学会［SOLE］日本支部……206
第八編　海上航空部隊の部隊OR活動について
『海上自衛隊 苦心の足跡』、第七巻 固定翼
公益財団法人　水交会、平成二十九年三月……215
第九編　軍事ORの温故知新
著者の退官記念講演での配布資料（平成十五年三月）、防衛大学校
（海上自衛隊幹部学校、『波濤』、第一六〇、一六一号（平成十四年）を補筆）……224
付録　筆者の軍事ORの研究論文リスト　270
おわりに　283

第一編　国家安全保障とＯＲ＆ＳＡ

平成二十九年五月　作成

本第一編では、第二次世界大戦の終結以後、世界各地で起った戦乱を簡潔に概観し、現代の戦争の特徴と、東アジアの軍事情勢を述べ、我が国の国家安全保障の問題点を整理する。次いでそれらの現実を踏まえて、防衛力整備計画や部隊の作戦計画を作成する上で必要な科学的軍事ＯＲの研究を述べる。なお本編では国際事案の記述が多いので、年次の表記は西暦を用いる。

我が国は大東亜戦争の敗戦以後、これまで七十余年間、占領軍に強制された「日本国憲法」の下に、国家安全保障の抑止力を米国に委ね、経済の繁栄のみを追及してきた。「日本国憲法」の前文では、「日本国民は、恒久の平和を念願し、人間相互の関係を支配する崇高な理想を深く自覚するのであつて、平和を愛する諸国民の公正と信義に信頼して、われらの安全と生存を保持しようと決意した」と述べ、第九条で戦力を放棄した。しかし第二次大戦終結（一九四五年八月）以後も、世界各地で戦乱が頻発し、国際政治は弱肉強食の修羅場である。この現実を考えれば、「日本国憲法」は幻想の夢想的平和主義を強弁して戦力放棄を正当化し、我が国を永続的に無力化して米国に隷属させる占領政策の策謀と断言してよい（本書第二、三、四編に詳述）。このことは連合軍総司令官を解任されて帰国したマッカーサーが、その直後に米国上院軍事・外交委員会で「日本人は十二歳だ」と述べた証言（一九五一年五月）がそれを裏付けている。

第一節　第二次世界大戦後の世界の戦乱

本節では第二次大戦終結後の戦争を、おおまかに整理する。戦争勃発の背景や原因は様々であるが、「戦争の性格」に着目して分類すれば、次の五つの類型に大別される（但し独立戦争は省略する）。

Ａ　東西冷戦の米ソ直接対決
Ｂ　国内覇権の争奪戦争（米ソ代理戦争）
Ｃ　国境紛争
Ｄ　民族・宗教の争い

E　同盟国の戦争への参戦

勿論、現実の戦争は上記が複合して作用し、抗争の経過につれて変化する場合が多いが、第二次大戦終結後の世界の主な紛争を上記の分類に従って極く大雑把に述べれば、次のように整理される。

A　東西冷戦の米ソ対決

A―1　ベルリン危機　第二次大戦終結後、米ソの対立は急激に顕在化した。敗戦国ドイツは「ヤルタ協定」に基いて米・英・仏・ソの四国が分割統治し、ソ連管轄内の飛び地にある首都ベルリンも四つに分割された。ソ連はドイツに過酷な賠償を求め、ドイツの早期復興を目指す西側三ヶ国と対立した。ソ連は一九四八年六月下旬、西ベルリンに向かう全ての鉄道と道路を封鎖した。翌年五月中旬に封鎖が解かれるまで、米・英軍は市民の日々の生活物資を大空輸作戦で輸送して対抗した。

西側諸国が占領統治した地域は一九四九年五月にドイツ連邦共和国（西ドイツ）として、またソ連占領地区は同年十月にドイツ民主共和国（東ドイツ）としてそれぞれ独立したが、東ドイツ政府は自国民が自由を求めて西ベルリンへ脱出することを防ぐために、一九六一年八月に西ベルリンを囲む壁を建設した（ベルリンの壁の危機。一九六一・八～一九八九・十一）。

東ドイツは第二次大戦の被害とソ連による賠償の取立てを克服し、一九七〇年代には東欧の社会主義国の中では最も発展した国となった。ソ連の経済危機に伴う国力の低下により、東欧諸国で共産主義政権が連鎖的に崩壊する東欧革命が起った。東ドイツ政府は市民運動に抗し難く、一九八九年十一月、ベルリンの壁を開放した。翌一九九〇年には自由選挙で西ドイツとの統一を唱える勢力が勝利し、十月上旬にドイツ連邦共和国に吸収され、ドイツは四十一年ぶりに再統一された。

A―2　キューバ危機

第一次キューバ危機（ピッグス湾事件、一九六一・四）

キューバは一九四〇年にフルヘンシオ・バティスタ大統領が就任して新憲法を公布し、国家の改革計画を始めた。しかし一九四四年の総選挙でバティスタが敗北した。キューバ国内ではインフレが昂進し、砂糖の国際価格の不安定化で社会不安が増大し、一九五二年にバティスタはクーデターを起こして政権を奪取した。彼は憲法を停止して独裁政治を始め、腐敗・弾圧が続いた。この間経済は、米国のキューバ支配が浸透し、バティスタ政権と米政府、米企業、米マフィアの四者がキューバの富を独占し、米国による半植民地状態に陥った。一九五三年七月、その改革を目指してフィデル・カストロが率いる革命運動が起った。しかし革命は失敗してカストロは投獄された。一九五五年に恩赦で釈放され、メキシコに亡命、後にアメリカに移住して革命活動を続けた。一九五六年にヨットでキューバに渡り、島の南東部の山中でゲリラ闘争を行い、一九五九年一月に革命に成功した。バティスタは国外に逃亡し、カストロが革命政権の首相に就任した。彼は土地と産業を国有化して農業を集団化し、社会主義国の建設を推進した。米国はカストロ政権を敵視し、ＣＩＡは一九六〇年三月に政権転覆を秘密裏に計画し、キューバの亡命者を組織して中米のグアテマラの基地でゲリラ戦の訓練を行い、キューバ上陸を図った。一九六一年一月に米国はキューバとの国交を断絶し、就任直後のケネディ大統領は、米軍が直接介入しない条件で作戦を許可し、一九六一年四月中旬に実施された。作戦はキューバ空軍の飛行場を爆撃して制空権を奪い、二日後にピッグス湾に上陸する計画であったが、初日の空爆作戦が失敗し、制空権を確保できないまま、約千四百人の亡命キューバ人部隊がピッグス湾に上陸した。キューバ政府軍はこれを反撃し、沖合に待機した艦船もキューバ空軍が撃沈し、上陸部隊は海岸で立ち往生した。米ＣＩＡは米軍の介入を図ったが、ケネディ大統領はこれを拒否し、残存兵は投降した。この事件でキューバと米国の対決は決定的になり、キューバ政府は国内の全ての米企業を国有化した。また四月末に米国はキューバの経済封鎖を行い、米州機構からキューバを追放した。キューバはこの事件以後、ソ連への接近を強め、一九六二年、極秘裡に軍事協定を結び、一九六二年十月に第二次キューバ危機が起きた。

第二次キューバ危機　一九六二年七月にカストロ首相がモスクワを訪問し、「キューバ駐留ソビエト軍に関する協定」を結び、八月にチェ・ゲバラらが訪ソして再調整し、二国間の「軍事協力協定」を締結した。カストロは米国のキューバ侵攻に備えて、ソ連に最新鋭のジェット戦闘機や地対空ミサイル等の供与を求め、ソ連はそれに対し核ミサイル及び付属兵力をキューバ国内に配備する「アナディル作戦」（註）を提案し、キューバもこれに同意した。当時、ソ連は大陸間弾道ミサイルの開発中で、潜水艦と爆撃機以外に米本土を直接攻撃する手段を持たず、米国に対する核攻撃能力の不均衡を補強するのが、ソ連の狙いであった。

註　「アナディル作戦」　ソ連は核ミサイル（中距離弾道ミサイルＩＲＢＭ・二十四基、準中距離弾ミサイルＭＲＢＭ・三十六基）、航空兵力（軽爆撃機イリューシン・四十二機、戦闘機ＭｉＧ21・四十機、地対空ミサイル・七十二基）、陸上兵力（四個連隊・一万四千名）、沿岸防衛（巡航ミサイル、巡視艇・十二隻）、合計四万五千名を、船舶八十五隻で複数回往復して輸送する計画であった。

一九六二年十月中旬、米軍哨戒機がキューバの核ミサイル基地の建設を発見し、キューバを海上封鎖した。同月下旬に海外駐留軍を含む全米軍はソ連との全面戦争に備えた臨戦態勢をとり、米ソは一触即発の状態に陥った。ケネディ大統領とフルシチョフ首相とは書簡を交換し、十月末、フルシチョフ首相がモスクワ放送でミサイル撤去を発表し、米ソ全面戦争は回避された。ソ連が核ミサイルを撤去し、十一月下旬、米軍は海上封鎖を解除した。

B　国内覇権の争奪戦争

第二次大戦後、アジアの各地で戦われた戦争は、独立して間もない諸国の不安定な政治体制下でイデオロギー的対立が生じ、それを米ソが増幅する形で拡大した戦争である。米ソの代理戦争と言ってよい。

B―1　インドシナ戦争　インドシナ半島のベトナム、ラオス、カンボジアは一九世紀末から仏国の植民地となった。一九四一年五月、ホー・チ・ミンを中心に「ベトナム独立同盟」（ベトミン）が結成され、宗主国の仏軍を相手に戦った。第二次大戦中、仏領インドシナは日本軍が占領したが、日本の敗戦直後、ベトナム王朝の阮朝（一八〇二～一九四五）からベトナム民主共和国（ホー・チ・ミン主席）が独立しベトナム北部を支配した。

第一次インドシナ戦争（一九四六・十二～一九五四・十）ベトミン軍は仏軍と戦って独立し、一九五〇年一月にソ連と中国がベトナム民主共和国を承認し武器援助を行い、ベトミン軍は近代化され正規軍の編成を拡大した。一方、米国も仏国とインドシナ三国に軍事顧問団や武器援助を行った。一九五四年三月、ベトミンは仏軍のディエンビエンフー要塞を包囲し、同年五月に仏軍は降伏した。この敗戦を機にジュネーヴでインドシナ和平会談が始められた。紛争当事国の仏、南ベトナムのバオ・ダイ政府、ベトミンのほか、米、英、ソ連、中国、カンボジア、ラオスが参加した。会議は難航したが、七月下旬、「ジュネーヴ協定」（インドシナ休戦協定）が成立し、①インドシナ三国（ベトナム、カンボジア、ラオス）の独立、②協定履行の合同委員会と国際監視委員会を設置、③北緯十七度線を暫定的軍事境界線としてベトナムを南北に分離し、一九五六年七月に選挙を行い統一を図る、④ベトミン軍の南ベトナムからの撤退と仏軍の北ベトナム、カンボジア、ラオスからの撤退、等が合意された。ベトミン軍は一九五四年十月にハノイを占領し、フランス軍はベトナムから撤退した。

第二次インドシナ戦争（ベトナム戦争。一九六〇～一九七五）「ジュネーヴ協定」では南北統一選挙が決められたが、南ベトナムのゴ・ディン・ジエム政府は、国民的な英雄の北ベトナムのホー・チ・ミンが選挙に勝つことを恐れて自由選挙協議を拒否し、南北統一選挙は実現しなかった。更に一九五五年夏からジェム政権は共産主義者を弾圧し五〜十万人を収容所に送り込んだ。これに対して北ベトナムはゲリラを南部に送り、元ベトミンを含む南ベトナム国内のゲリラは、「南ベトナム解放民族戦線」（ベトコン）を組織してサイゴン政府軍と戦い、第二次インドシナ戦争（ベトナム戦争とも言う）に発展した。米国は南ベトナムを支援し「軍事顧問団」を送り、大規模な北爆を行った。一九六四年八月初旬にトンキン湾で北ベトナム軍の魚雷艇が米海軍の駆逐艦を雷撃する事件（トンキン湾事件。この事件は米軍によるベトナム戦介入の口実作りの謀略との報道もある）が起こり、米軍は北ベトナム軍の魚雷艇基地を報復攻撃した。更にジョンソン米大統領は議会に「北ベトナムの武力攻撃に対し全ての措置を取る」戦時大権を求め、圧倒的な支持で承認された。一九六五年三月海兵隊三千五百人を南ベトナムのダナンに上陸させ、大規模な空軍基地を建設した。更に同年七月末に陸軍も派遣し戦線を拡大した。また米国は共産勢力の伸張に強い危機感を持っていた反共軍事同盟・東南アジア条約機構の加盟国のタイ王国、フィリピン、オーストラリア、ニュージーランド（以後ＮＺと書く）及び韓国にも出兵を要請し、各国は一九六四〜一九七二年にかけて派兵した。

ベトコンは頑強に米軍に対抗し、ベトナム戦争は泥沼化して米国内では反戦世論が高まった。ニクソン大統領は米派遣軍を削減し、ベトナムからの名誉ある撤退と将来の東南アジアへの米国の影響力を確保するため、一九六九年一月の大統領就任直後からＨ・キッシンジャー国家安全保障担当大統領補佐官に北ベトナム政府との和平交渉を開始させたが、交渉は幾度も暗礁に乗り上げた。

一九七二年二月に、ニクソン大統領は北ベトナムの中心的支援国の中国を訪問し、首脳会談を行った。中国にとり米国との接近は、中ソ国境紛争（一九六九）以降、関係が極度に悪化したソ連の牽制と、文化大革命（一九六六〜一九七七）後停滞した中国外交の活性化を図る意図があった。しかし北ベトナムは中国の米国接近を「裏切り行為」として、以後、ソ連との関係を強めた。

米軍と南ベトナム軍は、一九七〇年春から翌年一月末にかけて、ラオス南東部及びカンボジア東部の「ホーチミン・ルート」（中国・ソ連から北ベトナムへの軍事物資支援ルート）の遮断とベトコンの兵站基地の壊滅を目的としてラオスやカンボジアに侵攻した。ニクソン大統領の米軍撤退計画を補強する南ベトナム軍の強化計画によって、地上戦闘を南ベトナム軍が主として担当し、輸送・航空作戦を米軍が支援した。侵攻後に米軍はヘリボーン輸送によりラオスに三ヶ所の拠点を設けたが、北ベトナム軍の反撃を受けて三月末にはラオス領内から撤退し「ホーチミン・ルート」の遮断作戦は失敗に終った。

アジア情勢が目まぐるしく推移する中で一九七二年秋に和平の秘密交渉が加速し、交渉開始後四年八ヶ月経った一九七三年一月下旬に、北ベトナムのレ・ドゥク・ト特別顧問とキッシンジャー大統領補佐官の間で和平協定の仮調印に漕ぎ付け、その後、南ベトナム外相、米国務長官、北ベトナム外相、南ベトナム共和国臨時革命政府外相の四者間で「パリ協定（ベトナム和平）」が調印された。ベトナム戦争の最盛期（一九六八）には米国の派遣軍は五十四万人に達したが、一九六九年以後はニクソン政権の撤退計画が行われ、一九七三年一月の協定締結時には二万四千人となり、和平後二ヶ月の三月末に撤退が完了した。しかし米軍の「軍事顧問団」は規模を縮小して南ベトナムに残留し、航空機や戦車、兵器類の援助が行われた。これはソ連の北ベトナム支援も同様であった。パリ協定で米軍が撤退した結果、南ベトナム軍と北ベトナム軍の戦力格差は決定的に広がった。北ベトナム軍はパリ協定の「停戦」に違反した場合の米軍の再介入を恐れ、当初、南ベトナム軍への大規模な攻勢を控えたが、間もなく協定を無視し南ベトナム軍への攻撃を強めた。弱体化した南ベトナム軍は敗北を重ね、一九七五年四月、北ベトナム軍が首都サイゴンを占領して戦争は終了し、一九七六年七月にベトナム社会主義共和国が成立した。

ラオスでは一九七一年二月、米軍のラオス空爆で戦火が拡大したが、パテト・ラオ軍はラオス全域を制圧し、一九七五年には「ラオス人民民主共和国」を樹立した。

第三次インドシナ戦争　カンボジア王国では、一九七〇年三月に容共的元首のノロドム・シハヌーク国王が外遊中に、反乱軍がクーデターを起こした。シハヌーク国王一派を国外追放し、国王の国家元首の解任、王制廃止と共和制施行を議決し、ロン・ノルを首班とする親米政権の「クメール共和国」を建国した。北ベトナムはこれを認めず、一九七〇年三月、カンボジアを攻撃し、北ベトナム軍はカンボジア東部を瞬く間に蹂躙して首都プノンペンの近郊に迫り、カンボジア軍を破って制圧地域を地元の武装勢力に引き渡して撤退した。一方、武装勢力・クメール・ルージュ（毛沢東思想を信奉するポル・ポトが率い中国の支援を受けた）は北ベトナム軍と別行動で活動し、カンボジア南部及び南西部に「解放区」を樹立した。その後、ロン・ノルが率いるカンボジア政府軍とクメール・ルージュの間でカンボジア内戦（一九七〇〜一九七五）が起こった。なおロン・ノル政権は北ベトナムへの報復として、カンボジア在住のベトナム人を捕らえて虐殺し、多くのベトナム人が南ベトナムに避難し、ロン・ノルは南北ベトナム人の怨嗟の的になった。

当時、カンボジア政府の中立政策と軍事的脆弱性により、カンボジア東部国境は北ベトナムの後方拠点として利用され、約四万人規模の北ベトナム軍とベトコンの部隊が展開していた。前述した米・南ベトナム連合の「ホーチミン・ルート」遮断作戦が行われたが、結果的に作戦目的は達成できなかった。

なおクーデターでカンボジアを追放されたシハヌークは北京に留まり、中国の庇護の下に亡命政権の「カンボジア王国民族連合政府」を結成し（一九七〇・五）、親米政権のロン・ノル政権の打倒を訴えた。シハヌークはかつて弾圧したポル・ポト派を嫌っていたが、ポル・ポト派を支持する毛沢東や周恩来、北朝鮮の金日成らの説得によりクメール・ルージュと手を結び、農村部のクメール・ルージュ支持者の獲得に努めた。

ベトナム戦争中、ベトナム共産党とカンボジア共産党（クメール・ルージュ）は、両国内の親米政権に対し連合して戦ったが、クメール・ルージュ指導部はベトナム共産党がこの地域の優勢な軍事力でインドシナ連邦を形成する動きを警戒し、一九七五年から一九七七年にかけて国境で小規模な衝突が始まった。一九七八年末、ベトナムはカンボジアに侵攻し（カンボジア・ベトナム戦争）、中国が支援するポル・ポト政権を倒した。中国はその懲罰のために一九七九年二月にベトナムへ侵攻したが、中国人民解放軍（以下、中共軍と書く）は惨敗し、三月には撤収した（中越戦争）。その後もカンボジアでは内戦が続き、東西冷戦終結直後の一九九〇年六月、東京で「カンボジア和平東京会議」が開かれた。次いで一九九一年十月下旬、パリで「カンボジア和平パリ国際会議」を開き、国内四派が最終合意文書に調印し、ここに二十年に及ぶカンボジア内戦が終結した。これらは米・ソ・中の三つ巴の代理戦争であったが、総称して第三次インドシナ戦争と言う。

B—2　中国・国共内戦　日中戦争勃発前、蒋介石が率いる国民革命軍と共産党の中国工農紅軍は政権を争って第一次国共内戦（一九二七〜一九三七）を戦ったが、日中戦争中は国共合作して対日共同戦線を展開した。大東亜戦争の日本敗戦により中華民国（蒋介石総統）が戦勝国となり国際連合の常任理事国となった。その後、国内では国民党と共産党の対立が顕在化し、一九四五年十月に武力衝突し、一九四六年六月、全面的な内戦（第二次国共内戦。一九四五～継続中）となった。ソ連は中共軍を支援し、米国は国府軍を支援したが、中共軍が勝利し、一九四九年十二月に蒋介石軍は台湾に脱出して台北市を首都とした。しかし中国は第十期全人代（二〇〇五・三）で「反国家分裂法（国家分裂防止法）」を可決し、台湾と中国は不可分とし、「祖国統一の大業を達成することは、台湾同胞を含む全中国人民の神聖な責務（第四条）」であり、「一つの中国の原則を堅持することは、祖国平和統一実現の基礎である（第五条）」と謳っている。中国は台湾を「国家の核心的利益」（註）とし、「海洋発展戦略」にも「祖国統一」を掲げた。一九九六年の台湾の総統選挙では、中共軍は独立志向の李登輝候補の当選を妨害するために、台湾海峡で恫喝の大規模な軍事演習（台湾海峡ミサイル危機）を行ったが米国は空母機動部隊を派遣して中国の圧力を排除した。

註　国家の核心的利益。中国の主権、安全、領土保全、国家統一、政治制度と社会の安定、及び経済と社会の持続的発展を阻害する事項を指し、従来は台湾、チベット、新疆ウイグル自地区の独立阻止及び南シナ海の領海問題を指したが、二〇一二年以後は尖閣諸島も加えられた。

B―3　朝鮮戦争　連合国は「カイロ宣言」（一九四三・十二）で第二次大戦終結後には朝鮮を独立国とすると発表し、「ヤルタ会談」（米英ソの首脳会談。一九四五・二）で国際連合の設立、ドイツ及び中部・東部欧州の戦後処理等が合意された。大戦後の国際レジームが規定され、東西冷戦の端緒を作った。また米ソ間で「ヤルタ秘密協定」を結び、ドイツ敗戦後九十日後のソ連対日参戦、及び千島列島・樺太・朝鮮半島・台湾などの日本領土の戦後処理を合意し、今日の北方領土問題を残した。

ソ連は「ヤルタ密約」に従い、「日ソ中立条約」（一九四一）を破棄して一九四五年八月上旬に対日宣戦し満洲国に侵攻し、朝鮮の清津市にも上陸した。トルーマン米大統領はソ連軍の朝鮮半島全体の占領を恐れ、ソ連に対し朝鮮半島の南北分割占領を提案し、ソ連はこれを受け入れ、朝鮮半島は北緯三十八度線を境に北部をソ連軍、南部を米軍が分割占領した。その後、一九四八年に大韓民国（韓国。李承晩大統領）と朝鮮民主主義人民共和国（北朝鮮。金日成首相）の独立が認められた。南北いずれも朝鮮半島全域の支配を望み、北朝鮮の金日成はソ連の了解を得て、一九五〇年六月下旬、三十八度線を越えて南に侵攻し、米・韓軍は釜山近郊まで押し込められた。マッカーサー米極東軍司令官は在日米軍と、国連軍

（英・豪・フィリピン・ベルギー・タイ王国で組織）を投入して反攻に転じ、仁川港に逆上陸して北朝鮮軍の戦線を崩壊させた。国連軍・韓国軍は北朝鮮軍を追撃して中国との国境の鴨緑江近辺にまで進撃した。これに対し中国は精鋭師団を義勇軍として派遣して北朝鮮を支援し、韓国軍・国連軍を南に押し戻し、一時ソウルを再び占領した。ソ連は直接参戦せず、軍事顧問団の派遣、武器調達や訓練等を支援し、米ソの代理戦争となった。その後、北緯三十八度線付近で両軍は膠着状態になり、一九五一年七月中旬、休戦協議を始め、二年に亘る協議の末、一九五三年七月下旬、膠着戦線を停戦ラインとする「朝鮮戦争休戦協定」が合意された。但し韓国政府は休戦協定に署名せず、戦争は停戦状態である。

我が国では終戦後、軍は解体されたが掃海部隊は保安庁に残され、米軍が戦時中日本周辺に敷設した機雷の掃海に当った（後に海上自衛隊に編入）。朝鮮戦争ではこの掃海隊（三隊・掃海艇十四隻、巡視艇七隻。指揮官・田村久三元海軍大佐）がＧＨＱの指令により出動し（一九五〇・十）、元山港の掃海に従事し、一隻が触雷・沈没し、殉職者一名、重軽傷者十八名を出した［１］。

C　国境紛争

C―1　印パ戦争、中印戦争　一九四七年に独立したインドとパキスタンは、カシミール地方の領有を巡り、第一次（一九四七）・第二次印パ戦争（一九六五）、また東パキスタン独立問題で第三次印パ戦争（一九七一）を戦った。更に同地域では中国とインドも国境を争い、中印戦争（一九五九）が起こった。

C―2　中ソ国境紛争　中ソ両国はベトナム戦争では共に北ベトナムを支援したが、フルシチョフ・ソ連共産党第一書記のスターリン批判（註）とそれに続く平和共存路線を中国は「修正主義」と批判し、一九五六年以後、中ソ両国は世界戦略と国境問題で対立した。一九六〇年代末には四、三八〇粁《キロメートル》の国境線を挟んで、六十五万八千名のソ連軍と八十一万四千名の中共軍が対峙した。一九六九年三月初旬にはアムール川（中国名・黒竜江）の支流ウスリー川の中州・ダマンスキー島（珍宝島）で軍事衝突が起こり（ダマンスキー島事件）、更に七月上旬にはアムール川のゴルジンスキー島（八岔島）で武力衝突し、八月には新疆ウイグル自治区でも衝突した。

註　スターリン批判　スターリンの死去から三年後、ソ連共産党第一書記フルシチョフは、第二十回党大会（一九五六・二）で、スターリンの個人崇拝、独裁政治、粛清の事実を詳細に公表した。これよりスターリンは国際共産主義運動の玉座から引きずり下ろされた。

中ソの国境画定の交渉は一九八九年にゴルバチョフ大

統領が訪中して中ソ国交を正常化し、以後、全面的な国境見直しが始まり、断続的に協議を続け、二〇〇八年七月、中露外相が北京で「東部国境画定に関する議定書」に署名し（同年十月発効）、中露国境紛争は解決した。

C―3　中国のチベット侵略　チベットでは一六四二年にダライ・ラマ（チベット仏教の最高位）を元首とするガンデンポタン政権が成立し、清朝の滅亡と同時（一九一二）に独立し、英国や欧州諸国が承認した。しかし国共内戦に勝った中国は、一九五〇年、清の版図を中国領と主張してチベットに侵攻した。ガンデンポタン政権はチベットの「固有の宗教・言語・文化を維持する自治」を条件として、一九五一年「十七ヶ条協定」を結び中国領となった。しかし中国は協定を無視し、宗教の否定・排除、土地の収奪、漢族の大量入植を進めたため、一九五六年にチベット人の抗中独立運動（チベット動乱）が起った。中共軍は武力弾圧し、ダライラマ十四世はインドに亡命し（二〇一一年三月に引退）、「チベット臨時政府（チベット亡命政府）」を設けた。その後も動乱が続き犠牲者は百二十万人と伝えられる。中国は二〇〇八年三月のラサ暴動を「ダライラマの祖国分裂活動」と宣伝し、武力弾圧してチベットを併合した。

D　民族・宗教の争い

D―1　中東戦争　一九四八年、イスラエルが建国した。周囲のアラブ諸国がこれに強く反発して、アラブ連盟五ヶ国（レバノン、シリア、ヨルダン、イラク、エジプト）がイスラエルに宣戦した。以後、英仏も干渉して四回の中東戦争（第一次・一九四八年、第二次・一九五六年、第三次・一九六七年、第四次・一九七三年）が戦われた。クリントン米大統領の仲介でヨルダン川西岸とガザ地区にパレスチナ・アラブ人の自治区を作る協定「オスロ合意」（一九九三）が結ばれ、パレスチナ自治政府が成立し、戦火は収まったが、未だに紛争が燻っている。

D―2　アフガニスタン紛争　一九七八年にアフガニスタンで共産党政権が成立し、反対派のイスラム原理主義武装勢力が蜂起しほぼ全土を支配下に収めた。政権側はソ連に支援を求め、ソ連軍が介入した（一九七九・十二～一九八九・二）。ソ連軍撤退後も宗派の内部抗争が続いたが、台頭したイスラム主義組織・タリバン（ムハンマド・オマルが創設）が一九九六年から二〇〇一年末までアフガニスタンの大部分を実効支配し、「アフガニスタン・イスラム首長国」を樹立した。タリバンと米・有志連合との戦闘が続き、イスラム原理主義テロリストの活動が活発化した。また武装勢力・ムジャーヒディーンが共産主義政権・ソ連軍と戦い、米国が武器を供給した。

ムジャーヒディーンには二十以上のイスラム諸国の二十万人の義勇兵が含まれ、後に米国同時多発テロを行ったウサーマ・ビン・ラディンも参加していた。

共産主義政権の打倒後もムジャーヒディーン内の内輪もめから再び戦闘が始まり、アフガニスタンが無秩序・無法状態に陥った。その混乱を収めイスラム教に基づく治安と秩序の回復のために武装勢力・タリバンが組織化され、パキスタンの強い支援を受けて急激に勢力を拡大し、二〇〇一年九月頃には国土の大部分を支配した。またCBRNE（Chemical 化学、Biological 生物、Radiological 放射能、Nuclear 核、high-yield-Explosive 高性能爆薬）の大量破壊兵器が国際テロ集団に拡散する懼れが生じた。これに対して二〇〇一年十月に米国を中心に有志連合諸国と北部同盟（北部アフガニスタンを統治した反タリバン政権）が「不朽の自由作戦」を発動し、ビン・ラーディンとアル・カーイダ勢力を匿うタリバン政権を攻撃し、アフガニスタン紛争が始まった。その後、アフガニスタン、イラクに戦火が拡がった。

D―3　イラン・イラク戦争　一九七九年、イランでイスラム教シーア派が革命を起こして親米のパーレビー政権を倒し、ホメイニー師の指導の下で「イスラム共和制」を敷き、周辺のアラブ諸国の警戒感を強めた。イラン国内では混乱が続き多数の保守派が粛清され、周辺国と欧米が干渉し、またシーア派の影響がイラクに波及することを恐れたサダム・フセイン大統領がイランを奇襲して、イラン・イラク戦争（一九八〇・九～一九八八・八）を始めた。戦闘は初めはイラクが優勢であったが、隣国シリアがイランを支援したため、イラクは劣勢となり、イラン軍が国境を越えてバスラに迫った。米国はイラン革命が諸国に波及することを警戒してイラクに軍事援助を行った。またサダム・フセイン大統領は巧みな外交によってソ連からも武器援助を受けた。国連総長の停戦調停により、一九八八年八月に停戦が実現した。

一九八九年十一月、ベルリンの壁が崩壊し、一九八九年十二月には、地中海のマルタ島でゴルバチョフ・ソ連首相とＧ・Ｈ・Ｗ・ブッシュ米大統領が会談して冷戦の終結を宣言した。これにより東欧のソ連圏の民主化が進み、一九九一年十二月にはソ連が崩壊した。

D―4　シリア内戦　二〇一一年一月下旬、アサド政権派のシリア軍と反政権派勢力との武力衝突が起こった。その後、イスラム過激派勢力とシリア北部のクルド人勢力の間での衝突や、反政権派勢力間での内部抗争が生じ、混乱に乗じた過激派組織イスラム国（略称ＩＳ・Islamic State. 二〇一四年に建国宣言。国際間では不承認）が参戦し勢力を拡大した。米・仏等の多国籍軍は反政府勢力を、またロシアやイランはアサド政権を支援し、ＩＳを加えた三つ巴の内戦に泥沼化した（二〇一六）。更に二〇一七年四月、シリア政府軍の化学兵器使用の報復として、米駆逐艦二隻が六十九発の巡航ミサイル攻撃を政府軍基地に加え、またアフガニスタン東部のＩＳ基地に大規模爆風爆弾空爆を行った。

Ｄ―５　国際テロ戦争　湾岸戦争後、中東諸国に国際テロ集団が勃興し、二〇〇一年九月にアルカイダが米国で大型旅客機四機を乗っ取り、政治・経済の中枢に三機が突入するＮＹ同時多発テロ攻撃を行った（九・一一テロ）。このテロは自由主義諸国に対する国際テロ集団の宣戦布告であり、国際テロ戦争時代の幕開けとなった。

米国はアルカイダを保護したアフガニスタンのタリバン政権を攻撃し（二〇〇一～二〇一一）、アルカイダの指導者・ウサーマ・ビン・ラディンを殺害した。更にＣＢＲＮＥの隠匿疑惑でイラクを攻撃し（二〇〇三～二〇一〇）、湾岸戦争の張本人・サダム・フセインを倒した。

またチュニジアの「ジャスミン革命」（二〇一〇）が急速に中近東諸国に伝播し、イスラム教宗派や民族間の権力闘争に欧米・露が干渉して紛争が激化し、シリア内戦（二〇一一年～継続中）、ウクライナ内戦（二〇一四年。ロシアのクリミヤ併合）等が起きた。九・一一テロ後、ＩＳ等の過激派集団の活動が活発化し世界各地に拡がった。

アフガニスタンやイラクでの国際テロ集団解体の戦争は、二〇一二年には米軍のアジア展開に重点が移された（オバマ政権のリバランス政策）。二〇一五年には米・キューバの国交回復、イランの核開発の協議・和解と経済制裁の解除等、前世紀の紛争が決着した。しかしＩＳに対する欧米・露の空爆、シリア内戦の激化と難民の激増、サウジアラビアとイランの国交断絶（二〇一六）等が続き、各国での過激派集団の自爆テロが頻発した。

Ｅ　同盟国の戦争への参戦

同盟国への攻撃に対し「同盟上の義務」により参戦する場合の戦争がある。第一次・第二次世界大戦はこの形で世界規模に拡大したが、第二次大戦後のＢ型の米ソ代理戦争も、「同盟」が口実に使われることが多かった。

以上、本節では第二次大戦の終結後、世界の各地で起った主な戦争を概観した。これらは「平和を愛する諸国民の公正と信義に信頼して」戦力放棄を謳った「日本国憲法」が、如何に現実を無視した「夢想的な平和主義」であるかを明示している。これは「マッカーサー憲法」の基本理念に対する明らかな反証である。

○　我が国の将来の戦争

米ソの冷戦が終結しソ連が崩壊した後、世界の緊張は緩和されたが、一方、国際テロ集団やＩＳの活動の激化等、新たな紛争が生まれ、その対応が求められている。国際テロ集団の攻撃以外に、将来、我が国が直面する可能性のある戦争は、次の三つのケースが考えられる。

① **Ｂ型（内乱に対する第三国の干渉）**　何らかの国内問題について世論が分裂して暴力的対立に発展し、その一方の「支援要請」を口実として外国が干渉し、国内騒乱が国家間の戦争になることが考えられる。

② **Ｃ型（国境紛争）**　現状における我が国の国境紛争としては、①ロシアとの北方四島の帰属問題、②韓国による竹島の不法占拠、③中国の海洋覇権拡大よる東シナ海の尖閣諸島、防空識別圏、及び排他的経済水域（EEZ：Exclusive Economic Zone）問題の三つがある。

北方領土問題は、大東亜戦争の戦後処理の問題であり、外交的対処が図られ、安倍内閣はロシアとの合同経済開発による環境整備を進めている。竹島問題は占領下の日本に対する李承晩ライン以来の韓国の不法行為であるが、近年韓国がその既成事実化を強化しており、国連の常設仲裁裁判所への提訴等、適切な対抗策を進める必要がある。

一方、中国の東シナ海の海洋覇権強行は、現在進行中であり、今後さらに拡大する恐れがある。厳重な警戒と断固たる対処を要する事案であり、処置を誤れば沖縄を含む南西諸島が中国に侵略される恐れがある。

③ **Ｅ型（日米同盟による戦争）**　東アジアで将来生起する可能性のある軍事的危機としては、Ⓐ北朝鮮と韓国の衝突、北朝鮮の核武装の抑止、又は北朝鮮の崩壊、Ⓑ台湾対中国の衝突、Ⓒ東シナ海や南シナ海での中国の力による現状変更が進み、米・中が衝突する事態、の三つが考えられる。これらが生起した場合、米軍艦船や沖縄・日本本土の米軍基地に対する中国又は北朝鮮のミサイル攻撃の可能性が高い。極東地域での米軍艦船への攻撃は、自衛隊の防衛任務の対象であり、また日本国内の米軍基地に対する攻撃は、我が国に対する直接攻撃と同じである。次節ではこれらの脅威について考える。

第二節　我が国に対する脅威

我が国はこれまで自由貿易の世界経済システムの秩序の下で繁栄を続けてきたが、世界の情勢は近年急激に不確実性・不安定性が深刻化している。それは第一に東アジアにおける中国の不透明な軍備拡張と「力による現状変更」の海洋覇権の拡大、第二に北朝鮮の核・ミサイル開発による先軍政治等の軍事的脅威、第三に英国のEU離脱に伴う欧州の政治・経済の不安定化、及び米国のトランプ新政権の経済・外交・軍事の保護主義化（米国第一主義）による混乱等である。

一　中国の海洋強国政策

前節では第二次大戦後の世界の紛争について述べたが、アジアでは中国が東シナ海・南シナ海の独断的な領海宣言を行い、東シナ海の尖閣諸島の領海侵犯、南シナ海の島嶼の埋め立てと軍事基地建設等、力による急速な現状変更を進め、日米及び周辺諸国の緊張を高めている。

㈠　中国の軍事費　中国は今世紀に入って爆発的な経済成長を遂げ、中共軍の近代化と軍備拡張を進め、特に海・空軍を近代化して西太平洋を支配する海洋強国の覇権獲得を目標にしている。中国は過去十年間で軍事費を約三・六倍に伸ばし、特に海・空・ロケット軍の三軍の急速な近代化と宇宙やサイバー空間に亘る軍備拡張を進めている。中国政府は二〇一七年度の国防費を前年比で約七％増額の一兆元（約十六兆五千億円）と発表した。我が国の当該年度防衛関係費（予算案）五兆一二五一億円と比べ、三・二倍以上であり、米国に次ぎ世界第二位である。中国の軍事費の内容は不透明で、装備の研究開発費や外国での兵器調達の費用を含まず、米国防省は実質軍事費の総額は、約一・二五倍と推定している。

㈡　中共軍の近代化　中国は冷戦期には中ソ国境紛争や対外戦争のために陸軍中心の軍備を進めたが、二〇一五年十二月末に軍の組織を抜本的に改革した。従来は中央軍事委員会（長は国家主席）の下に、「総参謀部」、「総政治部」、「総後勤部」、「総装備部」の四部であったが、これを「統合参謀部（陸・海・空・ロケット軍の四軍の統合作戦指揮）」、「政治工作部（宣伝・人事）」、「後勤保障部（補給・輸送）」、「装備発展部　（兵器開発・調達）」、「規律検査委員会（汚職摘発）」、「政法委員会（軍法務）」、「国際軍事協力弁公室（外国軍との交流）」等の十五部門に改編した。更に実動部隊は核戦略ミサイル部隊の「第二砲兵部隊」を「ロケット軍」と改称して陸・海・空軍と同格に格上げし、またサイバー攻撃や宇宙の軍事利用の新型作戦力の「戦略支援部隊」を新設した。更に従来の地域防衛区分の陸軍七軍区と海軍三艦隊を統合し、五大戦区（中部戦区（北京軍区）、東北戦区（瀋陽軍区＋北海艦隊）、華北戦区（南京軍区＋済南軍区＋東海艦隊）、華南戦区（広州軍区＋南海艦隊）、西北戦区（蘭州軍区＋成都軍区））に編成替えした。この改革で中国軍は、中央軍事委員会の十五部門による軍政の部隊管理と、中央軍事委員会の作戦指揮部・統合参謀部→五戦区の統合作戦指揮機構→各戦区のロケット軍・陸・海・空軍部隊、の構成に近代化された。

㈢ **中国海軍の近代化計画**　中国は一九八〇年代から海・空軍の近代化を急いだ。「中国人民解放軍近代化計画」（一九八二）では、海軍の任務は、海上からの外敵の侵略阻止、国土と海洋権益の防衛、祖国統一（台湾解放）とし、次の計画目標を記載した。

①　再建期（一九八二～二〇〇〇）　海上からの外敵の侵略に対する沿岸の完全な防備態勢を整備する。

②　躍進前期（二〇〇〇～二〇一〇）　第一列島線（薩南諸島～沖縄～台湾～フィリピン～ボルネオ～南シナ海九段線）内の制海権を確保する。

③　躍進後期（二〇一〇～二〇二〇）　第二列島線（伊豆諸島～小笠原諸島～マリアナ諸島～パプアニューギニア）内の海域の支配を確立する。

④　完成期（二〇二〇～二〇四〇）　第三列島線（アリューシャン列島～ハワイ諸島～ライン諸島）以西の西太平洋及びインド洋の米海軍の支配を排除する。

米国ランド研究所の報告（二〇一一）では、中国海軍は二〇一〇年に従来の米海軍の「接近阻止・領域拒否戦略」から、第一列島線内の制空権獲得と弾道ミサイルによる米空軍嘉手納基地・米海兵隊普天間基地・航空自衛隊那覇基地等の「先制攻撃戦略」に転換したと述べた。

中国海軍は新型の弾道ミサイル搭載の第二世代の原子力潜水艦（ＳＳＢＮ）晋級を就役させ（二〇〇七）、海南島に大規模な原潜基地を建設し、また通常動力型の約六万トン級の中型空母を核とする二個空母戦闘群の建造中で、二〇二〇年頃に戦力化が見込まれる。

米太平洋軍司令官Ｔ・Ｊ・キーティング海軍大将は、米上院軍事委員会の公聴会（二〇〇八・三）で、中国海軍高官が「我が国が空母群を戦力化すれば、ハワイ以西の太平洋を管理できる」と豪語したと証言した。従来の沿岸警備型の中国海軍が大洋型海軍に変身し、極東の軍事バランスを変える可能性が高い。

中国は国家戦略として宇宙開発に取り組み、独自にＧＰＳシステムの開発を進め、月探査衛星や有人衛星（二〇〇五・一）を打ち上げ、更に衛星攻撃兵器を開発して米国の偵察衛星へのレーザー照射（二〇〇六・九）や衛星撃墜実験（二〇〇七・一）等を繰り返した。中国政府は二〇一六年十二月に宇宙白書を発表し、五年計画で宇宙分野の革新的な新技術開発の方針を示した。計画では二〇二二年頃に宇宙ステーションを完成し、二〇三〇年までに世界の宇宙開発を主導する「宇宙強国」を目指す。

㈣　台湾問題　蒋介石は国共内戦に敗北して台湾に逃れ（一九四九・十二）、以後、アジアの防共の砦の一角として、「米華相互防衛条約」（一九五四・十二）を結び中国と対峙した。一九七一年十月に中国が国連代表権を獲得し（台湾は国連を脱退）、一九七九年十二月に米中が国交を樹立した。「米華相互防衛条約」は失効したが、米国は西側陣営として台湾を重視する方針を採り「台湾関係法」を制定した（一九七九・四。事実上の軍事同盟）。一九九六年春の台湾総統選挙（李登輝総統）では、中共軍は台湾海峡で大規模な恫喝的軍事演習を行い、基隆沖に多数のミサイルを射ち込んだ（台湾海峡ミサイル危機）。米国は空母機動隊群を派出して中国の圧力を排除した。

李登輝総統の後を継いだ陳水扁・民進党政権（二〇〇〇～二〇〇八）は独立志向を強め、中国はこれを牽制して台湾の武力統一の選択肢に触れた「反国家分裂法」を制定した（二〇〇五）。

二〇〇八年五月、民進党政権は馬英九・国民党政権に交代し、馬政権は中国の「台湾は中国の一部」とする「一つの中国」の原則を認め、対中融和政策による経済発展を優先した。また馬総統は尖閣諸島の領有を唱え、尖閣領海で巡視船「こしき」と遊漁船の衝突事故（二〇〇八・六）では、海岸巡防署（海上警察）の巡視船に民間の抗議船を護衛させて魚釣島領海内に侵入させた。馬総統の任期満了に伴う選挙で国民党は大敗し（二〇一六・一）、独立志向の蔡英文・民進党政権に代わった。蔡総統は「一つの中国」を認めず「現状維持」で日米接近の外交方針を採った。

㈤　海洋覇権の拡大　一九九二年、中国は「領海法」を制定して、尖閣諸島、台湾、南沙諸島等を含む広大な海域を自国の領海と宣言し、人民解放軍がその「領海」を防衛する権利を有するとした。以後、沿岸国としばしば衝突を繰り返している。

㈠　東シナ海　中国は東シナ海の海底資源の独占を図り、その横車を軍事力で押し通そうとした。即ち二〇〇五年に日中両国が係争中のＥＥＺに隣接の白樺ガス田に延べ五隻のミサイル駆逐艦を繰り出して恫喝し、近接海域での我が国の試掘計画を吹き飛ばした。その後、二〇〇八年五月、胡錦濤国家主席の訪日時の手土産として、ガス田問題は漸く協議に入ったが、日本が求めたＥＥＺ境界の四ガス田（白樺、樫、楠、翌檜）の共同開発に対して、中国は自国の先行開発の主権を主張して譲らず、「白樺は中国の主権の下に日本が協力出資し、翌檜は廃棄、樫、楠の扱いは協議せずに先送りし、新たに中間線を挟む海域を共同開発する」という妥協案がまとまった。しかし中国はその後の交渉を棚上げして開発作業を強行し、二〇〇九年冬には白樺のガス田施設を完成させ、更に開発を進めた。また二〇一〇年春から「島嶼保護法」を施行し、国家海洋局所属の海洋管理の監視船「海監」をガス田から尖閣諸島に至る我が国のＥＥＺ境界に張り付け、付近を航行する日米の艦艇に示威行動を繰り返した。

一方、鳩山由紀夫首相（二〇〇九・九～二〇一〇・六）は「友愛外交」の親中国外交を唱え、沖縄普天間基地移転に関する首相の軽率な発言から日米関係の亀裂を生じた。中国はこれに乗じて、二〇一〇年九月、不法操業の中国漁船が取締りの我が巡視船に体当たりする「尖閣事件」を起こし、日中関係は極度に険悪化した。更に中国は共産党の宣伝のために長年にわたり我が国を貶める「愛国教育」を行い、国民の中華ナショナリズムを操作して各地で激しい反日デモや日系商店の襲撃、不買運動、ネット攻撃等を繰り返し、上海日本総領事館のデモ隊襲撃事件（二〇〇五・五）を起こした。

一方、日本の国内では中国のお抱えと評判の高いＡ新聞社と系列マスメディアが、事ごとに親中反日のプロパガンダを繰り返し、国民に自虐史観と対中国の贖罪意識をすり込み、多くの国民がこれを妄信して取り込まれた。また従来我が国では外務省のチャイナ・スクールの親中国グループが中国外交を牛耳り、「媚中外交」に終始した。尖閣諸島の領有権、東シナ海ガス田、ＥＥＺ問題等の我が国の主権や国益が無残に食い荒らされる可能性が高い。

二〇一二年には中国は国際判例で定着している中間線の等距離原則を無視し、東シナ海の中国のＥＥＺを大陸棚海域の沖縄トラフまで延長する申請を「国連大陸棚限界委員会」に提出した。ＥＥＺ延伸の申請は関係国の異議があれば審査されない規定であり、我が国の異議により中国の申請は留保された。その後中国は、尖閣諸島周辺で無許可の海底調査を頻繁に行い、二〇一二～一六年の五年間に六十三件の海底調査を行った。また中国は二〇一六年に日本のＥＥＺの五十件の海底地形に中国名の命名申請を「国際水路機関」（本部・モナコ）に行った。将来これらのデータを根拠にＥＥＺ延伸の再申請の動きが考えられる。これに対し海上保安庁は海底調査の強化のため、大型測量船を建造した（二〇一九年度就役予定）。

㈡　南シナ海　中国は一九七四年に南ベトナムと領有権を争っていた西沙諸島を武力占領し、一九八八年には南沙諸島のジョンソン島を占領した。特に一九九一年に米軍がフィリピンから撤退した後は、中国は南シナ海の実効支配を拡大し、一九九二年、「領海法」を制定して尖閣諸島、台湾を含む第一列島線内部、及び南シナ海に九段線を設け南・中・西沙諸島等を含む領域を領海と宣言した。以後、沿岸国との紛争が頻発した。

イ　西沙諸島　中国・台湾・ベトナムが領有権を係争中である。中国は二〇一二年に西沙諸島のウッディ島（永興島）に市庁を置き、基地を建設して二〇一六年には地対空ミサイルHQ-9（射程約二〇〇粁）及びJ-11戦闘機、JH-7戦闘爆撃機部隊を配備した。

ロ　中沙諸島　中国・台湾・フィリピン・ベトナムが領有権を争っている。二〇一六年三月、スカボロー礁で中国が埋め立てを始めた。

ハ　南沙諸島　中国・台湾・ベトナム・フィリピン・マレーシア・ブルネイが領有権を主張している。中国は二〇一四年以後、南沙諸島の七つのサンゴ礁を埋め立て、三ヶ所に飛行場、四ヶ所にレーダー施設等を建設した。南シナ海全域の防空識別圏設定の可能性が高い。二〇一四年、フィリピンはオランダ・ハーグの常設仲裁裁判所に提訴した。二〇一六年七月、裁判所は判決を下し、南シナ海の九段線で囲んだ海域を中国領海とする主張は「国際法上の法的根拠がなく、国際法に違反する」とし、更に七つの岩礁はいずれも「島」ではなく、EEZの設定はできないとした。中国は「判決は紙屑だ」と強く反発した。

㊂　**南太平洋**　一九九〇年代以降、中国は南太平洋の島嶼国に経済・技術援助、要人往訪の活動を活発化させた。島嶼国への経済援助は、二〇〇五年の四〇〇〇万ドルから二〇〇九年には一兆五、六〇〇万ドルに達し、五年足らずで四十倍に拡大した。これらの島嶼国は台湾と国交のある国が多く、中国の援助攻勢は台湾との断交を促す外交的意図と、パプアニューギニアの天然ガスや南太平洋の水産資源の獲得が狙いと考えられる。

㊃　**インド洋**　今世紀に入り中国は「インドを囲む真珠の首飾り」と呼ばれる諸港（シットウェ＝ミャンマー、チッタゴン＝バングラディシュ、ハンバントタ＝スリランカ、マラオ＝モルディブ、グワダル＝パキスタン）等の港湾整備を支援し軍事拠点とした。また二〇一四年には潜水艦もインド洋に進出した。

この状況を警戒したインドは、マラッカ海峡の西の出口のアンダマン・ニコバル諸島の防備を強化し、従来の非同盟第三世界の指導的立場を捨てて日・米・印の安全保障面の国際協力を強めた。二〇〇六年、M・シン・インド首相が訪日し、「日印戦略的グローバルパートナーシップ」の共同声明に署名した。以後、両国首脳が交互に訪問して協調関係を深め、二〇一五年十二月、「日印防衛装備品・技術移転協定」及び「日印秘密軍事情報保護協定」が署名され、二〇一六年十一月「日印原子力協定」が結ばれた。更に海上自衛隊は一九九七年以後、米印共同訓練「マラバール」に参加し、二〇一七年からは日米印三国の合同演習となった。

二　北朝鮮の核・ミサイル開発と先軍政治

北朝鮮は一九四八年に朝鮮民主主義人民共和国（北朝鮮。金日成首相）として独立し、朝鮮戦争（一九五〇・六〜一九五三・七）を戦い、ソ連・中国の支援を受けて金日成がスターリン型の独裁支配体制を築いた。一九五六年のフルシチョフのスターリン批判に対して、北朝鮮は中国と同様にフルシチョフの路線を「修正主義」として強く批判し、主体《チュチェ》思想（註）を唱えた。ソ連のスターリンの権威の没落や、中国の毛沢東・林彪の後継者争い（林彪副主席の毛沢東暗殺・クーデター未遂事件（一九七一・九））等、共産圏の後継者争い、及び歴代韓国大統領の引退後の屈辱の余生等を避けるために、金日成は世襲による独裁体制の「金王国建設」を目指した。長男・正日は一九七二年に党中央委員となり、一九七三年、党中央委員会書記に選出された。更に一九七四年、政治委員会委員（現・政治局委員）に選出され、金日成の唯一の後継者として推戴された。一九九四年七月、金日成主席が死去し、一九九七年十月に金正日が朝鮮労働党中央委員会総書記に推され、一九九八年九月の最高人民会議で改めて「国家の最高職責」の国防委員会委員長に選出された。一九九七年から二〇〇〇年にかけて、金正日は最高指導者の地位を確実にするため、張成沢（義弟）を使って古参幹部やその側近及び親族等の大規模な粛清を行った（秘密警察組織「深化組事件」）。

註　**主体思想**　一九六〇年代半ばの中ソのイデオロギー対立から中立を保つために、金日成が唱えた政治・経済・思想・軍事の全面で自主・自立を貫く政治路線。

二〇一一年末に金正日総書記が死去し、三男正恩が政権を継ぎ、張成沢（叔父）や長兄の金正男、政府高官を粛清して、三代目の独裁者の政権基盤を固めた。

金正恩は主体思想と軍事優先の先軍政治路線を継承し、百十万の常備軍とゲリラ戦や特殊工作任務の参謀本部直属の特殊部隊十万を擁する先軍政治を進めている。特に核やミサイル開発を進め、米国に核保有国として認めさせようとしているが、米国や国連はこれを認めず、経済制裁を科し、国際的な孤立を深めている。

㈠　**核・ミサイル開発**　北朝鮮は大量破壊兵器や弾道ミサイルの開発に鋭意努力し、十発程度の核弾頭・核爆弾の保有が推定され、更に核兵器の小型化を進めている。

北朝鮮は一九八五年に核兵器不拡散条約NPT（Nuclear Non-proliferation Treaty）に加盟したが、一九九四年に条約で義務付けられた国際原子力機関ＩＡＥＡ（(International Atomic Energy Agency)）の査察を拒否し、NPTを脱退した（二〇〇三）。以後、先軍政治の中核として核兵器開発を進め、日・米・中・韓各国への示威と国内向け実績造りに度々核実験を行っている（二〇〇六・十、二〇〇九・五、二〇一三・二、二〇一六・一&九（二〇一七年三月までに五回））。二〇一六年一月の四回目の核実験で北朝鮮は「水爆開発に成功」と発表したが、米・韓当局は「改良型原爆、又は水爆の起爆装置」の実験と判定した。

北朝鮮は核弾頭の運搬兵器として約三百基の中距離弾道ミサイル・スカッドER（射程約千粁。日本全土が射程内）又はノドン（射程約千三百粁）を配備し、中距離弾道ミサイル・ムスダン（射程三～四千粁。グアムの米軍基地が射程内）、大陸間弾道ミサイル・テポドン2号（射程四～六千粁。米国西部が射程内）の戦力化に努めている。一九九三年五月にノドンの発射実験を行って以来、弾道ミサイルや人工衛星の実験を頻繁に行い、精度の向上、射程の延伸等の改良を進めた。二〇一六年六月にはムスダンの発射に成功し、北朝鮮は「西太平洋の米軍を攻撃できる確実な能力を持った」と発表した。二〇一六年九月、北朝鮮西岸の黄州付近から東北東方向の日本海に向け中距離弾道ミサイル・ノドン（又はスカッドER）三発を発射し、約一千粁飛行して北海道奥尻島の西二〇〇～二五〇粁の日本のEEZ海域内に弾着した。翌年三月にも四発の同時発射を行い、約千粁飛行し秋田県男鹿半島西方三〇〇～三五〇粁沖に着弾した。これらは多数発の同時発射TOT（Time on Target）の飽和攻撃によりミサイル防御を回避する実戦的な訓練であり、実用段階に達したと見られる。その後もミサイル発射を続けた。また潜水艦発射弾道ミサイルSLBMの実験も頻繁に行った。

北朝鮮の二〇〇六年十月の核実験では、我が国は国連の制裁決議を主導し、北朝鮮への経済制裁（北朝鮮船籍の入港全面禁止や全品目の輸入禁止、高級食材や貴金属など二十四品目の輸出禁止（二〇〇六・十））を実施し、その後の核実験やミサイル発射の都度、経済制裁を強めた。しかし中国は朝鮮戦争以来の「血の中朝同盟」関係にあり、制裁に非協力なため、国連決議の経済制裁は効果がない。トランプ大統領は二〇一七年四月の米中首脳会談で、「中国が北朝鮮に影響力を働かさなければ、米国があらゆる手段で北朝鮮の非核化を行う」と述べた。

㈡　**特殊工作員の活動、その他**　北朝鮮の特殊部隊は、青瓦台襲撃未遂事件（一九六八・一）、ラングーン事件（ラングーン訪問の全斗煥韓国大統領一行爆破事件。一九八三・十）、大韓航空機爆破事件（一九八九・十二）、金正恩の異母兄・金正男の暗殺（マレーシアのクアラルンプール国際空港。二〇一七・二）等、数々のテロを行った。

我が国に対しては多数の青少年の理不尽な拉致事件（一九七〇年代）や麻薬等の密輸を頻繁に行い、能登半島沖（一九九九・三）や奄美大島沖（二〇〇一・一）等で巡視船や海上自衛隊が追尾した不審船舶事案も、これらの特殊工作部隊の活動である。

北朝鮮は情報戦にも力を注ぎ、朝鮮人民軍総参謀部が統括する偵察総局の「情報偵察部隊」等が、暗号解読、機密・産業技術入手、世論操作、資金窃取、等のサイバー戦を活発に行っている。例えば韓国警察庁は二〇一四年七月～一六年二月に韓国の大手防衛企業から文書四二、六〇〇件が北朝鮮に流失したと発表した。二〇一四～一六年にエクアドル、フィリピン、ベトナム、バングラディシュ各銀行の口座から計九、三〇〇万ドル超が窃取された事件にも、北朝鮮製マルウエアが使われた。

三　世界情勢の不安定化

第二次世界大戦終結後、世界は急速にグローバル化し、それまで各国の国家主権の中で解決されてきた問題が国際的な連携で対処しなければならなくなった。例えば通商関税の問題、地球温暖化、新型感染症、難民問題、大量破壊兵器の管理等々である。これらの問題に対して各国は、国家主権だけではなく、他国に対する責務（国家的責務）を求められる。これを崩す最近の世界秩序の不安定化のリスク要因には、次の事案が挙げられる。

㈠　**英国のＥＵ離脱**　英国では中東難民の受け入れに対する国民の不満が高まり、二〇一六年六月に国民投票を行ってＥＵからの離脱を決めた。翌二〇一七年正月にはメイ首相はＥＵ離脱交渉の英国政府の基本方針として、自由貿易協定を通じてＥＵ市場への新たな関税協定の構築を模索することを示した。独・仏と共にＥＵの中心的存在の英国のＥＵ離脱は、欧州経済に混乱をもたらし、参加国の連鎖的なＥＵ離脱と機構の崩壊が懸念される。

㈡　**韓国政治の混乱**　二〇一六年十二月、朴槿恵韓国大統領は権限を乱用し友人の崔順実に不当な利益を得させたとして、国会の弾劾訴追を受け、憲法裁判所の決定で大統領職を罷免・逮捕された。二〇一七年五月、大統領選では北朝鮮と融和政策を唱える文在寅大統領が選ばれた。日米韓の安全保障協調体制が揺らぐ惧れがある。

㈢ 米国政権交代・トランプ新大統領の政策　米国では二〇一七年一月、共和党のD・トランプ第四十五代大統領が就任した。彼は政権の基本政策として、「経済・外交・安保での米国第一主義」を唱え、環太平洋経済連携協定からの撤退、北米自由貿易協定の再交渉、軍備の強化、ISの撲滅、中東・アフリカ諸国からの入国の制限、メキシコからの不法移民対策の強化、保険政策のオバマケアの見直し等、保護主義・内向きの内政・外交の方針を公約した。また大統領選中は「気候変動問題は中国が米国の力を削ぐためにでっち上げたものだ」と公言し、地球温暖化対策への取り組みに反対した。更に大統領就任早々、イスラエル首相との合同記者会見（二〇一七・二）で、中東和平の「オスロ合意」（イスラエル・パレスチナの二国共存による和平案。一九九三）の変更を述べた。これは国際的にも異議が多く、中東地域の安定を害う危険がある。また同年四月の米中首脳会談では、トランプ大統領は、北朝鮮の非核化の徹底、南シナ海の埋立てと軍事基地建設の中止、米中通商・為替問題の改善等に対する中国の行動を求めたと伝えられるが、会談後の共同声明や記者会見はなかった。北朝鮮は米中首脳会談の前後にもミサイル発射を行い、トランプ大統領は会談中に化学兵器を使用したシリア政府軍への攻撃を行い、その後，豪州に向け航海中の第一空母打撃群を反転させて朝鮮半島近海に展開し、中朝両国及びロシアに圧力を加えた。更にトランプ米大統領はオバマ前大統領の核軍縮政策にも反対し、また通常戦力も大幅に増強して「力による平和」を唱え、二〇一八年会計年度（二〇一七年十月～翌年九月）の予算教書では、国防費を前年度比約一〇％増に増額し、非国防費を大幅に圧縮した。

　トランプ大統領の支持基盤は米国民下層の白人労働者であるが、知識人、議会、メディアには反対者が多く、就任式の傍らで「トランプ大統領就任反対」のデモが荒れ狂い、米国民の世論は二分された。選挙中のトランプの演説では「他国を援けるよりも米国の利益優先」を唱え、世界の経済・外交・軍事状況が大きく変化する不透明な時代を迎えた。

第三節　現代の安全保障環境の特徴

現代の安全保障環境の特徴は次の五項目に整理される。

一　核拡散防止の強化

第二次大戦終結後、核兵器保有国が増える一方、原子力の商業利用も進み、原子力の平和的利用の促進と軍事転用防止の国際的取り決めが必要となった。一九五三年の国連総会でのアイゼンハワー米大統領の演説を契機に原子力平和利用の国際原子力機関ＩＡＥＡ創設の機運が高まり、一九五七年に発足した（現在の加盟国一六八ヶ国）。また国連では米・露・英・仏・中の五ヶ国を「核兵器国」と定め（その他、非条約国のインド・パキスタン・イスラエル・北朝鮮が核兵器を保有）、それ以外への核兵器の拡散を防止する「核兵器不拡散条約ＮＰＴ」が、一九六八年に結ばれた（一九七〇年発効。二〇一六年現在の締約国一九一ヶ国）。また一九九六年、国連総会は宇宙空間・大気圏内・水中・地下のあらゆる空間での核兵器の核実験、その他の核爆発を禁止する「包括的核実験禁止条約ＣＴＢＣ（Comprehensive Nuclear Test Ban Treaty）」を採択した。二〇一五年六月現在の署名国一八三ヶ国中一六四ヶ国が批准している。我が国は一九九六年九月に署名、一九九七年七月に批准したが、米国、中国、エジプト、イラン、イスラエル等の発効要件国（ジュネーヴ軍縮会議の構成国で、ＩＡＥＡ「世界の動力用原子炉」の表に記載の核兵器保有国を含む四十四ヶ国）の批准の見通しは立っておらず、条約は未発効である。

米ソ両国は冷戦時代に幾度か核戦争の危機に陥り、特にキューバ危機（一九六二・十）での米ソの鍔迫り合いは世界中を恐怖に陥入れた。しかし両国は、以後、その経験に学び戦略兵器制限交渉を行い、暫定協定「ＳＡＬＴＩ（Strategic Arms Limitation Talk 1, 1972）」を結び、更に「ＳＴＡＲＴＩ（Strategic Arms Reduction Treaty, 1991）」条約を締結した。後継の「ＳＴＡＲＴⅡ」は調印（一九九三）されたが露議会が批准せず、「モスクワ条約（二〇〇二）」が結ばれた。今世紀に入りテロの脅威が世界中に拡散する中で、オバマ大統領は「核兵器なき世界を目指す」と宣言して行動を始めた。先ず「ＳＴＡＲＴＩ」の期限切れに伴い、二〇一〇年四月、「新ＳＴＡＲＴ条約」（発効後七年で戦略核弾頭数の上限を一五五〇発（七十八％減）、運搬兵器の上限を八〇〇基（五十％減）に削減）を調印し（二〇一一・二・発効）、同時に「核戦力体制見直しＮＰＲ（Nuclear Posture Review）」を発表して新たに包括的な核戦力の運用指針を示した。

一方、ソ連の崩壊以後、核の闇市場を通じて現在の核保有国中心の核管理に不満な「ならず者国家」に次々と核兵器が拡散した（パキスタンの「核開発の父」のＡ・Ｑ・カーンの供述。二〇〇四・二）。更に民族や宗教の紛争やテロが世界中で頻発する中で、核兵器を含むＣＢＲＮＥの大量破壊兵器が国際テロ集団の手に渡る怖れが生じた。オバマ大統領は二〇〇四年四月、ワシントンで「核安全サミット」を開催し、四十七ヶ国の首脳を集めて「核テロ」対策を協議し、「四年以内に核物質管理の徹底」を謳った共同声明と作業計画を採択した。以後、「核安全サミット」を隔年ごとに開いて（二〇一六年三月の第四回会議で終了）、核テロ対策及びテロ集団に関する情報の共有、核物質管理の厳格化を取り決め、三十ヶ国の濃縮ウランやプルトニウム三・八トン超（核爆弾百五十発分）を撤去した。但し後継のトランプ大統領はオバマ前大統領の核軍縮政策に反対であり、世界の核抑止戦略構造も変わらない。

二　脅威の多様化

冷戦終結（一九八九）後、世界のパワー・バランスが変化し、現代の安全保障は対象の脅威が非常に多様化した。即ち従来型通常兵器の正規軍の脅威（伝統的正規型脅威）、大量破壊兵器の脅威（破滅型脅威）、テロ集団やゲリラの攻撃（非正規型脅威）、インターネット上のサイバー攻撃（本節四項に後述）や衛星の破壊（混乱型脅威）等である。これらは複合化され、常時あらゆる手段や場所で起こる可能性がある。ゆえに現代の国家安全保障は、これらの多種多様な脅威に備える必要があり、それに伴い国際的連携による情報共有や制裁が重要になった。

前述したとおり一九九一年、ソ連が崩壊し、その後、核の闇市場を通じて、現在の核保有国支配の核管理に不満な「ならず者国家」に核兵器が拡散した。更に民族・宗教の対立が国際テロ集団を生み、大量破壊兵器が彼らの手に渡る怖れが生じ、二〇〇一年の九・一一テロはその怖れを現実化した。以後、米国主導の「不朽の自由作戦」や「大量破壊兵器拡散に対する安全保障構想」による国際テロ集団との戦いが始まった。我が国もこの対テロ戦争に加わったが、この戦いは国際的な情報共有、大量破壊兵器管理の厳格化、テロ集団の活動資金の凍結や資金源を遮断する経済制裁等々に、強い国際的連携が求められる。従来、我が国は憲法第九条の政府解釈により集団的自衛権の行使を禁じ、自衛隊の海外派遣を拒んできた。例えばクウェートに侵攻（一九九〇）したイラク軍の排除とイラクの大量破壊兵器の保有疑惑に対する国連多国籍軍の湾岸戦争（一九九一）では、米国は我が国に同盟国として共同行動を強く求めたが、「マッカーサー憲法」を盾に人的支援を拒み、その代りに総額百三十億ドル（一兆六千九百億円）の戦費を支出した。しかし世界はこの「小切手外交」を認めず、湾岸戦争後にクウェート政府がワシントン・ポスト紙に掲載した「多国籍軍参加三十ヶ国への感謝広告」（一九九一・三・十一）に、日本の名はなかった。また米国防総省が出した「対テロ戦争への貢献国二十六ヶ国に対する感謝表明の報告書」（二〇〇二・二・二十六）にも日本は含まれず、我が国の「汗も血も流さない独善的平和活動」は国際社会では認められない。

宮沢喜一内閣は湾岸戦争後、「自衛隊法」を適用してペルシャ湾の機雷掃海に海上自衛隊の掃海部隊を派遣した（一九九一年六～九月）。一九九二年には「ＰＫＯ協力法」を成立させ、以後、司令部要員や停戦監視、輸送や建設工事等のＰＫＯ活動（註）に自衛隊を派遣した（二〇一六年六月現在・累計十三ミッション、約一万二千人）。また「国際緊急援助法」を改正し（一九九二）、海外の大規模災害の緊急援助活動にも自衛隊を派遣した。更に「テロ対策特別措置法」によりインド洋に護衛艦と補給艦を派遣し「不朽の自由作戦」の洋上補給（給油）を行い（二〇〇一～二〇一〇）、「イラク人道復興支援特別措置法」で陸上自衛隊のサマーワ派遣（二〇〇三～二〇〇八）、「海賊対処法」により護衛艦と哨戒機をソマリア沖・アデン湾に派遣し船舶護衛（二〇〇九年～継続中）を行った。以上が我が国の国際テロ戦争であるが、武器使用制限等のために任務や派遣人数が限定された。特に対テロ戦争では国際的な緊密な連繋を要するが、歴代政府は憲法第九条で「集団的自衛権は行使できない」として、自衛隊の国際活動を避け、危機管理体制や情報組織の整備を怠った。しかし北朝鮮の核・ミサイル開発の進展や中国の海洋覇権強化による尖閣諸島への侵犯等、極東地域の安全保障環境の激変に対応するため、二〇一六年、第二次安倍晋三内閣は「安保法制改革」を行い、ＰＫＯにおける「駆けつけ警護」や「駐留地警備」、「武器等防護」等の外国軍との共同活動が可能となった。これにより二〇一六年十一月の南スーダンＰＫＯ活動（二〇一一～二〇一七）の交代部隊（陸自・施設部隊）と、翌年五月の「米艦防護」（海自・護衛艦二隻）に初めて新任務が下令された。

註　ＰＫＯ活動　「ＰＫＯ協力法」では自衛隊の国連ＰＫＯ（United Nations Peacekeeping Operations）への参加に次の五条件を定めている。① 紛争当事者間の停戦合意の成立、② 紛争当事者の受け入れ同意、③ 中立的立場の厳守、④ 上記が満たされない場合の部隊の撤収、⑤ 武器使用は必要最小限。但し受け入れ同意が安定的に維持されている場合は、任務の妨害排除の武器使用が可能である。

三　技術革新による兵器・交戦態様の変化

現代の軍事環境の変容は、ＩＴ技術革命により電子計算機、デジタル情報処理技術、高速度通信技術、精密制御技術、軍事衛星及び全地球測位システテ（ＧＰＳ）等々のハイテク軍事技術が著しく発達し、無人偵察・攻撃機、無人戦闘車輌等のハイテク兵器が出現し、交戦の態様が一変したことである。これは海・空の戦闘システムのみならず、陸上戦闘の個々の兵士を電子装備し、無人偵察機や偵察車両、自走砲や戦闘車両等をネットワークで統合して運用する未来戦闘システムの開発も進んでいる。

上述の技術革命の結果、軍事目標に関する情報処理と意思決定が重層かつ広域的にシステム化（System of Systems）され、戦場の情報の即時共有化によるネットワーク中心の戦闘ＮＣＷ（Network Centric Warfare）システムとして、統合的な指揮・統制・通信・電子計算機・情報・監視・偵察システムＣ４ＩＲＳ（Command, Control, Communications, Computers, Intelligence, Surveillance and Reconnaissance）システムが出現し、従来の陸・海・空の戦場は一つに統合され、宇宙やサイバー空間にまで拡大された。

上述のハード的な進歩に加えてオペレーションズ・リサーチ&システムズ・アナリシス理論（ＯＲ&ＳＡ）の発達や、高速大容量の計算機の普及に伴い、データ・ベース及び意思決定支援システムが開発された。これにより不確実性を含む事業計画や資源制約下の効率的な行動計画のモデリング&シミュレーション分析Ｍ&Ｓ（Modeling and Simulation）が普及し、各種の社会システムや人工知能応用の生産活動の管理と最適化が進み、軍事面では軍事ＯＲの理論研究を反映したＯＲ&ＳＡ応用の作戦計画分析が行われるようになった。

これらの軍事技術の進歩に対して、我が国は五ヶ年ごとに中期防衛力整備計画を実施し、自衛隊の増強と装備の近代化に努めてきた。その結果、核兵器や長距離攻撃武器、軍事衛星等を除き質の高い軍備を整え、ミサイル防衛システムも整備中である。但し自衛隊の装備は、主要な武器やビークルは全て米国製のシステムである。技術立国を標榜しながら軍事技術の分野では（要素技術は別として）システムと称する装備品には国産品は全くなく、特に大規模システム（ミサイル防衛ＭＤ（Missile Defense）システムやＣ４ＩＲＳシステム）等には国産のものはない（本節五－(七)項参照）。

一方、鋭意整備した防衛力を、国防に如何に機能させるかという基本的な理念や法制度は、憲法九条を金科玉条とする左傾マスコミ誘導の世論を背景とする国会の神学論争と、歴代政府の詭弁術の政治環境の中で、これまで曖昧に放置されてきた。そしてこのことが次の四項に後述する兵力運用のソフト面の体制造りの遅れをもたらした。政治家や国民がこの点の危機的状況に気づいたのは、上述したテロ戦争の外圧によるものであり、その対策は未だ十分ではない。

四　現代の冷戦・サイバー戦争

前項に述べたとおり電算機や高速度通信技術の進歩により、現代の軍事システムや社会インフラは高度にネットワーク化された。それに伴い電算機システムのソフトに侵入して機密情報を窃取し、又はシステムの機能破壊を行うサイバー攻撃が対立国間の主な諜報活動となり、また物理的破壊をせずに遠方の対象システムの機能を奪う有効な攻撃手段となった。

国連は二〇一二年から毎年「サイバー安全保障に関する専門家会合」を開き、国際行動規範作成の協議を始めた。またＮＡＴＯでは二〇一〇年の首脳会議でサイバー攻撃を「新たな脅威」とし、防御強化の方針を決めた。ＮＡＴＯサイバー防衛研究所（エストニア・タリン）発表の「サイバー戦争」の規範「タリン・マニュアル」（二〇一三）では、不正プログラムで人を殺傷したり物的損壊を与える大規模なサイバー攻撃行為を「サイバー戦争」と定義し、「国連憲章やジュネーブ協定、国際司法裁判所判例等の既存の戦争法は、サイバー空間に適用される」と明記した。また国家の責任で「自国内又は政府管理下のサイバー施設による他国の攻撃を、政府は積極的に認めてはならない」と規定した。その上で「他国の領土の一体性や政治的独立を脅かし、国連の目的に反するサイバー作戦は違法」であり、「サイバー作戦は規模と効果が通常の武力行使と同等ならば武力行使に当る」とした。これにより被害国は「相応の対抗措置が許され」、「個別的・集団的自衛権の行使はサイバー空間でも認める」と規定した。また「タリン・マニュアル」では「一般市民や医療従事者、医療部隊、輸送手段は保護され、サイバー攻撃してはならない」等の九十五項目のルールを挙げた。今後の課題は、この文書の実効性を検証し、法的規制力のある国際条約として各国に順守を求めることである。

米国防総省は二〇一一年六月、「外国による組織的サイバー攻撃を戦争行為と見なし、武力行使も辞さない」との方針を打ち出した。同年七月、「サイバー空間を第五の戦場」と定義し、十月に「中国が知的財産の窃取を目的に組織的なサイバー攻撃を行っている」と名指しで非難したが、中国は強く否定した。二〇一三年二月、中国国防部は二〇一二年中に受けたサイバー攻撃は、月平均で約十四万四千件、その内六十二・九％が米国発であると発表し非難した。

二〇一三年六月のオバマ・習・米中首脳会談ではサイ

バー問題が最重要課題に取り上げられた。七月中旬にワシントンで行われた「第五回米中戦略・経済対話」でも「サイバー攻撃による企業情報の盗み出し防止」の国際ルール作りの必要性を確認し、「作業部会」を設けて協議を開始した。しかし二〇一四年五月、米司法省はサイバー攻撃により米国の原子力発電所、製鉄、特殊金属製造、太陽電池、製造業労組等から情報を盗んだとして、中共軍第六一三九八部隊（上海市浦東新区に拠点を置くサイバー戦部隊）の要員五人を刑事訴追した。中国は「米国の捏造」と強く反発し「作業部会」を中止した。

我が国では二〇〇〇年、内閣官房に「情報セキュリティ推進会議」が発足し、二〇〇五年に情報セキュリティ政策の基本戦略を決定する「情報セキュリティ政策会議（議長・官房長官）」と、執行機関の「内閣官房情報セキュリティセンター」（情報センターと略記）が設置された。情報センターは二〇一三年にサイバー攻撃対策の「サイバーセキュリティ戦略」を決定した。この戦略では「サイバーセキュリティ立国」を目指して、政府機関、インフラ事業者、企業・研究機関等が総合的に取り組み強靭なサイバー空間防衛を構築する二〇一五年度までの三年間の取り組みをまとめた。二〇一四年、「サイバーセキュリティ基本法」が制定され、二〇一五年には情報センターが強化された。二〇一六年に基本法を改正し、国が行う不正な通信の監視、監査、原因究明調査等の対象範囲を独立行政法人情報処理推進機構や特殊法人に拡大した。

二〇一二年、防衛省はサイバー空間を自衛権発動対象の「第五の軍事作戦領域」と位置付け、二〇一三年に防衛省と防衛産業のサイバー防御の連携協議会を設置した。二〇一四年には防衛大臣直轄・統合幕僚長指揮のサイバー防衛隊を創設し、サイバー攻撃対処の体制を整備した。

警察庁は二〇一三年に十三都道府県本部に計百四十人のサイバー攻撃特別捜査隊を設置し、更に全国警察の捜査情報を集約する司令塔のサイバー攻撃分析センターを発足させた。また警察庁はセンターが宇宙産業等と情報交換を行う情報共有の枠組みを作った。

上述した対策は、この分野の専門的技術者の決定的な不足がネックとなった。政府は二〇一六年に「情報処理促進法」（一九七〇年制定）を改正し、サイバー分野の専門家の国家資格（「情報処理安全確保支援士」）を設け、二〇二一年までに三万人の専門家の養成を目指した。

日米両国政府は二〇一三年五月、前年の日米首脳会談の合意に基づき、「日米サイバー対話」の第一回会議を東京で開いた。情報交換や安全保障政策の協力を協議し、

「通信・金融・電力など重要インフラのサイバー防衛策や国際ルール作りで包括的な協力を行う」との共同声明を発表した。我が国はサイバー先進国の米国との情報交換や協力により、日米が主導する国際ルール作り、中国や北朝鮮への牽制と、サイバー攻撃対処能力の向上を目指した。

五　我が国の国防の内的脅威・国民の劣化

上述した各項は外的脅威に対する安全保障の問題であるが、内部要因による国家の衰亡も歴史上珍しくない。これを防止する対策も国家安全保障の重要な課題である。即ち「日米安保条約」に過度に依存する他力本願、国民の国家観の混乱、国防意識の消滅、道義の退廃と人間性の劣化、大衆迎合政治の横行、縦割り省益優先の行政と業・官の癒着、原子力発電所運用の「安全神話」の油断等々が、社会の活力を奪い国の安全を脅かす「国防の内的脅威」である。我が国の夢想的平和主義の「日本国憲法」による戦後レジーム（本書の第二編、第三編参照）の中では、危機管理に必要な政府の権限（予防拘束や通信傍受等）は、個人の自由と人権の侵害と見なされ、国民や社会の安全よりもテロリストの人権が尊重されている。オウム真理教の坂本弁護士一家殺害事件（一九八九）、松本サリン事件（一九九四）、地下鉄サリン事件（一九九五）の一連のテロを許したのはそのためである。また公的機関の活動でも危機管理体制の不備や、当事者の人間性の劣化により、機能しない事態が頻発している。例えば自衛隊の災害派遣等の部隊行動や不審船の臨検等の法的規準が曖昧であり、そのために現実に多数の人命が失われ、あるいは危険に曝された事例は少なくない。以下に「内的脅威」が顕在化した数例を上げる。

㈠　**阪神淡路大震災**　一九九五年一月十七日の早朝五時四十六分、阪神地方を襲った激震は、六、四三三人の人命を奪い、五十一万三千戸の家屋を全半壊させる惨憺たる大災害となった。このとき村山富市首相は紅蓮の炎をあげて燃え上がる神戸市街をテレビで見物しつつ数時間を無為に過ごし、しかも奇怪にも瓦礫の下の数千人の被災者を見捨てて社会党の反米宣伝の旗振りに廻り、在日米軍や艦艇の救援の申し出を拒絶した。また腰を抜かした貝原俊民兵庫県知事は渋滞中のたった三粁の道程に迎えの公用車を待って初動の貴重な数時間を浪費し、更にあろうことか自分の選挙母体の社会党の面子にこだわって自衛隊への災害派遣の要請を躊躇した。自衛隊側からの再三の督促によって漸く出動要請を発したのは四時間半も後の十時十分である（県の防災係長の判断で出動を要請し、知事は事後承諾）。そのために伊丹、福知山、姫路の郷土連隊は、眼前で生きながら猛火に焼かれる数千人の市民を拱手傍観して見殺しにする不埒な事態を生じた。市民の生命よりも政党プロパガンダを優先する革新首長と、誤った文民統制の軍隊の無惨なる醜態である。

㈡　**北朝鮮のゲリラ船対処**　一九九九年三月の能登半島沖や二〇〇一年十二月の奄美大島沖の北朝鮮工作船の事案では、ロケットや対空ミサイルで重武装した工作船への立ち入り検査や排除等の根拠法規は、漁業法と関税法しかなく、海上保安庁・海上自衛隊・内閣官房の情勢判断や意思決定の連繫は支離滅裂の混乱を極め、現場海域ではロケットや機銃に射たれつつ海上保安庁の巡視船及び交戦権のない海上自衛隊の護衛艦や哨戒機が、決死の危険を冒して工作船と渡り合った。公務殉職者が出なかったのは希有の僥倖である。その後「領海等における外国船舶の航行に関する法律」が成立して漸く不審船舶の臨検等が可能になった（二〇〇八・七施行）。

㈢　**陸上自衛隊のイラク派遣**　二〇〇三年十二月から二〇〇九年二月まで「イラク復興特措法」に基づく陸上自衛隊のイラク派遣では、活動地の武器の携行や使用が厳しく制約され、部隊が危機に瀕した緊急避難か正当防衛にしか武器使用を許されず、他国の軍隊に前後を守られつつ安全な後方地域で活動した。事実、活動地のサマーワ近辺の治安が悪化した期間は、部隊は活動を止めて宿営地に逼塞した。その任務行動はイラク復興の鍵となる治安活動は勿論、ゲリラに囚われた邦人の救出すらもできず、給水・医療と土木作業以外は手を出さない、世にも珍妙なる軍隊がイラクに出動した。諸外国の新聞からは「臆病者の自衛隊」と揶揄嘲笑された。

㈣　**名古屋高裁の「イラク派遣は違憲」の傍論判決**　全国で五千人超の原告が国を相手に十一の裁判所に「イラク特別措置法」による自衛隊イラク派遣を憲法第九条違反とし、違憲確認と精神的苦痛への慰謝料一人一万円の支払を求める訴訟を起こした。名古屋地裁の合憲判決に対する全国最初の名古屋高裁の控訴審（二〇〇八・四）では、控訴を棄却し原告の全面敗訴となった。しかし判決理由の傍論で「イラクでの航空自衛隊の輸送業務は違憲」と述べ、平和愛好者と称する原告の市民団体と左翼マスコミを「勝訴判決に勝る実質勝訴」と欣喜雀躍させた。検察は傍論の上告はできず判決が確定し、イラクでの航空自衛隊の活動は憲法違反とされた。

㈤　**教育の劣化**　戦後の占領政策では、ＧＨＱは我が国の民主化の徹底のために教育制度の根本的変革を強要した（第三編 三－十六項参照）。一九四七年三月、ＧＨＱはニューヨーク州教育長官を長とする二十七人の教育使節団を米国から招き、米国の教育制度に倣った日本の教育制度の変革を提案させた。彼らは日本の歴史や文化に関する知識を全く欠き、「日本人は文盲の多い野蛮人」と思い込み、日本語の漢字表記がその原因と考え、ローマ字表記を基本とした米国の教育制度を日本に移植することが最善と考えていた。この使節団は、①民主的教育、②文部省主導の画一的教育を排し、地方公共団体に公選制の教育委員会を設置、③ＰＴＡの導入、④国史・修身・地理を廃止し、社会科・保健体育・公衆衛生の教科目の新設、⑤国語教育の改革（日本語のローマ字表記化）、⑥男女共学の六・三・三・四年制の新学制の導入、及び高等学校・師範学校・専門学校の新制大学への格上げ等、従来の我が国の教育を根本から変造する教育制度をＧＨＱに答申した。これに基づき、「教育基本法」や「学校教育法」が公布された（一九四七・三）。また「教育民主化」のＧＨＱ指令により「全日本教員組合」が結成され（一九四五・十二）、左翼教組による教育支配や政治闘争に明け暮れる教師、及び教育の質の低下をもたらした。また我が国古来の「敬神崇祖」の習わしや、「忠孝仁義」を尊ぶ日本民族の道徳が根底から破壊され、「戦後レジーム」の悪弊を生じ、日本国民を劣化させた。今日の社会で頻発している「親殺し、子殺し」の惨事や、恥知らずな反社会的な不祥事の頻発は、正に「日本国憲法」や「教育基本法」等のＧＨＱの占領政策による戦後教育がもたらしたものである。

㈥　軍事科学研究に対する反対運動　ＧＨＱの日本弱体化の占領政策や妄想の「平和憲法」の宣伝は、進歩的文化人の言論やマスコミを通じて国民に浸透し、反戦・反軍の時代思潮が形成された。この動きは大学・研究所の科学技術研究にも波及し、日本学術会議は一九五〇年と一九六七年の二度、「軍事目的のための科学研究を行わない声明」を総会で決議した。また国会でも再軍備や自衛権を巡る神学論争が繰り返され、世論の平和ムードに迎合して、一九六九年、「軍事衛星の研究開発禁止」の決議が行われ、現代の安全保障に不可欠の「偵察衛星」等の米国との共同研究を妨げ、防衛力整備の足枷となった。更に同年、佐藤栄作内閣は共産圏・国連決議の禁止国・紛争当事国へ武器輸出を禁止する「武器輸出三原則」を決定し、一九七六年、三木武夫内閣が適用範囲を拡大して外国への武器の技術供与や共同開発も禁止した。これによって防衛技術基盤の維持・育成が妨げられ、防衛装備費が高騰した。また一九八〇年代後半には、大学で「非核平和宣言運動」が活発化し、大学や研究機関が「平和宣言」や「平和憲章」などを乱発する観念的平和運動の珍妙な現象が流行した。この時期から大学生の学力低下と大学教育の劣化が加速されだ。

一方、近年の極東の軍事的脅威の増大に対処して、第二次安倍内閣は「安保法制改革」を行い、防衛技術の研究開発の民・学・官の連携を進めた（次節一項参照）。日本学術会議はこれに反発し、従来の声明を「継承する」とした新たな声明を総会で採択し、「軍事的」と見なされる可能性がある研究について各大学等に「適切性を技術的・倫理的に審査する制度」を設けることを求めた（二〇一七・四）。本節の三項に述べたとおり現代の防衛力は最先端の科学技術を基盤とし、国民の安全と平和を保つ戦争抑止力は先端技術によって支えられる。この現実を弁えず、「軍事技術の研究を止めれば、世界は平和になる」という日本学術会議の再三の声明は、滑稽至極であるばかりか、国の安全を危うくするものである。

大学の劣化を示す具体例として、役人やテレビ有名人がいつの間にか大学教授に納まる事例が挙げられる。二〇一七年一月、公務員の定年後の再就職を監視する内閣府の第三者委員会・「再就職等監視委員会」（二〇〇七年設置）の調査で、文部科学省が組織ぐるみで幹部職員の国公私立大学の教授や理事等への天下り斡旋を行っていたことが露見した。隠蔽工作や大学との口裏合わせも行われていた。違法認定十件（省内の調査で十七件追加）に上り、文科次官の辞任、懲戒処分が行われた。その後の調査で大学への天下りは外務省や内閣府のOBを含み、新たに三十五件（計六十二件）の違法行為が見つかり、計四十三人が処分された（二〇一七・三）。教育の根幹を司る文科省の幹部がこの為体《ていたらく》である。このような官庁幹部の関係企業への天下りは慣習化しており、新聞報道では二〇一一年～二〇一五年の間に文科省の幹部が大学の教授・准教授に三十四人、理事・事務局長等に四十五人、計七十九人が天下りしていたとされる。このことは大学がもはや学問・高等教育の場ではなく、就職活動のレッテル獲得のために進学する学生に対し、大学教職員は少子化時代の学生集めの看板や、学校経営の補助金獲得、学部の設置・認可等のための要員に過ぎないこと示している。文科省の幹部の大学教授への再就職は、大学劣化の推進に文科省が一役買っていると言ってよい。

㈦　国民各層の劣化　以上は公的な機関における不祥事の顕著な事例を挙げたが、民間の各分野でも見るに堪えない事件が頻発している。

㈠　不正医療　広島県福山市の福山友愛病院（精神科、三六一床）では、同病院を運営する医療法人「紘友会」の会長の医者が、二〇一六年十一&十二月に担当の主治医に無断で、統合失調症の患者六人に通常の八倍の量の不必要なパーキンソン病の治療薬レキップを投与し、一人が障害を起こした。同病院の薬剤師や他の医師が会長を批判したが、「薬の在庫はどうするんじゃ。病院経営も考えろ！」と言って聞き入れなかったという。曽て「医は仁術」であったが、最近は「金儲けの殺人医者」が出現している。

㈡　**虐待こども園**　姫路市の認定こども園「わんずまざー保育園」（二〇〇三年十一月に認可外保育施設として設立、二〇一五年三月に県と市の認定を取得）は自治体に隠蔽して定員を大幅に超える園児を受け入れ、劣悪な環境下で保育を行っていたことが発覚した（二〇一七・三）。零歳～五歳児の四十六人の定員に対して六十八人の幼児を受け入れ、年間約五千万円の公費補助を不当に受け取っていたほかに、定員超過分の保育料を独自に設定して徴収していた。更に三人の架空の保育士を計上して給付金を水増し請求し、給与分は園長が個人的にプールした。保育士は一人当り園児約十人を担当し、同じ敷地内の学童保育の小学生の送迎や、夜間のベビーシッターまで兼務し、遅刻や欠勤者には罰金や無給勤務を強要するなど、労働基準法違反の勤務を強いた。園児の給食は外注四十食を六十八人で分け、昼食のおかずはスプーン一杯、真冬の暖房も室温十四度に設定するなど劣悪な環境の保育を行い経費を浮かせていた。

㈢　**障害者殺人**　二〇一六年七月下旬、神奈川県相模原市の県立知的障害者福祉施設「津久井やまゆり園」で大勢の患者が殺害された。犯人は未明に入居者居住棟一階の窓ガラスをハンマーで破って施設内に侵入し、結束バンドで当直の職員らを拘束し、就寝中の患者を刃物で刺して十九人を殺害、二十六人に重軽傷を負わせた。犯人の男（二十六歳）は二〇一二年十二月から二〇一六年二月まで同施設に勤務していた元職員で、採用後、入居者への暴行や暴言を繰り返すなどの問題を起こし解雇された。犯人は「障害者の安楽死を国が認めてくれないので、自分がやるしかないと思った」、事件を起こしたのは「不幸を減らすため」とし、「自分は救世主だ」、「（犯行は）日本のため」などと供述した。精神鑑定では「自己愛性パーソナリティ障害」があるとみられたが、犯行時には「完全な刑事責任能力を問える状態」であったと判定され、横浜地検は起訴した。この例は特異な事例であるが、前述の㈠、㈡の事案と共に、医者や介護者等の専門職の「人命軽視」を示すものであり、空恐ろしく思われる。

上述した各分野の不当行為は、ＧＨＱの占領政策と日教組教育がもたらした国民の人間性の劣化によると言ってよい。二〇〇六年十二月、安倍第一次内閣は「教育基本法」を改正し、第二次内閣では「教育再生」を重点施策に位置づけ、「教科書改革実行プラン」を策定し（二〇一三・十一）、教科書検定基準を厳格化した。これによって小・中・高校の教科書は改善され、学力低下をもたらした「ゆとり教育」も改められた。しかし教育の戦後レジームで破壊された国民の価値観、国家観、歴史観、愛国心、「公」への献身等を回復するには、一層の教育改善が必要である。

第四節　我が国の安全保障問題

一　安保法制整備の経緯

我が国の有事法制は戦後、自衛隊の合憲性の議論から始まった。国連憲章の「自衛権は国家の固有の権利」との規定により、「日本国憲法」との整合上、個別的自衛権の範囲で自衛隊の任務が規定され、集団的自衛権は「保有するが行使しない」（政府解釈）として運用された。東西冷戦の最中の一九六三年に行われた「昭和三十八年総合防衛図上演習・三矢研究」（註１）や、一九七八年の栗栖弘臣統幕議長の超法規発言（註２）、またその二代後の竹田五郎統幕議長の専守防衛政策批判（註３）も、有事法制の必要性を強く指摘したものである。これらは国防の担当者として当然の意見であるが、何れも国会・マスコミから激しく非難され、懲戒処分を受けた。

註１　三矢研究　朝鮮半島有事（北鮮軍の南下）及びソ連軍の北海道侵攻を想定し、非常事態における日本防衛の自衛隊の運用及び国内の関連措置や手続きの研究のために行われた図上演習。攻勢面は米軍が担当し、防勢面は自衛隊が担当する前提で、国家機関・国民の総動員態勢を確保するための八十七件の戦時諸法令を国会に提出・成立させ、二週間程度で国家総動員体制を整備する。一九六五年二月の衆議院予算委員会で社会党の委員が暴露し紛糾した。

註２　栗栖発言　栗栖弘臣統幕議長は、一九七八年七月、「週刊ポスト」誌のインタビューに答えて、「現行の自衛隊法には穴があり、ソ連の奇襲侵略を受けた場合、首相の防衛出動命令が出るまで動けない。第一線部隊指揮官は超法規的に行動せざるを得ない」と有事法制の早期整備を促した。

註３　竹田発言　竹田五郎統幕議長は、一九八一年二月、統幕議長在任中、月刊誌「宝石」三月号で「徴兵制を違憲とする政府統一見解」及び「防衛費ＧＮＰ比一％枠」の専守防衛政策を批判し、衆議院予算委員会で問題にされ、戒告処分を受け責任を取って退官した。

一九九一年にソ連が崩壊したが、冷戦後の新たな北朝鮮等の脅威に対する抑止力を構築し、アジア・太平洋地域の安定的な平和を維持するために、一九九六年に十八年ぶりに「日米防衛協力の指針（日米ガイドライン）」の見直しが行われた。この見直しにより「日米安保条約」を基盤とした日米同盟は、極東から地理的に限定されない周辺事態での協力体制へと拡大された。これに基づき一九九八年、「周辺事態法」を制定し、日米共同作戦や日本が米軍の後方支援を実施できる体制を整えた。しかしこれを実行するには国内の有事法制を整備する必要があり検討が始められた。一方、この時期に立て続けに北朝鮮の不審船事件（能登半島沖不審船事件（一九九九・三）、九州南西海域工作船事件（二〇〇一・十二）や、アメリカ同時多発テロ事件（二〇〇一・九）が発生し、世界的に国際テロの脅威の認識が高まった。これにより国内の有事法制の整備に向けた動きが加速された。

有事法制は主に次の三部門の法制からなる。①基本的対処行動の法制（国の事態対処の基本方針の決定（安全保障会議・閣議決定・国会承認）、対策本部の設置）、②自衛隊の行動に係る法制、③米軍の行動の法制、である。この第一段階として、小泉純一郎内閣の下で有事法制の基本的枠組みの「武力攻撃事態関連三法」（「武力攻撃事態法」、「安全保障会議設置法の改正」、「自衛隊法の改正」）が提出され、二〇〇三年六月に成立した。「武力攻撃事態法」では大規模な武力攻撃に対応するため、総理大臣は地方公共団体、民間（指定公共機関）に対し服務義務を伴う対処措置の実施を指示でき、国民の避難誘導、避難住民の受け入れ等を直接執行する権限を規定した。引き続き翌二〇〇四年六月に、「武力攻撃事態法」の下で、国民保護や自衛隊・米軍の活動を可能にする次の有事関連七法と三条約の締結が成立した。①「国民保護法」（住民の安全な避難・救援のための国や自治体、公共機関の役割を規定。大規模テロにも適用）、民有地や家屋の使用、食品や医療品等の物資保管。②「米軍行動円滑化法」（日本有事に活動する米軍への弾薬や民有地の提供）、③「外国軍用品海上輸送規制法」（周辺海域や領海での敵国向け軍用物資運搬の船舶の積荷検査。停泊拒否。船体射撃も可能）。④「特定公共施設利用法」（自衛隊や米軍の空港・港湾・道路・電波の優先利用）、⑤「改正自衛隊法」（災害救援や共同訓練等の米軍への物品・役務の提供）、⑥「捕虜取り扱い法」（捕虜の拘束・抑留の手続きを規定）、⑦「非人道的行為処罰法」（重要文化財破壊、捕虜送還遅延、文民出国妨害の処罰）。また締結が承認された三条約は，「改正日米物品役務相互提供協定」、「ジュネーブ条約追加議定書（第1議定書：国際的武力紛争犠牲者保護）」、「同（第2議定書：非国際的武力紛争（内戦）犠牲者保護）」の三つである。

第二次大戦の終戦後、約半世紀に亘って全く白紙状態にあった国家有事の際の危機管理体制は、上記の「有事関連法」の成立により漸く危機管理の対処行動の基本的な骨組みが作られた。また二〇〇五年（平成十七年）の「防衛計画の大綱」（以下、「十七大綱」と書く）では、二〇〇五年度～二〇〇九年度の防衛力整備計画の全体的な兵力枠とその質的目標が示された。そこでは「新たな敵」への対応（弾道ミサイル防衛、テロ対処、離島及び周辺海空域の警戒監視、領空侵犯や武装工作船への対処）や「見えない敵」への対策（情報活動の統合強化）、日米安保体制下の役割分担、自衛隊の国際的な安全保障環境の改善に対する主体的・積極的な取り組み等が重視され、三自衛隊の統合運用、情報機能の強化、科学技術の発展への対応、人的資源の効果的な活用等の施策への展開が強調された。次いで二〇〇六年には「自衛隊法」が改正され、従来の直接・間接侵略の防衛任務のほか、新たにＰＫＯ等の国際協力・援助任務、周辺事態の対処任務・米軍防護等が自衛隊の主任務として明記された。その後、それに対応して防衛省中央組織の大規模な改革が検討されたが、二〇〇九年夏の総選挙で自民党が大敗し、民主党に政権交代したために、防衛省の組織改革は白紙に戻された。「政争は水際まで」は言い古された標語であるが、このように防衛・外交の基本が政局に左右されることは、国防体制つくりの上で非常に危険である。

我が国の人工衛星の研究開発は、二〇〇八年に「宇宙基本法」が施行され、「宇宙開発戦略本部」が発足して漸く軍事衛星の研究が解禁された。二〇一四年、内閣府に「宇宙戦略室」が設けられ、広域測位システムの日米共同開発や早期警戒軍事衛星の整備に着手した。また二〇一四年、第二次安倍晋三内閣の「安保法制改革」によって「武器輸出三原則」が改善され、「防衛装備移転三原則」に改められた。更に同年、「防衛生産・技術基盤戦略」が策定され、また二〇一五年、防衛省の外局に「防衛装備庁」が設置された。「平成二十六年度防衛計画大綱」（二〇一三・十二）でも「大学や研究機関との連携の充実により、防衛にも応用可能な民生技術（デュアルユース技術）の積極的な活用に努める」との方針が打ち出された。

二〇一二年末の総選挙で民主党を大差で破って成立した第二次安倍内閣は、「危機突破内閣」と宣言し、経済の長期停滞克服の規制緩和や財政政策、安保法制改革、教育再生、積極的外交等、旧弊打破の改革を矢継ぎ早に断行した。以下、安保法制改革についてまとめる。

㈠ **「安全保障会議」の改組等**　極東の脅威の急速な高まりに対処するために、「安全保障会議」を「国家安全保障会議」に改組し、「国防の基本方針」を改め「国家安全保障安全保障戦略」を策定した（二〇一三）。

㈡ **「特定秘密保護法」の制定**　従来の「防衛秘密保護法」の適用対象を拡げ、諸外国と国際テロ情報を共有できる「特定秘密保護法」を制定した（二〇一三）。

㈢ **「武器輸出三原則」の改定**　従来の「武器輸出三原則」を改め、厳格な輸出管理の下で平和構築・人道目的の武器の外国への供与や共同開発・生産を認める「防衛装備移転三原則」に改定した（二〇一四）。同年、「防衛生産・技術基盤戦略」を策定し、防衛技術の研究開発の民・学・官の連携を可能とし、また翌年、防衛省の外局として「防衛装備庁」を設置し、防衛装備品の研究開発・調達・輸出を一元化した。

㈣ **集団的自衛権行使の一部容認**　歴代政府は「憲法第九条により集団的自衛権の行使は禁止される」としたが、安倍内閣は「存立危機事態（註）での集団的自衛権の行使」を認める閣議決定を行った（二〇一四）。

註　存立危機事態　我が国又は密接な関係がある他国への武力攻撃が生じ、我が国の存立が脅かされ、国民の生命、自由・幸福追求の権利が根底から覆される明白な危険がある事態。

㈤ **安保法制改革**　前㈣項の閣議決定に基づき「平和安全法制整備法」及び「国際平和支援法」が制定された（二〇一五）。これにより従来禁止されていた集団的自衛権の行使が限定的ながら可能となり、我が国の国防体制やＰＫＯ活動の法的基盤が著しく改善された（参考文献［9］参照）。

「平和安全法制整備法」は、「グレーゾーンの切れ目のない安全保障体制」を確立するために、自衛隊の任務に武器使用を認めた在外邦人の保護や、地域を限定しない米軍の武器保護等を加え、重要影響事態（註）や存立危機事態の対処行動について、「自衛隊法」、「重要影響事態法」（「周辺事態法」を改名）、「船舶検査活動法」、「ＰＫＯ協力法」等の十法案を改正する法律である。改正前の「自衛隊法」等は周辺事態の米軍への後方支援以外のグレーゾーンの規定はなかった。

「国際平和支援法」は、国連総会又は安保理事会の決議で活動する外国軍隊に対し、戦闘への一体化を避けつつ非戦闘地域で行う自衛隊の補給・輸送・医療・建設等の活動を規定したものである。これにより自衛隊の海外派遣の「特別措置法」が不要となった。

註　重要影響事態　日本への直接の武力攻撃は発生していないが、日本の平和と安全に重要な影響を与える事態。

㈥ **日米ガイドラインの改定**　前述の安保法制改革を踏まえ、二〇一五年四月の日米外務・防衛閣僚協議で「日米ガイドライン」が改定された。合意文書では平時・グレーゾーン事態、重要影響事態、存立危機事態、日本有事の各事態における自衛隊と米軍の役割分担を定め、平時から切れ目のない協力・調整を行う「同盟調整メカニズム」の設置、地域を限定しない米軍への後方支援の実施、他の同盟国や国際機関との協力、宇宙空間及びサイバー空間の安全についての協力等が盛り込まれた。今後、日米両軍は具体的な兵力運用計画の策定と、共同訓練による防衛力の錬成が重要である。

(七)　憲法改正　安倍首相は平成二十九年の憲法記念日に日本会議（註）が主導する改憲集会にビデオメッセージを寄せ、「二〇二〇年を新しい憲法が施行される年にしたい」と明言した。改憲項目として、「憲法九条の一項、二項を残しつつ、自衛隊の存在を明記した条文の追加」や、一億総活躍社会の実現に重要な「高等教育の無償化」を定めた条文の新設を挙げた。

註　日本会議　平成九年に発足した保守系の国民運動の団体。会員は約三万八千人、国会議員約二九〇人が所属し、全国九ブロック、四十七都道府県本部の下に二四一の市町村支部がある。

二　将来問題

我が国の国家安全保障体制の確立には、次の二つの根本的な改革が必要である

第一・集団的自衛権を束縛し、「専守防衛」を謳って長距離攻撃力の装備を禁ずる「占領軍憲法」を改正して、平和主義に徹し、しかも国防を疎かにせず、かつ積極的に世界平和に貢献する国の体制を造る新憲法を制定すること。

第二・戦後、日教組によって破壊された教育を再構築し、自虐史観の呪縛を払拭して、日本の歴史と伝統文化に対する誇りを復活し、国防についての国民の精神的基盤を確立すること。

上記により自衛隊は「武は矛止む」の原義に則り、精強を保ちつつ、「正義・人道の大旆」を掲げて正々堂々と世界の平和のために働くことができる。自衛隊員は入隊時に「わが国の平和と独立を守る自衛隊の使命を自覚し、「日本国憲法」及び法令を遵守し、一致団結、厳正な規律を保持し、常に徳操を養い、人格を尊重し、心身をきたえ、技能をみがき、政治的活動に関与せず、強い責任感を持って、専心職務の遂行にあたり、事に臨んでは危険を顧みず、身をもって責務の完遂に務め、もって国民の負託にこたえる」ことを宣誓する。その国家防衛の献身の覚悟は、祖国への愛国心と国の容《かたち》を明確に宣言した憲法への確固たる信頼がなければ成り立たない。それを養うものが教育であり、国家安全保障の基盤が上記の二項であることは明らかである。

前節の冒頭に現代の安全保障環境の特徴として「核拡

散防止」を挙げた。しかしながら依然として現代の世界のパワーバランスが「核抑止戦略」にあることは明白である。北朝鮮の金政権が累代「主体思想」の旗印の下に、飢餓に苦しみながらも核兵器開発とミサイルの戦力化に努めるのは、このために他ならない。

一方、我が国は一九五一年、「サンフランシスコ講和条約」締結と同時に「日米安全保障条約」を結び、それ以後、歴代政府は「日米同盟」を基軸としながら「非核三原則」を唱えて米軍の核兵器の持ち込みを拒み、「専守防衛」を防衛力整備の中心に据えて長距離打撃戦力の造成を怠ってきた。終戦直後の焼け野原時代は止むを得ないとしても、世界有数の経済大国に復興した現在でも、独立国家の基本である国家安全保障の抑止戦力を全面的に米国に依存する現状は、マッカーサーの占領体制と変わらない。その間、米国隷属に馴染んだ「戦後レジーム」の大衆に迎合した外交・防衛政策が行われてきた。これを改善するには「日本国憲法」を改正して国防軍を建設し、前述した「戦後レジーム」の内的脅威を克服し、国民の「核アレルギー」の「非核三原則」や「専守防衛」を撤廃し、遠距離打撃力や原子力潜水艦を装備して米軍と「核兵器の共有」体制（註）を造り、「戦争抑止力」を強化し、更に海空軍の日米統合運用体制を実現することが喫緊の重要事である。但しトランプ米大統領の如きポピュリズム・リーダーの出現によって、日米同盟関係が忽ちに揺らぐ危険性があることは否めない。大統領選挙運動中の言辞から日米同盟の安定性がすこぶる懸念されたが、二〇一七年二月、安倍首相が訪米して首脳会談を行い、トランプ大統領が「米国は一〇〇％、日本と共にある」と明言したことにより、日本政府も国民も安堵の胸を撫で下ろした。しかしながら「軍事同盟」が一方的に破棄されることは歴史上稀ではなく、「同盟関係」は国家安全保障の補助的方策に過ぎない。選挙で選ばれた一時期の政権によってガタガタするような同盟関係は、国家安全保障の基盤にはならない。外交で平和が実現できるという楽観主義は、世界では通用しない「日本の常識」であり、「日本国憲法」の「妄想的平和主義」がもたらしたものである。勿論、同盟によって地域の秩序を構築し強化することは重要であるが、その中核には国民の確固たる愛国心に基づく自立した国防体制がなければならない。その上で米国と共に世界の秩序の建設に貢献する平和主義国を目指すのが、我が国の防衛戦略であり、米国任せの防衛戦略は安全保障にならない。

註　核兵器の共有　ＮＡＴＯの非核国のドイツ・オランダ・イタリア・ベルギーは、ＮＡＴＯの枠組みの中で核兵器の使用に決定力をもち、核兵器を搭載可能な航空機等を保有して、米軍が提供する核兵器を自国内に配備して訓練を行っている。

本章の第二節に前述した極東情勢の緊迫する中で、我が国は中国との対話と経済的相互依存を進め、この地域での中国の影響力を抑制して安定した戦略的互恵関係を築こうとしている。中国も表向きは日中両国の互恵関係の構築を謳いつつ、互恵にほど遠い応対である。更に国内に多くの火種を抱える中国は、今後の政治・経済の成り行きや国内各地に頻発する暴動、辺境の少数民族運動の動向によっては、国民の目を逸らし国内情勢を緩和して共産党の独裁を維持するために、我が国を格好のスケープゴートに仕立てて極東に緊張を作為し、覇権的行動を強める古典的常套の暴挙の可能性も考えられる。中国が南・東シナ海の内海化や台湾の香港化、北朝鮮の併呑を完成してアジアの覇権を握れば、我が国の独立も危ぶまれる。このとき我が国が生き残るには、米国の核の傘を確実にしておくことが重要である。近隣に「ならず者国家」や「力による現状変更」を強行する核保有国が存在する現状では、我が国は防衛的核武装をすべきであろうが、国連の「核兵器不拡散条約」や「包括的核実験禁止条約」を批准している我が国としては、核武装への政策転換は現実的ではない。現在の米中のアジア覇権争奪の中で、我が国が中国や北朝鮮の核恫喝に堪えるには、米国の核の引き金に我が国が関与できるNATO軍並みの「核兵器の共有」体制を造る必要がある。

我が国が米国との「核の共有」を実現するには、米国にとってかけがえのないパートナーとして日本の地位を確立することが必要である。米国はこれまで世界をミスリードした多くの失敗の歴史をもつ国である。第二次大戦の戦後処理の失敗（その結果、世界は約四十年間冷戦に苦しみ、共産党独裁・人権無視の中国を作った）、広島・長崎の虐殺の正当化や東京裁判の平和・人道の罪の捏造等があり、また第二次大戦後は泥沼のベトナム戦争、最近ではイラク戦争等々、失敗は枚挙にいとまがない。しかし現在、日本にとって米国は最大の友好国であり、この絆を強めることは両国及び世界の安定に非常に重要である。我が国が米国の「覇者の横暴」をたしなめ、世界によりよき秩序をもたらすパートナーとなることは、今後の世界の経営に極めて重要である。

前述した中国の海洋覇権を防止するためには、外交的には日米安保体制の一層の強化の下に、極東各国の安全保障の協力体制を確立し、台湾及び東南アジア諸国に対する中国の覇権拡大を防ぎ、更には国際社会の平和維持のために活発に活動して列国の信頼関係を高めることが、将来の我が国の安全保障にとって死活的に重要である。

　また一方、我が国は実効力のある精強な近代的防衛力を整備して防衛体制を更に高める必要がある。今後の防衛力整備は、①広域監視・偵察能力と情報能力の整備、②ミサイル防衛・サイバー戦力の充実、③南西列島空域の制空権の確保、④九州からフィリピンに至る南西列島線の阻止哨戒の充実、⑤東シナ海の浅海域対潜戦能力の向上、⑥自衛隊の継戦能力の増強、⑦原子力関連施設の対テロ防備、等の戦力の整備を急ぐ必要がある。偵察衛星が飛び交う今日、暴露した目標は容易に発見されるが、海中は依然として暗中模索の戦場である。米ソの冷戦時代には、米国にとって日本の地政学的な重要性は、ウラジオストックのソ連ＳＳＢＮ艦隊を封じ込めるための宗谷・津軽・対馬の三海峡の防備にあった。今日、相手がソ連から中国に替わっても日本の地政学的意義は全く同じである。米国に対する我が国の同盟国としての役割は、ロシア海軍に対する三海峡の防備と、九州～沖縄～台湾～フィリピンに至る列島線により中国海軍の東海艦隊（司令部・寧波）と北海艦隊（青島）を東シナ海に閉じ込め、また南・東シナ海の「航海・飛行の自由」を確保することであり、米国にとっての日米同盟の軍事的意義である。しかし現状では我が国は中国海・空軍に対して、東シナ海・南西列島線の防備と、南シナ海を含む南西航路帯の安全や制空権を独力で確保する十分な能力はない。自由主義や法の支配の概念を共有する諸国との連携が必要である。また中国のＳＳＢＮの追尾や監視には、攻撃型原子力潜水艦ＳＳＮを装備し、更にまた浅海域対潜戦の戦術を確立することが不可欠である。これらがなければ南西諸島列島線の防備は成り立たない。

　我が国では憲法上の制約と政治的な禁忌により、危機管理や自衛隊運用の法制は、第二次大戦後も多くの欠陥を内蔵したまま長く放置されてきた。即ち二〇〇三年の「武力攻撃事態法」及び二〇〇四年の「有事関連七法案」の制定までの半世紀は、有事の非常事態に対処する行政態勢や自衛行動に関する法体系は白紙的状態であった。また第三節三項に前述したＩＴ革命時代の顕著な特徴は、各種の社会システムや生産活動について効率的管理と最適化の概念や知識が急速に成熟し、意思決定分析の技術が長足の進歩を遂げたことである。更に高速大容量の電子計算機の普及に伴い、データ・ベースと連動した意思決定支援システムが発達した。またそれは軍事面では各種の戦闘統制システムや部隊運用に関する意思決定分析のソフトウエアを著しく進歩させ、今日の「戦闘のＭ＆Ｓ時代」を到来させた。しかし我が国の安保欠陥法制の中では、自衛隊の戦闘統制システムや部隊運用の意思決定分析のソフトウエアを育てる土壌がなく、自衛隊運用のソフトは未成熟である。

第五節　安全保障とＯＲ＆ＳＡ

第三節の五項で我が国の安全保障における内的脅威として「戦後レジーム」の弊害を述べたが、将来の我が国には更に困難な条件が立ちはだかっている。それは少子化問題と国家財政の逼迫とである。そこでは若い自衛官の人的資源の枯渇が避けられず、また極東の脅威の増大に対応して防衛費を増加させることが厳しく制約される。「十七大綱」でもこの点を厳しく認識して、「防衛力の果たすべき役割が多様化している一方、少子化による若年人口の減少、格段に厳しさを増す財政事情に配慮し、防衛力整備の一層の効率化、合理化、装備のライフサイク・コストの抑制、及び研究開発の重点的な資源配分や防衛施設の効率的維持・整備の推進」が必要であることが強調されている。これを実行するためには、脅威の状況の総合的な把握の精度を上げ、対処方策の効率を定量的に評価して最適化する科学的な意思決定分析の確立が必要である。そのような防衛力整備計画の合理性・効率性の確立には、軍事ＯＲの定量的な分析・評価の機能が不可欠である。また部隊運用の即応性・機動性には、作戦情報処理・意思決定支援システムの整備と軍事ＯＲの研究は欠かすことができない。

一　意思決定支援分析の形態

上述した意思決定分析の内容は、直面する対象の状況により千差万別であるが、逐次的に変化する状況の情報に対応して行われる意思決定問題と、基準的な安定した環境下の意思決定問題との二つに大別される。前者を動的ＯＲ、後者を静的ＯＲという。

二　ＯＲ＆ＳＡ分析の一般的な流れ

軍事的危機管理における情報処理と一連の意思決定分析の動的ＯＲ分析を一般的に述べれば、以下のとおりである[2]。

㈠　動的分析の情報処理と意思決定分析

軍事的な脅威や国際テロ対処の危機管理、大規模災害における救助活動等の事態の意思決定では、状況の進行に伴い、Ａ 情報分析、Ｂ 意思決定分析、Ｃ 追従分析・終結分析が逐次的に発生する。図1は意思決定分析の流れを時間軸上で整理したものであり、Ａ～Ｃ間では新しい情報が追加される都度、Ａに戻る。図1に示す①～⑨の分析は、概略、以下のとおりである。

① 目標類別分析　対象事態（以下、目標という）に関する異なる媒体や複数の情報源の情報を融合し、一元化して情報を整理統合して、生起した事態や脅威を評価し、目標を詳細に類別・認識する。

② 目標の行動分析　前項の目標情報の時系列を目標ごとに分類し、過去のデータとの関連を分析して、目標の行動パターンを明確にする。

③ 目標の変化の予測　目標の企図や過去の類型の統計データ等を勘案して、将来の目標の動きや事態の変化を予測し、その影響を分析する。

④ 連続情勢見積の定量化　②、③項で分析した脅威や目標の企図分析を加味し、更に我の防衛対象の状況、対応兵力（一般的には対処行動に使用できる資源量）の展開を勘案して、事態を総合的に評価する。ここでは③項の脅威の変化を考慮した総合的な将来の展開を見積もる必要がある。

⑤ 対処行動の効果とリスクの分析　④の見積りに基づき対処行動に用いる我の資源の状況を調査し、実行可能な行動案を列挙し、効果と損害等のリスクを分析・評価する。

⑥ 最適行動計画の分析　資源制約や実行可能条件の下で、最適な我の行動計画の諸元を求める分析であ

情報取得時点	意思決定時点	行動開始以後
⇓		⇑ 追跡調査による追加情報
A 情報取得　⇒ （情報分析）	B 意思決定　⇒ （意思決定分析）	C 情報追跡／行動終結 （追従分析／終結分析）
①．目標類別分析	④．連続情勢見積	⑦．追従分析
↳②．目標行動分析	↳⑤．対処行動の効果とリスク分析	↳⑧．適応行動分析
↳③．脅威の変化の予測	↳⑥．最適行動計画	↳⑨．行動終結分析

図1.　動的な意思決定分析の流れ

る。ここでは一般的なＯＲ理論の資源配分の最適化理論、ゲーム理論、ネットワーク理論等が適用できる。

①～⑥により行動計画が決定される。それ以後は次の分析が重要である。

⑦ **追従分析**　対処行動開始後の事態推移を追跡し、計画の時間管理（ＰＥＲＴ・ＣＰＭ）と、対処行動の計画諸元（見積値）の妥当性の監視を行う。

⑧ **適応行動分析**　前項の結果によりベイズ決定等の確率・統計理論を利用して事後分析を行い、見積値を補正し、要すれば行動計画を再検討して修正する。

⑨ **行動転換・終結点の分析**　前項の⑦、⑧項の分析に基づき、現在実施中の行動の転換又は終結時期を検討する。ここでは将来の情勢の変化を勘案した上で、現在行われている行動の資源を他に転用した場合の機会効用及びリスクと、現在の行動を継続した場合の効用及びリスクの比較分析が重要となる。

上述した動的ＯＲ分析の①～③項は、目標情報の整理と現状把握及び将来予測の分析であり、④～⑥項は我の行動計画の意思決定のための分析、⑦～⑨項は計画の実施状況を監視して対処行動の適応性を調べる分析及び現在の計画を終結する最適な時期を求める分析である。これらを図１に示すとおり循環的に適用して、意思決定を支援することが動的なＯＲ＆ＳＡ分析である。

上では状況や問題を特定することなく、危機管理の意思決定分析の時系列を一般的に述べたが、その内容は対象問題や状況により大きく変化することは勿論である。しかし対象が何であれ、上述した一連の体系的な定量的分析は、意思決定に際して不可欠な分析である。その分析の具体的な手法や情報処理には、確率・統計学を応用した理論モデル（四項に後述）や、現象の流れの事象列を乱数を用いて模擬的に計算機内で生成してシステムの振舞いを調べるモンテカルロ・シミュレーション（プロセスの途中で人間の判断を入れて進めるシミュレーションをゲーミングと呼ぶことがある）等による定量的評価のＯＲ分析が行われる［２］。

㈡　静的ＯＲ&ＳＡ分析

逐次的な追加情報や行動中の状況・環境条件の変化がない安定した環境下の意思決定問題では、基準的な意思決定対象の環境に対して図１の①、②、⑤、⑥が行われる。これには「ＯＲ&ＳＡの循環手順」と呼ばれる次の手順が推奨されている［２］。

① **問題提起と問題の明確化**　分析対象の問題の合理的な目的を達成する意思決定の枠組みとして、前提条件で設定する外部システムと、最適な選択の対象

となる内部システムの線引きを設定する。これにより対象システムの前提条件、評価尺度、決定基準等を決定する。

② **将来の環境と目的達成の代替案の調査**　①の外部システムの基準的環境から前提条件を設定し、内部システムにおける行動計画の代替案を展開する。

③ **評価モデルによるシステム特性の定量化**　数式モデル（理論モデル、統計的回帰モデル）又は手続きモデル（モンテカルロ・シミュレーション・モデル、ゲーミング・モデル）等を作成して、システム代替案の性能特性を定量的に計出する。

④ **代替案の分析・評価**　前項で定量化されたシステム代替案の評価尺度について、各種の決定基準、即ち不確実性の確率分布が推定できる場合の期待値、安定性、最尤値、希求水準の各基準、又は不確実性の確率分布が推定できない場合の評価尺度の最大値（ラプラスの基準）、マックスミン利得基準（ワルドの基準）、ミニマックス損失基準（サベッジの基準）、評価尺度の楽観値と悲観値の重みづけ基準（ハービッツの基準）等による選好を分析する。

⑤ **不確実性の確認分析**　④の分析に用いたデータや外部システムの前提条件が変化した場合の結果に対する影響を調べる不確実性の確認分析を行い、④の選好の妥当性を検討し、最適代替案を選ぶ。

Ⓐ **感度分析**　シミュレーションやシステム評価に用いた標準的入力データが変化した場合を考え、これらを変えて結果の変化を調べる分析。

Ⓑ **状況変異分析**（危機分析ともいう）　分析に用いた主な状況設定や前提条件の違いによる分析結果の変化を調べる分析。

Ⓒ **ハンデキャップ分析**　最上位の計画に不利な条件、次善の計画に有利な条件を与えて再評価し、評価の強度を確認する分析。

Ⓓ **優劣分岐分析**　最有力案と次善案の優劣が逆転する状況や環境条件を調べ、意思決定に反映させる。

上述の意思決定問題の定量的な分析は、対象問題や環境の状況により内容は千変万化する。しかし対象が何であれ、これらは意思決定者に不可欠の分析情報である。その情報処理を行う具体的な技法は、次項に述べる確率・統計学と、応用数学モデルによる定量的な評価を基礎とするＯＲ＆ＳＡ理論が用いられる。

以上、意思決定支援の動的又は静的ＯＲ分析を述べた。軍事システムや作戦・戦術の最適化問題では、それらの戦術単位の能力値（兵器の撃破確率、戦闘単位の戦力・

抗堪性等）を予め定量化した上で、敵味方の交戦の結果を評価して作戦行動の代替案の最適案を求める分析が行われる。即ち予備的に戦闘単体の能力評価のＯＲ分析を行う必要があり、その段階で捜索・射撃・爆撃・交戦問題の軍事ＯＲ理論が適用される。「軍事ＯＲ」の理論モデルについては、『軍事ＯＲ&ＳＡシリーズ』（参考文献［２〜８］）に詳述されている。

三　一般的なＯＲ問題の理論研究

上述した動的又は静的ＯＲの分析では、複合的なシステムの各種の現象を理論モデルに定式化して分析するが、一般的なＯＲ理論としては次の研究がある。

①　最適な資源配分を求める数理計画法（線形計画法、非線形計画法、整数計画法、動的計画法）
②　確率的に変化する事象の特性分析の理論（確率過程理論、マルコフ連鎖理論、混雑問題の待ち行列理論、在庫理論、品質管理理論）
③　複雑なネットワークの特性分析のネットワーク理論（最大流量問題、最短経路問題、スケジュール管理のＰＥＲＴ・ＣＰＭ法）
④　競争問題を分析するゲーム理論（協力ゲーム、非協力ゲーム、微分ゲーム）
⑤　予測問題の分析理論（応用統計学の多変量解析、数量化理論、時系列分析法、多段階のアンケートを利用するデルファイ法）
⑥　システム評価（決定理論、ＫＪ法、ＩＳＭ法、モンテカルロ法）
⑦　軍事ＯＲの理論（捜索理論、射撃・爆撃理論、交戦理論）［３〜６］。

上記はＯＲの理論研究の主要なものであり、上記以外にも各種の理論モデルが研究され、それぞれ大冊のテキストに纏められる内容がある。

軍事問題のＯＲ分析の事例としては、動的ＯＲでは「対潜戦連続情勢見積支援プログラムＡＳＷＩＴＡ（Anti-Submarine Warfare Information and Target Analysis Program）」や「目標探知情報処理・位置局限プログラムＣＯＤＡＰ（Contact Data Analysis Program）」（参考文献［４］参照）や静的ＯＲの「中期防衛力整備計画の分析評価」等が挙げられる。これらの分析では上記の理論モデルやモンテカルロ・シミュレーション・モデルを適用して分析される。しかしその分析の各部で「捜索による目標の探知・被探知、交戦による目標撃破・我の被害」の要素が入り込むので、軍事問題の分析では⑦項の軍事ＯＲによる基礎的な分析によりシステムの部分的な特性値を予め評価して全体問題のシステム分析を行うことになる。したがって現実の軍事ＯＲ&ＳＡ問題の分析の基礎理論が軍事ＯＲの理論であると言うことができる。

我が国では大東亜戦争の敗北以後、最近まで感情的な平和論が横行し、軍事アレルギーが猖獗を極め、その影響は学術研究の分野にも及んで軍事ＯＲの理論研究は「禁忌の研究分野」であった。それは日本ＯＲ学会（一九五七年設立）の論文誌に、これまで射爆理論や交戦理論等の軍事ＯＲの理論研究の発表が皆無であることに表れている。僅かに民間でも応用される捜索理論や機会目標の最適資源配分の論文が、時々、発表されたに過ぎない。そして有志による「防衛と安全」研究部会がＯＲ学会の中に発足したのは、日本ＯＲ学会発足後五十年を経た二〇〇八年春であり、二〇一〇年の春期研究発表会で始めて「警備と危機管理」のセッションが置かれて、上記の研究部会メンバーの口頭発表があった。一方、防衛省及び三自衛隊では、発足当初から米英軍の第二次大戦中のＯＲ活動が研究され、防衛力整備計画にＯＲを適用した応用研究が行われた。その間、分析担当の組織も逐次整備され、分析要員の教育も十分とは言えないまでも継続的に努力されてきた。しかし我が国では今日でも軍事ＯＲの研究は自衛隊内に限定されており、軍事的な戦闘統制システムや情報処理システムは米国のシステムの模倣に終始し、防衛秘密の強固な壁の中にある。第二次大戦後の軍事アレルギーの後遺症は、この分野では未だに修復されていない。しかも情報化時代の今日、学術レベルの軍事ＯＲの研究さえも社会一般から隔離されているのが現状である。国家安全保障のシステム造りや基礎的な学術研究が、上述したように一部の特殊なグループの中に密閉されていることは、我が国の安全保障体制にとって不健全である。国の防衛体制の強靭さは決して兵力の多寡や兵器の性能の優劣にあるのではなく、軍備が抑止の機能を果たすのは、それが国民の一致した断固たる国家防衛の意思の表明であるからである。

現在、国民の軍事知識や国防についての関心が薄いことは、我が国の防衛基盤の最大の弱点である。また今日の情報化時代では、国家社会の防衛体制にとって最も重要なことは、防衛情報システムと危機管理の意思決定分析システムの確立である。したがって本節に述べた動的ＯＲや静的ＯＲの防衛情報・意思決定支援分析システムの構築は、有事法制や危機管理体制の整備、テロ対処のＣＢＲＮＥ防護対策と同じく喫緊の課題と言ってよい。また意思決定の考え方や危機管理のあり方は、それぞれの国の歴史や伝統、価値観の思想・哲学に深く根ざした固有の文化の所産である。ゆえにそのシステムの模倣では済まされないこれまでのように米国システムの模倣では済まされないことは明らかである。有事法制や危機管理システムの整備は、国民的な理解と合意の上で進めることが必要であり、国民の知恵を結集することが重要である。それには戦後レジームの日教組教育による国民の国防意識と関心の低さが大きな障害となる。それを改善するために、まず防衛に関する国民の関心を高め、これまで防衛省・自衛隊の専有物として密閉されてきたこの分野の研究や知識を、広く我が国の社会全体で共有することが不可欠である。

本書の後編（第五編〜第九編）では技術革新の情報化時代にふさわしい防衛情報・意思決定分析システムを構築し、それを運用していく上の必須の基礎技術である軍事ＯＲについて、研究の発展の歴史と現状を概説している。我が国の軍事ＯＲが更に普及し、この問題に関する社会の関心を呼び起こすことができれば、我が国の安全保障の基盤を固める上ですこぶる有益であると考える。なお本書に収録した第二編以下の報告では、理論モデルの細部に立ち入ることを避けて、軍事ＯＲ活動を概説している。ゆえに本書にはＯＲの書物に特徴的な数式は全く出てこない。軍事ＯＲの理論モデルについて、更に詳しい知識の探求を欲する読者は、参考文献［2〜7］について研鑽することを奨める。

参考文献

［1］能勢省三（元海軍少佐）『朝鮮戦争に出動した日本特別掃海隊』、一九七八年十一月、海上自衛隊。

［2］飯田耕司『意思決定分析の理論』、三恵社、二〇〇五。

［3］飯田耕司、宝崎隆祐『三訂 捜索理論』、三恵社、二〇〇七。

［4］飯田耕司『捜索の情報蓄積の理論』、三恵社、二〇〇七。

［5］飯田耕司『改訂 軍事ＯＲ入門』、三恵社、二〇〇八。

［6］飯田耕司『改訂 軍事ＯＲの理論』、三恵社、二〇一〇。

［7］飯田耕司『国防の危機管理と軍事ＯＲ』、三恵社、二〇一一。

［8］飯田耕司『国家安全保障の基本問題』、三恵社、二〇一三。

［9］矢野義昭「平和安保法制の改正点と今後の課題―本当に「戦争法」なのか―」、『日本』、平成二十八年六月号。

前編　国家安全保障の基本問題

第二編　日本を取り戻す道
―「日本国憲法」の改正に関する私見―

『水戸史学』（水戸史学会）、第八十号（平成二十六年六月）、一〇三～一二五頁

はじめに

水戸藩第二代藩主徳川光圀公は、明暦三年（一六五七）、江戸駒込の別邸内に史局・彰考館を設け、『大日本史』の編纂を始めた（完成は明治三十九年（一九〇六））。それにより史臣の歴史観・国家観が育まれ、国の根幹を養う水戸学が生れたことは史上に著名である。

大東亜戦争の敗戦後、我が国を占領した連合国軍総司令部（以下、ＧＨＱと略記）は、水戸学を帝国主義の先鋒と断定して教育・研究を禁じ、研究者を公職から追放した。そのため斯学の研究は一時期中断したが、独立回復後、平泉澄元東大教授の指導の下に、恩師名越時正先生を中心とする有志によって月例研究会（「青藍会」）や「水戸史学会」が再興された。先師の「正学・弘道」の教えは、半世紀を経てなお筆者の耳に遺る。

いま安倍晋三総理は「戦後レジーム」からの脱却を唱えて憲法改正を目指し、政党・政治家・新聞社・各種団体等が「憲法改正試案」を発表している。しかしこれらはいずれも「日本国憲法」の「主権在民」と、我が国の伝統的国体との逆転法理（第三節二項参照）を踏襲している。数理科学専攻の筆者は法律問題には疎いが、この改憲論議の矛盾に強い疑念を覚え、「日本国憲法」を精査して、私見を本稿に纏めた。

折しも「水戸史学会」は、先師の帰幽十年忌に当り追悼記念号を編んだ。本論考は本誌の主題の水戸学研究ではないが、憲法改正は正しく現代の国幹を正す「正学・弘道」の大事である。往時の先師の切磋を追想しつつ、霊前に捧げる報告として本論考を記念号に寄稿し、併せて読者諸賢の批正を乞う次第である。

第一節　「日本国憲法」と「戦後レジーム」

大東亜戦争の敗戦後、ＧＨＱは日本の永久的無力化の

ために、帝国陸海軍を解体し、報復の軍事裁判を行い、更に伝統的な社会制度を覆す過酷な占領政策を実施した。

特に東京裁判では東南アジアにおける欧米列強植民地の解放を目指した「大東亜戦争」を「軍国主義の侵略戦争」と断罪し、欧米諸国のアジア侵略のレッテルを日本に貼り替え、「自虐史観」を国民に深く埋め込んだ（GHQ民間情報教育局によるウオー・ギルト・インフォメーション・プログラム等）。また占領政策を主導したGHQ民政局には社会民主主義を信奉するニューディラーが多く、「民主化」と称して日本古来の家族制度・身分制度・教育制度・土地制度等を根底から覆し、米国の制度を模倣した社会改造を強行した。そのために「主権在民、基本的人権の尊重、平和主義」と揚言する「日本国憲法」を強要した。この憲法は我が国の伝統的国体の「皇室制度」を「象徴天皇制」で擬態し、実体のない「主権在民」の国体を謳い、妄想の「平和主義」を掲げて国の自衛権を否定し、元首や非常事態条項の規定もない欠陥憲法である。その結果、我が国では、社会規範の崩壊、国民の国家観の混乱、利己的権利主義による道義の退廃、「主権在民」に媚びた大衆迎合政治、夢想的平和主義による歪んだ国防体制と米国依存の安全保障体質、「東京裁判の自虐史観」に基づく謝罪外交、米国式学制による教育の劣化、国民の愛国心の喪失、家系社会の核家族化、等々が著しく進行した。それは我が国古来の文化的基盤のホロコーストと言っても過言ではない。

昭和二十六年、我が国は「サンフランシスコ講和条約」により主権を回復したが、この時、「日本国憲法」を継続して受け入れた。この憲法は「ポツダム政令の親玉」であり、我が国の指導者は主権回復と同時に、強要された「日本国憲法」の欺瞞を明らかにして国民をGHQの宣伝の妄想から解放し、これを破棄して「新たな憲法」を制定すべきであった。しかしそれは為されず約七十年が経過し、二世代の国民が虚妄の「日本国憲法」の諸制度の中で育った。しかも内外の左翼勢力はそれを「民主的平和憲法」と煽り、国民の多くがGHQの宣伝に取り込まれて、未だにその虚妄の中に閉じ込められている。

昭和三十年、自民党は党の使命を「日本国憲法の自主的改正」と宣言して立党した。しかし厳しい東西冷戦と国内政治の激動の時代が続き、左翼の激しい反政府・反戦・反原水爆デモ及び反皇室闘争が各地で繰り返された。また左翼リベラル勢力は挙って「護憲・非武装中立・一国平和主義」を唱え、マスコミはこれを煽り、世論に憲法改正の声は起らなかった。

しかしソ連の崩壊（平成三年）により世界情勢は大き

く変化し、国内の過激な学生運動も沈静化して、国民に憲法改正の認識が生じた。平成十七年には自民党は新綱領で「近い将来、自立した国民意識のもとで新しい憲法が制定されるよう、国民合意の形成に努める」と宣言し、第一次安倍内閣（平成十八・九〜一九・九）は「教育基本法の改正」と「憲法改正国民投票法」を成立させた。その後、長期政権に奢った自民党は民主党に政権を奪われたが、三年後に復権し第二次安倍内閣が成立した。この内閣は最優先政策としてデフレ克服の経済政策を取り上げ、東日本大震災の復興を加速し、更に外交・安全保障・教育等の「戦後レジーム」の改革に着手した。安倍総理が提唱する「戦後レジーム」からの脱却は、単なる制度改革ではなく、「日本国憲法」の根底にある米国模倣の政治理念や自虐史観から国民を解放する時代思潮の改革であると言ってよい。更に平成二十五年七月の参院選にも大勝して「捩れ国会」を解消し、憲法改正の機運が兆し始めた。

現在、我が国は多くの内政問題を抱え、また外交でも様々な課題に直面している。即ち国債残高一千兆円を超える財政赤字、長引くデフレと国内産業の空洞化、急激な少子・高齢化社会の進行、東日本大震災と福島原発事故の復興の遅延、予想される南海トラフや首都直下の巨大地震に対する国土強靭化等、多くの難問題の対策を迫られている。

更に国民の間では伝統的な国家観が失われて、社会規範の弛みや国民の質的劣化が進み、社会の各部で内部崩壊の不祥事が続発している。即ち警察の組織的弛み、司法のぶれと信頼の揺ぎ、教育の劣化と虐めの頻発、青少年の志の喪失とニート化、家族の絆の崩壊による幼児殺しや老人の孤独死の激増、等々である。一方、外交ではロシアの「北方領土問題」、北朝鮮の「核武装」と「拉致問題」、中国の「尖閣領有の横車」、韓国の「竹島侵略」と「従軍慰安婦の誹謗」、中国・韓国の「歴史認識問題」とその反日宣伝による欧米諸国の「日本右傾化の懸念」や「性奴隷国日本の非難」等々、多くの課題を抱えている。現在、米国の一極支配が終焉し、中国が勃興して急速に海洋強国戦略を進める世界情勢の中で、今こそ世界の現実を直視し、国家体制の基盤を固めなければ、将来の国運はまことに危うい。正に国難のときと言ってよい。

上述した「戦後レジーム」の課題に対処するには、「日本国憲法」を改正して国家の基本を正し、歴史や民族精神、伝統文化に対する国民の誇りを復活して国民共通の「日本国のアイデンティティ＝国家観」を確立し、「世のため人のために働く」堅実な国民の人造りを進めることが、「日本を取り戻す」鍵である。これによって初めて国の活力が生まれ、政治・外交・防衛・経済・文化の各分野で「国際的に信頼される国造り」ができ、「周辺国から侮られない国」が築かれる。このためには教育を改善して自主独立の民族精神を育み、国民の間に「公」への献身を尊ぶ国民道徳を復活することが喫緊の課題である。将来の国運を切り拓くために、「戦後レジーム」の根源である「日本国憲法」の改正を急がなければならない理由がここにある。

第二節　「日本国憲法」の制定の経緯

本論の「日本国憲法」の吟味に先立ち、本節では「日本国憲法」成立の経緯を簡単に整理する。

連合国軍総司令官Ｄ・マッカーサー元帥は、昭和二十年十月初旬に元首相近衛文麿公爵と会談し、「大日本帝国憲法」（以下、「帝国憲法」と略記）の改正を示唆した。近衛公は佐々木惣一京大教授と共に内大臣府御用掛として憲法改正の調査に取り懸った。またマッカーサーは幣原喜重郎首相との会談で「憲法の自由主義化」を求め、幣原首相は松本烝治国務大臣を委員長とする憲法問題調査委員会（松本委員会）を十月下旬に設置した。その間、近衛公が主導する憲法調査は、内大臣府の憲法調査の法的権限や近衛公の戦争責任について批判を受けたが、十一月下旬、近衛公は「帝国憲法ノ改正ニ関シ考査シテ得タル結果ノ要綱」を天皇に奉答し、佐々木教授も「帝国憲法改正ノ必要」を奉告した。しかしその翌日にＧＨＱ指令によって内大臣府は廃止された。また近衛公にも戦犯逮捕命令が発せられ、出頭日の未明に近衛公は服毒自殺を遂げ（十二月十六日）、「近衛憲法改正案」は葬られた。

一方、松本委員会は、当初、調査研究を主眼に活動したが、間もなく改正を視野に入れた検討に転じた。十二月の第八十九回帝国議会・衆議院予算委員会で、松本委員長は憲法改正の基本方針として、①天皇が統治権を総攬する「帝国憲法」の基本原則の継承、②議会の権限を拡大し天皇大権を制限する、③国務大臣の責任を国政全般に広げ大臣は議会に対し責任を負う、④人民の自由及び権利の保護の拡大、の「松本四原則」を答弁した。昭和二十一年一月上旬、松本委員長の私案を基に「憲法改正要綱」（甲案）が作られ、更に大幅に改正を強めた「憲法改正案」（乙案）も用意された。

政府が改正草案作りを進めていた頃、各政党や民間有識者の間でも「憲法改正草案」の作成が行われ、昭和二十年末から翌春にかけて相次いで発表された。

連合国の日本占領政策機関・極東委員会は昭和二十一

年二月下旬の発足に向け準備を進め、憲法改正に関するGHQの権限は極東委員会の下に置かれるとされた。二月初め、松本委員会の宮沢俊義委員（東大教授）の私案が毎日新聞にスクープされた。それを見て日本政府の不徹底な憲法改正案に不満を持ったGHQ民政局長C・ホイットニー准将は、マッカーサーに極東委員会による憲法改正の政策決定前に、GHQの主導で徹底した改革の憲法改正を行うことを進言した。これに賛同したマッカーサーはホイットニーに「憲法草案」の作成を命じ、改正案の必須要件として、①象徴天皇制、②（個別及び集団的）自衛権の放棄、③封建的制度や貴族制の廃止、の「マッカーサー三原則」を示した。ホイットニーは直ちに民政局内に八つの分野の憲法条文起草委員会と全体の監督・調整の運営委員会を設けて、「マッカーサー憲法草案」の作成に当った。

一方、GHQは日本政府に「憲法改正案」の提出を求め、二月上旬、「憲法改正要綱」（甲案）がGHQに提出された。その数日後、ホイットニーは松本国務大臣、吉田茂外務大臣らに対し、日本政府案の拒否を伝え、その場で「マッカーサー草案」を手渡した。松本委員長は更に改正を強めた「憲法改正案説明補充」を提出して抵抗したが、GHQは認めなかった。

政府は二月下旬の閣議で「マッカーサー草案」に沿った憲法改正の方針を決め、直ちに内閣法制局を中心に「マッカーサー草案」に基づく憲法案の作成に着手した。三月初め試案ができ、翌日GHQに提出された。同日夕刻から確定案作成の徹夜の協議に入り、翌日午後、全ての作業を終了した。GHQ民政局の作業チーム設置から約一ヵ月、法制局での原案作成の開始から六日目の泥縄作業で「日本国憲法」の原案が作られた。政府はこの原案を要綱化し、「憲法改正草案要綱」として発表した。その後、ひらがな口語体の条文化が進められ、四月中旬、「帝国憲法改正草案」が公表された。これに対しマッカーサーは支持声明を発表した。これは米国政府にとって寝耳に水であり、また日本の憲法改正に権限をもつ極東委員会を強く刺激し、GHQと米国務省、極東委員会が対立した。

日本政府は「帝国憲法改正草案」発表と同時に、枢密院（大臣等の顧問官からなる天皇の最高諮問機関）に諮詢（天皇から枢密院に意見を求める手続）した。四月下旬、幣原内閣の総辞職、吉田茂内閣の成立に伴って一旦撤回され、五月下旬にそれまでの審査結果を修正して再諮詢された。六月上旬、「憲法改正草案」は枢密院本会議で賛成多数で可決された。六月下旬に「帝国憲法改正案」は、「帝国憲法」第七十三条の規定により勅書を以って第九十回帝国議会に提出された。

衆議院での「帝国憲法改正案」の審議開始に当り、マッカーサーは、極東委員会が五月中旬に決定した「新憲法採択の諸原則」である、①審議のための充分な時間と機会、②「帝国憲法」との法的整合性、③国民の自由意思の表明、が必要と声明した。改正案は六月下旬、衆議院本会議に上程され、衆議院では帝国憲法改正案委員会に付託した。また七月初旬、極東委員会は新憲法の基準として「基本原則」を決定した。それは先に米国政府が作成した「日本の統治体制の改革」に基づくものである。衆議院の委員会は、第九条第二項冒頭の若干の字句の修正を加えて委員会で可決し、八月下旬に衆議院本会議で可決され、同日、貴族院に送られた。貴族院では直ちに本会議に上程され、帝国憲法改正案特別委員会に付託された。特別委員会は小委員会を設置し審議に入った。GHQは七月に極東委員会で決定された「基本原則」の追加を求め、小委員会の審議段階で、①公務員の選定・罷免・選挙の権利（憲法第十五条）、②「文民条項」（内閣総理大臣及び国務大臣は文民の規定（第六十六条第二項））、③法律案に関する両院協議会の規定（第五十九条）が追加された。特に①、②項は極東委員会の強い要求によるものである。十月初旬、修正案は特別委員会に報告、可決された。修正された「帝国憲法改正案」は、十月上旬に貴族院本会議で可決され、同日衆議院に回付されて、翌日、衆議院本会議で圧倒的多数で可決された。その後「帝国憲法改正案」は、十月中旬に枢密院に再諮詢され、同月下旬に全会一致で可決された。議会の審議を終えた改正案は、天皇の裁可を経て十一月三日に公布され、翌年五月三日に「日本国憲法」が施行された。以後、約七十年間全く改正されていない。

このように「日本国憲法」は「帝国憲法」の改正手続を踏んで改正された。しかし内容はGHQ民政局が短期間の泥縄作業で作成した「マッカーサー草案」を強要したものであり、「日本国憲法」が「ポツダム政令の親玉」に過ぎないことは明白である。

第三節　「日本国憲法」の欠陥とその改正

今日、国民の多くが「民主的平和憲法」として尊重する「日本国憲法」は、前節に述べたとおり第二次世界大戦の戦勝国の欧米列国（特に米国）が、敗戦国日本の将来に亘る無力化のために、日本古来の国家統治の理念を根底から覆し、米国模倣の民主制と妄想の平和主義を強要して制定したものである。前述したとおり「日本国憲法」の特徴は、「主権在民、基本的人権の尊重、平和主義」の三項目とされる。マッカーサーは占領統治の円滑な実施のために「皇室制度」を存続したが、日本の新しい国体を「主権在民」とし、「主権者である国民の総意として象徴天皇制が採られる」とした。これは我が国古来の伝統的統治の「天皇大権」を否定し、木に竹を継ぐ米国の制度を強要して日本の国体を変更したものである。憲法は国家を秩序立てる基本法であり、「実体のない主権在民」や「妄想の平和主義」等の口当りの良い政治標語を羅列する宣伝文書であってはならない。以下、ＧＨＱが強要した「日本国憲法」の欠陥と改正の方向を考察する。

一　憲法成立の正当性の欠如

「日本国憲法」は独立主権国の憲法として「成立経緯の正当性」を欠いている。外国軍に占領され国家主権が侵害された状態で施行された規則は、「占領実施法」であり、独立を回復した時点で無効とされるべきものである。特に憲法は国家権力の在り方を決める基本法であり、厳密な「成立経緯の正当性」が求められる。ここに瑕疵があっては法の権威が保たれない。

「日本国憲法」は「帝国憲法」の改正手続を踏んで制定されたことは前節に述べたが、ＧＨＱが主権のない占領国に自主憲法制定の権限を認める理由はなく、「改正手続」自体がＧＨＱの策謀である。また内容も「占領実施法」に過ぎないことは、下記の二、六、七、八項に後述するとおりである。

二　「日本国憲法」の国民主権と伝統的国体の逆転

憲法は国の歴史的な統治理念や伝統文化に基づいて、国家を運営する権力と法体系を規定する基本法である。即ち憲法を決めるのは、歴史的な存在の国家統治の実体であり、それを「国体」として宣言するのが憲法である。次項に述べるとおり、我が国では天皇が祭祀と統治を総覧するのが伝統的な国体であり、国家運営の国是（政治理念）は「民本徳治」を旨とされた。

一編の憲法で「国体」を規定するのは、革命政権や武力占領の軍事政権の常套行為である。日本を占領したＧＨＱは、天皇大権の国体を否定し、観念的な「主権在民」を宣言する「日本国憲法」を強要した。即ち我が国の歴史的実体の国体であり、日本文化の根源的存在である皇室を「象徴天皇制」の「似非もの」で偽態し、日本の国体を改変して「国民主権」の看板に掛け替えた。更に国会が定める法律の「皇室典範」によって実体的国体の皇室を管理し、皇室に関する重要事項を審議する皇室会議（議長・総理大臣）も一時期の選挙で選ばれた政権のメンバーで大部分を占め、皇室の財政基盤も尽く規制した。このような伝統的な国家統治の実体と基本法との逆転は、軍事占領下においては被占領国の主権を制限するために普通に行われるが、独立国の憲法には、あってはならないことである。

「日本国憲法」は「前文」で「国政は、国民の厳粛な信託によるものであって、その権威は国民に由来し、その権力は国民の代表者がこれを行使し、その福利は国民がこれを享受する」と記す。また第一条で、「天皇は、日本国の象徴であり日本国民統合の象徴であって、この地位は、主権の存する日本国民の総意に基づく」とし、天皇が「象徴」の地位にあり、また今後もそうあり続けるか否かは主権者である日本国民の総意に基づいて決定されると規定している。これは「ポツダム宣言」の受諾の際に、日本側の「国体護持」の留保条件に対して出された米国務長官J・F・バーンズの回答と同じ文言であり、所謂「国民主権の下での象徴天皇制」である。更に「日本国憲法」は第二条で「皇位は、世襲のものであって、国会の議決した皇室典範の定めるところにより、これを継承する」とし、皇位継承が法律の「皇室典範」によると規定する。また現「皇室典範」では、皇室会議の構成は、皇族は二人に過ぎず、他は政権の首相・宮内庁長官・国会両院正副議長・最高裁長官・同判事の八名である。更に「日本国憲法」第八十八条では「すべて皇室財産は国に属する。すべて皇室の費用は予算に計上して国会の議決を経なければならない」とし、第八条では「皇室に財産を譲り渡し、又は皇室が財産を譲り受け、若しくは賜与することは、国会の議決に基づかなければならない」と規定する。皇室の費用及び財産の移動は全て国会の管理下に置かれている。以上が「日本国憲法」における皇室と憲法の逆転の構造である。

皇室の皇統継承の伝統を成文化した旧「皇室典範」は、皇室の「家憲」であり、「帝国憲法」と独立とされ、相互に干渉しない基本法であった。即ち「帝国憲法」の第二条では「皇位ハ皇室典範ノ定ムル所ニ依リ皇男子孫之ヲ継承ス」と規定しているが、第七十四条で「皇室典範ノ改正ハ帝国議会ノ議ヲ経ルヲ要セス」とし、その第二項で「皇室典範ヲ以テ此ノ憲法ノ条規ヲ変更スルコトヲ得ズ」としている。また「皇室会議」は皇族の成年男子で構成され、政府首脳が参列した。

GHQ指令による皇室財産の凍結と皇族の特権停止、及び憲法による皇室財産の管理（第八十八条）と貴族の廃止（第十四条）が、十一宮家の「皇籍離脱」を余儀なくさせ、それが今日の皇位継承の長期的安定性を危うくしている（本節五項参照）。更に将来、国会が「皇室典範」の改正や皇室予算の縮減を行うようなことがあれば、ＧＨＱ指令と同じ事態に陥る虞れがある。それを防ぐには国体と憲法の逆転の法理を正して、「皇室典範」を憲法とは独立の基本法とし、また皇室会議や皇室財産を旧態に戻し、「皇室制度」に関する時の権力の関与を排除する必要がある。

我が国は「サンフランシスコ講和条約」によって主権を回復した後も、ＧＨＱが仕組んだ民主教育が進み、「象徴天皇制」は広く国民世論の深部に巣食う社会通念となった。先ずこれを払拭し、日本の伝統に基づく国体を正しく宣言する憲法としなければならない。

近年、政党・政治家・新聞社・各種団体等が「憲法改正試案」を発表している。しかしいずれも上述の「国体と憲法の逆転法理」の是正には全く触れず、「国民主権」を墨守した「改正試案」を主張している。

三　伝統的な国体の宣言

我が国の国体は、古代から皇統を継いで今日に至る皇室の伝統と、それに対する国民の尊崇の関係として述べることができる。以下、我が国の歴史的実体の国体について考察する。

㈠　祭祀者の天皇と統治者の天皇

我が国は古代から神話と一体化した皇室を王家と仰いできたが、それを受け継がれた歴代の天皇が最も重んじられたものが「宮中祭祀」である。即ち皇祖皇宗及び天神地祇の神霊のお祀り、五穀豊穣の祈願、国家・国民の安寧などの祈りである。「祀《まつり》ごと」は宮中三殿（賢所、皇霊殿、神殿）で執り行われ、天皇自ら祭典を執行され御告文（祝詞）を奏上される「大祭」と、掌典長が祭典を行い陛下が拝礼される「小祭」とがある。これらは年に二十四回、その他に「旬祭」と呼ばれる毎月の一、十一、二十一日に行われる祭儀がある。神代の昔から今日まで、代々の天皇はそれをお勤めとしてこられた。また全国各地の神社のお祭りとして、毎年、町々を賑わす祭礼の起源もそれに繋がっている。

上述の「宮中祭祀」は国家・国民の中心にあってその安寧を祈る祭祀者としての天皇のお勤めであるが、これに対して国家統治の「政《まつり》ごと」の統括者として、天皇の施政の指導原理を天皇が自ら「天地神明に誓い、国民と共に努める」という形で簡潔に述べられたものが、「五箇條ノ御誓文」である。原案は由利公正の建白書「議事之体大意五箇条」とされ、明治維新の新政府の発足に当り、日本国の国是として慶応四年（一八六八）に明治天皇が発せられた。その第一条には「広ク会議ヲ興シ万機公論ニ決スベシ」とあり、民主政治の原理にも通じるものである。また同時に明治天皇は「国威宣布ノ宸翰」を下され、その中で「天下億兆一人モ其處ヲ得サル時ハ、皆朕カ罪ナレハ、今日ノ事、朕躬ラ身骨ヲ労シ心志ヲ苦メ、艱難ノ先ニ立チ、…」と述べられ、国民の先頭に立って「民本徳治の政ごと」を進める「君臣一体」の覚悟を示された。

更に特記すべきことは、昭和天皇が終戦の翌年の元旦に発せられた「新日本建設ニ関スル詔書」の冒頭に、特に「五箇条ノ御誓文」を引用され、続けて「朕ハ茲ニ誓ヲ新ニシテ國運ヲ開カント欲ス。須ラク此ノ御趣旨（「五箇条ノ御誓文」を指す）ニ則リ、舊來ノ陋習ヲ去リ、民意ヲ暢達シ、官民擧ゲテ平和主義ニ徹シ、教養豊カニ文化ヲ築キ、以テ民生ノ向上ヲ圖リ、新日本ヲ建設スベシ」と宣べられた。この「御誓文の引用」は幣原総理が用意した詔勅素案に、昭和天皇が自ら追加されたと伝えられる。詔書は更に、「夫レ家ヲ愛スル心ト國ヲ愛スル心トハ我國ニ於テ特ニ熱烈ナルヲ見ル。今ヤ實ニ此ノ心ヲ擴充シ、人類愛ノ完成ニ向ヒ、獻身的努力ヲ効スベキノ秋ナリ」と諭された。この詔書は「天皇の人間宣言」と呼ばれているが、それはＧＨＱに媚びたマスコミが作った俗称である。

このように国家の非常事態に際し、ひたすら国民の平安を願い、賢慮をめぐらす天皇陛下の純粋・無私の叡慮と、「国威宣布ノ宸翰」に述べられた君臣一体の姿こそが、我が国の「政ごと」の本態である。これこそが如何なる政体の政治権力をも超越した我が国独自の統治力の源泉である。その統治原理は、昨今の政治溶解の原因であるポピュリズム民主主義を超克する「民本徳治主義」と、貪欲な利己増殖の権利主義を克服する「和（調和と謙譲）」の精神に根源がある。これは古代から今日に至るまで日々熱誠を籠めた歴代天皇の「祈り」が培った皇室の精神である。それは歴代天皇の御製、昭和天皇の二・二六事件の収拾や大東亜戦争の終結に示された「国民を思う」断固たる大御心、及び戦後の全国巡幸、今上陛下の終戦五十周年（平成七年）の「慰霊の旅」（広島、長崎、沖縄、東京）や、戦跡慰霊（沖縄（平成五年）、サイパン（平成十七年））、及び天災地変の度に行われる全国各地の被災者への慰問・激励の行幸啓、等々に明白に現れている。

「憲法」と言う言葉で先ず念頭に浮かぶのは、聖徳太子が定められた「十七条憲法」（六〇四）である。これは今日の立憲的意味の憲法ではなく、為政者の道徳的な規範として、国の「政ごと」の基本を述べたものである。その後、「大化の改新（六四六）」を経て、律令が整備され、近江令（六六八）、飛鳥浄御原令（六八九）、大宝律令（七〇一）、養老律令（七五七）、及びその追加法の删定律令（七九一）や删定令格（七九七）等が施行された。律令の統治機構は、祭祀を所管する神祇官と、政務一般を統べる太政官の二官から成り、太政官には行政担当の八省が置かれた。律令には天皇の規定がなく、天皇の地位は律令を超越した存在と考えられている。ただし天皇の命令及びその手続は律令に規定され、天皇は太政官を通じて諸機関を統括した。このように古代より平安時代の中期まで、天皇は「祀ごと」と「政ごと」を総覧されるのが我が国の「国体」の古形であった。十一世紀後期からは上皇が「治天の君」（事実上の君主）として政務を執られる院政が始められた。更に源平両氏の戦乱期を経て皇室の式微と武士の勃興に伴い、天皇は「祀ごと」を主宰し、「政ごと」は武家の手に移った。律令の廃止法令はなく、律令制は形式上、明治維新まで存続した。鎌倉・室町・戦国・織豊の時代を経て、江戸時代三百年は安定した徳川幕府の封建制政治が行われた。しかし江戸末期、西欧の植民地侵略の暴力が日本にも押し寄せた。このとき雄藩の志士達が決起して徳川幕府を倒し、「王政復古」の明治維新（明治元年（一八六八））を断行して国家の近代化を図り、欧米の植民地化を防いだ。ここで天皇の「祀ごと」と「政ごと」は再び統合された。前述した「五箇条ノ御誓文」はこのとき国是として示されたものである。翌明治二年に版籍奉還により中央集権政府が発足し、律令制を模した二官六省が置かれ、明治四年に廃藩置県が行われた。明治八年には「立憲政体の詔書」が出されて、元老院、大審院、地方官会議が設置され、段階的に立憲君主制に移行することが示された。明治十八年、太政官制は内閣制に改められ、更に明治二十三年に「帝国憲法」が施行されて、三権分立の「立憲君主制」が確立された。

「帝国憲法」は第一章・「天皇」において、我が国は天皇大権で総覧される「立憲君主国」であると宣言した。次に「天皇大権」について簡単に整理する。

「天皇の大権」は、国務大権、統帥大権、皇室大権（祭祀大権を含む）の三つに大別される。国務大権は、立法大権（法律の裁可・公布）、議会に関する大権（議会の召集・解散等）、緊急勅令大権、独立命令大権（勅令の発布）、外交大権、戒厳大権、任官大権、非常大権（戦時や事変における非常措置の権能）、恩赦大権、栄誉大権、改正大権（憲法改正）、等である。また統帥大権は軍を指揮・統率する統帥権（軍政権・軍令権）であり、皇室大権は天皇が皇室の家長として皇室を総攬し、我が国の最高の祭主として祭祀を司る大権である。皇室大権は「帝国憲法」とは独立の「皇室典範」を頂点とする皇室令（立儲令、登極令、皇室親族令、皇族会議令等）に基づいて行われた。

前述したとおり「帝国憲法」は立憲君主制を明記し、天皇の国務大権は大臣の輔弼、議会の協賛（決議）の下に執行され、また皇室事項や勅令は、枢密院の諮詢、元老・重臣（首相経験者等）・大臣等の輔弼に基づいて行われた。更に統帥大権は陸・海軍大臣が軍政権（軍に関する行政事務、軍事費、装備調達、人事管理、教育計画、軍事基地の管理や民事等）を輔弼し、参謀総長（陸軍）と軍令部総長（海軍）が軍令権（兵站を含む軍事組織と編制、勤務規則、人事、出兵・撤兵の命令、戦略の決定、軍事作戦の立案や指揮命令の権能）を輔弼した。因みに大臣等の輔弼によらない天皇大権の発動は、二・二六事件（昭和十一年）の収拾と大東亜戦争終結の「ポツダム宣言受諾」（昭和二十年）の非常事態以外はないとされる。したがって「帝国憲法」の天皇大権は、勅令と統帥大権以外は「日本国憲法」の「天皇の国事行為」と実質的に同じである。

㈡　日本の国民道徳と皇室尊崇

前項では我が国の歴史的な存在としての皇室について述べたが、これに対する国民の皇室尊崇の関係が確立していなければ、天皇を中心とする「国体」は成立しない。この皇室と国民との関係は、我が国の民族的特性を反映した伝統的倫理として歴史の中で育まれた。それは『古事記』・『日本書紀』の神話や『万葉集』に見られる「明く直き誠心と勇武を尚ぶ大和心」を基本として、長い歴史の中で仏教、儒学、国学等の哲学・宗教の鍛錬を経て形成された。これらについては平泉澄博士の著書、『傳統』［1］、『國史学の骨髄』［2］、『武士道の復活』［3］等に詳述されている。

特に江戸時代の安定した平和な社会環境の中で、その支配層の武士階級の倫理規範が近世の儒学と交絡して昇華し、「忠義と勇武」を重んずる武士道として我が国独特の理想的人間観が成熟した。これを簡潔に説明したものが新渡戸稲造博士の『武士道』［4］である。この書物は明治三十一年、博士が米国滞在中に日本文化紹介のために英文で書かれ、二年後にフィラデルフィアで刊行された。その中で博士は、武士の究極の目標は主君への忠義（以下、「狭義の忠義」と書く）であり、これを貫き名誉を守ることが武士の理想であるとし、その徳目に

「義・勇・仁・礼・誠」を挙げた。

武士道の「狭義の忠義」は単に武士階級の倫理規範に止まらず、庶民の心にも沁み込む我が国の人間観の模範となった。それは三大仇討ち（曽我兄弟の仇討ち（一一九三）、鍵屋の辻の決闘（一六三四）、赤穂義士の討入り（一七〇三））等が、能・歌舞伎・講談・浪曲等で後世まで流布した例に見られる。これらは儒教の「三綱五常」に結びついた。「三綱」は人倫の基本となる君臣・父子・夫婦の間の道徳、「五常」は仁・義・礼・智・信の徳目の道徳理念である。また家系・家禄の父子相伝の中で、親への敬愛と主君への奉公が一体化し、加えて国学、崎門学（山崎闇斎学派の国粋的儒学）、水戸学（水戸藩の修史事業で培われた歴史哲学）等が「狭義の忠義」を「皇室尊崇」の国体観に昇華させた。更に皇室の「無私の仁慈」の精神と「民本徳治の政ごと」に対し、国民にも「和を尊び、世の為、人の為に尽す」ことを重んずる「忠君愛国」の気風が生れた。幕末の志士吉田松陰先生の「士規七則」（従弟玉木彦助の元服に際して、「武士の心得七ヵ条」を説いて贈った文章）にも、「君臣一体、忠孝一致、唯吾ガ国ノミ然リト為ス」とある。即ち親への敬愛は主君に対する奉公に一致し、親への孝が君国への忠義となる。これが我が国伝統の「君臣の紐帯」であり、この「君臣の紐帯」を基に日本人の道徳規範の「忠・孝・仁・義」及び「忠孝一致」の観念が築かれ、我が国の「国体」が育まれた。

武士道の「狭義の忠義」が「天皇への忠義」に昇華したことは、国歌「君が代」の変遷と同じである。国歌「君が代」は『古今和歌集』（延喜五年（九〇五））巻七賀歌巻頭歌とされるが、完全には一致せず、『古今和歌集』では初句を「わが君」とし、後に転じて「君が代」となり、またその意味が「貴人の御寿命」から「わが君の御代」に変わり、更に「天皇の御代」に変化したとされる。諸外国の国歌は血の臭いに満ちた陰惨殺伐な歌詞が多い。例えば中国の「我らが血で築こう新たな長城…」や、フランスの「市民らよ武器を採れ、隊列を組め、進め進め、敵の汚れた血で我らの畑を満たすまで…」等である。これに対し「君が代」はいかにも平和な御代を寿ぎ祈る民の心を素直に表している。楽曲も外国国歌は行進曲が多いが、「君が代」は日本全国の諸社の祭で奏される雅楽の優美な調べであり、詞・曲とも日本の国柄と文化をよく表している。

このように我が国では、「忠君愛国、父母に孝に、兄弟に友に、夫婦相和し、仁慈を尊び、義と理を重んじ、人に交わるに礼節を以てし、徳と智を磨き、誠を尽くす」ことが人の道となった。これを国民道徳として宣言したものが、「教育勅語」（明治二十三年）である。敗戦後、ＧＨＱは日本の近代史をアジア侵略史と断罪し、「教育勅語」を「帝国主義・軍国主義の証」として抹殺したが、我が国の道徳と文化を簡潔に述べた重要な文書であり、「戦後レジーム」の克服のために復活しなければならない。

㈢　立憲君主制と道義立国の国体「日本国憲法」の宣言

本節の二項に前述したとおり「日本国憲法」は選挙で選ばれた国会議員及び政権が、我が国の実体的国体の「皇室」を管理することを規定している。しかし選挙結果は一時の世論動向で右にも左にも大きく変化する。政権や国会の勢力変動により「皇室典範」の変更や皇室会議の構成が変わり、皇位継承の伝統が乱される虞れがある。変転常ならぬ政権と、歴史的実体の国体である皇室を、このような関係に置くことは不条理である。特に日教組等の左翼イデオロギー教育で洗脳された戦後世代の投票行動を考えれば、「皇室制度」を「国民主権」に委ねることは非常に危険である。二千年の伝統のある皇位継承を一時的な選挙結果で乱す危険性を排除することが重要であり、「皇室典範」は政治権力と切り離す必要がある。

また我が国は現存する国民だけのものではない。日本文化を育んだ数千年間の先祖から、更にこれを引き継ぐ子孫に至る命の連鎖が日本国を造り、皇室はその中心的存在であるとするのが日本文化の考え方である。「一時期の国民が国体を勝手に決める」とする考えは、故国を捨てて世界中から集まった移民とアフリカから拉致された奴隷の子孫が造った米国や、王朝興亡を繰り返す易姓革命の支那の文化である。我が国でこれを是認するのはマルクス主義者のみであり、「先祖伝来の国」という考え方が日本文化の特徴である。

以上、本項の㈠～㈢項に述べた所論により、我が国の憲法は、伝統的国体に基づく立憲君主制と道義立国を宣言して、国造りの基本理念を確立し、更に「皇室制度」を政権から切り離して、「皇室典範」の独立を明確に規定すべきであると筆者は考える。

四　憲法における主権在民の規定の変更

「日本国憲法」の定める「国民主権」が実体のない観念論であることは、毎回の国政選挙における低い投票率や、最高裁及び各地の高裁で相次ぐ「一票の格差の違憲又は違憲状態判決」にも拘らず、各政党の党利党略で「選挙法」の根本的改善が棚上げされている現実を見れば明らかである。それは「国民主権」について、国民・政府・国会・政党のいずれも無関心であり、「国民主権」の概念や権威が全く認識されず、「空念仏」に過ぎない証拠である。しかも「日本国憲法」の「前文」や第一条の「国民主権」の内容は、国民の参政権と国会の立法権を規定すれば済むことであり、「主権在民」はＧＨＱが米国模倣の売り込みに唱えた宣伝文句である。

ＧＨＱが占領中に彼らの祖国を摸して作った国体は、国の主権を回復すれば我が国の伝統に立ち還って正常な形に戻すのが当然である。しかしＧＨＱの宣伝と日教組の左翼イデオロギー教育に汚染された国民には、憲法改正に反対する意見が多い。また改憲論者の「憲法改正試案」でも、いずれも「主権在民」が謳われている。しかし「日本国憲法」第三章の「国民の権利及び義務」の条文は踏襲しても、「国民主権」の文言は「参政権」とし、一時期の政権が「皇室」を管理する規定は削除すべきである。また「日本国憲法」の他の特徴、「基本的人権尊重と平和主義」は、古来、我が国では「民本徳治の政ごと」に具現されてきた。

上述した理由により、我が国の永続的規範である新たな憲法では、「国民主権」を「国民の参政権」とし、伝統に基づく国体の「立憲君主制」を宣言すべきであると考える。

五　「皇室典範」の問題点

「日本国憲法」における国体と憲法の逆転、及び「皇室典範」や皇室会議等に関する政権関与の弊害は前述したとおりである。現在の「皇室典範」の更に重大な問題は、皇位継承の安定性の欠如である。

ＧＨＱは「皇室財産凍結に関する指令（昭和二十・十二）」及び「皇族の財産上その他の特権廃止に関する指令（昭和二十一・五）」を発し、皇室財産を国庫に帰属させた。それまで各宮家の経費は皇室財産の御料で賄われてきたが、このＧＨＱ指令によって皇室の財政基盤が消滅し、宮家の存続が事実上不可能となった。更に昭和二十二年、「日本国憲法」と現「皇室典範」が施行され、「日本国憲法」第十四条二項で華族・貴族制度が廃止された。これにより同年十月、昭和天皇の弟宮の秩父宮、高松宮、三笠宮の三直宮を除く全ての宮家（伏見宮、閑院宮、久邇宮、山階宮、北白川宮、梨本宮、賀陽宮、朝香宮、竹田宮、東久邇宮、東伏見宮）の十一宮家が皇籍を離れられた。その後、秩父、高松両宮家は嗣子がなく断絶し、現「皇室典範」で常陸宮（昭和天皇ご次男）、桂宮（三笠宮ご次男）、高円宮（三笠宮ご三男）、秋篠宮（今上天皇ご次男）の四宮家が創設された。

天皇家は古代から今日まで累代男系相続であり、今上陛下は第百二十五代に当る。この間の皇位継承の歴史から、次の「しきたり」が確認される。①父系相続、②原則として男子相続、③臣籍に下った者は皇族に戻らない、の三原則である。皇位継承は明治以後、旧「皇室典範」の規定によっているが、昭和二十二年に「日本国憲法」と同時に施行された現「皇室典範」は、皇室の伝統を順守して、第一条で「皇位は皇統に属する男系の男子がこれを継承する」（上述の①、②項）と規定する。また「皇室典範」第九条で「天皇及び皇族は養子をとることができない」とし、第十五条では「皇族以外の者及びその子孫は、女子が皇后となる場合及び皇族男子と婚姻する場合を除いては、皇族となることがない」と規定している（③項）。更に第十二条で「皇族女子は、天皇及び皇族以外の者と婚姻したときは、皇族の身分を離れる」規定であり（②項）、古来の「皇族のしきたり」が守られている。

ここで「皇位継承」の深刻な問題は、平成十八年に秋篠宮家に悠仁親王が誕生された以外、皇太子家をはじめ他の宮家では男性皇族の誕生がないことである。現状では秋篠宮家を除き、いずれの宮家も現当主で断絶し、長期的には皇位継承が途絶える虞れがある。GHQ指令が「マッカーサーの天皇家抹殺の陰謀である」と言われる所以はここにある。悠仁親王の御誕生以前は、これを憂慮して「皇室典範」の改正の準備が急がれたが、そのときは次の三つの方向が検討された。

㈠　内親王・女王が民間出身の男性と結婚しても皇族として認める。ただしこれは皇室活動の維持のためであり、女性宮家は相続されないとした。ここで宮家の相続を認める場合は、女性宮家の子孫の男子に皇位継承の可能性が生じ、皇位が女系に移る。

㈡　現在の宮家の後継者に旧皇族の男系子孫からの養子（第一内親王・女王の婿等）を認める。この場合、養子は臣籍の男子となり、原則③を犯すことになる。

㈢　終戦後に皇籍を離脱した旧皇族を宮家として復籍させる。この案は原則③に違反する。

秋篠宮家の悠仁親王のご誕生により、「皇室典範」の改正問題は棚上げされた。しかし皇位継承の長期的な安定性が危ぶまれる現状に鑑み、現「皇室典範」は改正する必要がある。その際、伝統的な皇位継承の原則①～③項を厳密に守ることは困難であり、三原則に軽重をつけて緩和し、長期的に安定した「皇位継承」を確実にする「皇室典範」としなければならない。

「日本国憲法」を「占領実施法」と見る筆者は、可能ならば、占領下に皇籍を離脱された十一宮家を一旦復籍し、更に皇室会議も旧態に復した上で、その皇室会議において皇位継承や宮家の在り方を十分に審議して頂くのが筋であると考える。これは「皇室制度」に関して「占領実施法」の「日本国憲法」を停止し、戦後の臣籍降下を無効とすることであり、前述の「皇位継承の原則」の③項に悖ることではない。

いずれにせよ皇位継承は天皇家の決定事項として、皇室伝統の「皇統に属する皇族の（原則として）男系相続」による皇位継承を長期的に安定化する柔軟かつ不動の「皇室典範」を確立し、政権・国会の干渉を受けない典範とすることが重要である。また政府や国会の過度な干渉を避けるには、「憲法」と「皇室典範」の改正を行うと共に、ＧＨＱの指令で国庫に収められた皇室財産を復活し、国家予算の皇室関係費を経常的な事務費に限定して、皇室の経済基盤を確立し、安定的な皇位継承の基礎となる天皇家・皇族の繁栄を図る制度とする必要がある。

六　「国家元首」の規定

「日本国憲法」は天皇の国事行為として第六条で「内閣総理大臣と最高裁判所長官の任命」、第七条で天皇の国事行為十項目を規定している。これらは国家元首の国事行為であるが、憲法条文には元首の規定はない。占領中は連合軍総司令官が「日本の元首」に代わる者であり、「主権在民」の建て前上、「天皇元首」を明記しなかったと推察される。しかし主権回復後も占領軍総司令官を元首と想定した憲法を継続することは、独立国家の主権を冒涜するものであり、「天皇の国家元首」を明記した憲法改正を急ぐべきである。

七　国防軍の設置

「日本国憲法」は、前文で「平和を愛する諸国民の公正と信義に信頼して、われらの安全と生存を保持しようと決意した」と記す。また第九条で、「国権の発動たる戦争と、武力による威嚇又は武力の行使は、国際紛争を解決する手段としては、永久にこれを放棄する」とした「①戦争の放棄」、第二項前段で「②戦力の不保持」、後段で「③交戦権の否認」、の三つを規定している。所謂、「平和憲法」と呼ばれる所以である。

ここで①項の「武力の威嚇による国際紛争解決は行わない」ことは、国防軍運用の原則として妥当であるが、これを「平和を愛する諸国民の公正と信義に信頼して」行うという記述は、甚だしく不見識な世界認識である。現実の世界政治では、憲法前文の「諸国民の公正と信義」は全くの妄想に過ぎず、その認識の下で②、③項の規定は不条理である。「日本国憲法」の第九条を改正して「国防軍」の設置を明記し、その運用の理念として、「不戦の平和主義」に徹した政治主導の国防軍の運用を謳うべきである。

歴代政府は第九条について「個別的自衛権はあるが、集団的自衛権は行使できない」とする憲法解釈を採り、自衛隊の戦力造成を進めてきた。第二次安倍内閣は近頃の中国の海洋強国戦略や北朝鮮の核武装に対して、憲法解釈を変更して集団的自衛権の行使を可能にし、日米安保体制を強化して対処する方針と伝えられる。目前の脅威に対する措置として已むを得ないであろうが、しかし解釈を捏ね回して理屈を付けなければ国家安全保障政策が執れないような憲法を七十年間も放置していたこと自体が、危機管理上の深刻な問題である。特に国防政策・戦略に関しては周辺国の脅威や世界情勢の変化に対処して、柔軟な対応ができる法体系でなければならず、九条の改正を急ぐ必要がある。

現憲法第九条を受けた「自衛隊法」は自衛隊の任務を詳細に規定し、その行動や武器使用を著しく制限している。しかし法律による軍事行動の規制は、非常事態下での行動に鑑み、市民への危害の禁止や捕虜の扱いなどの国際条約順守を規定するネガティブ・リスト（原則無制限であるが禁止事項を規定すること）の法律とすべきであり、「自衛隊法」のようなポジティブ・リスト（実施することを列挙する規則）の法は、即応性のない役立たずの軍事組織を造る。その痛恨の事例が平成七年の阪神・淡路大震災での自衛隊の災害出動（県知事要請による出動）である。その時、貝原俊民兵庫県知事は左翼・反自衛隊の選挙支持母体に憚って、自衛隊の出動要請を躊躇し、自衛隊の出動は四時間半も遅れた。そのために倒壊家屋の下敷きで焼死する多数の罹災者を見殺しにする不埒な事態を生じた。

また現在提案されている改憲試案では「自衛隊」の名称を「国防軍」に変更する案があるが、世論では反対が多い。しかし自衛隊・Self-Defense Force は「己れを守る軍隊」を意味し、ナンセンスであるのみならず、この名称は「日本国憲法」の軍備放棄を糊塗するために、「軍隊」ではなく「自衛隊」と称したものである。その欺瞞を排し名義を正すことは重要であり、「改正憲法」では「国防軍」を明記すべきである。

八　非常事態条項

国家社会の安全を脅かす事態には、外国の武力攻撃、内乱、暴動、テロ（サイバー・テロを含む）、大規模な自然災害、原発事故、新型ウイルスの爆発感染等、各種の事態が考えられる。これらの対処には軍隊・警察・海上警察・消防等の組織的動員、私権の制限、自治体首長による政令の発布、令状によらない情報収集や身柄拘束、集会の自由やストライキの制限等、非常の措置が予想される。しかし「日本国憲法」には非常事態に関する規定はない。類似の規定は、「警察法」、「災害対策基本法」、「原子力災害対策特別措置法」に「緊急事態宣言」の定めがあり、いずれも内閣総理大臣が宣言し所管省庁の長を指揮監督して事態の収拾に当る規定となっている。しかしこれらは当該法規の事態に限られ、権限も所管省庁に限定される。有事や全国規模の非常事態に際し、国の全機能を挙げ、都道府県の境を越えて統合的に実力組織を運用する対処行動の基本方針を示す憲法の規定が必要である。

ここで前述の一、三、六、七、八項は、独立国の憲法に必須の規定であることを特に強調しておく。占領下では一、二項は通常行われ、六項は占領軍司令官が執行し、七、八項は占領軍の主任務である。「日本国憲法」におけるこれらの条項の不備は、この憲法が占領軍の「占領実施法」であることを明示している。

九　衆参両院の差別化

「日本国憲法」の改正を要する重要事項として、議会の構成問題がある。現状の衆参二院制議会は利害得失があるが、両院の多数党が異なる場合、「決められない政治」を招き、特に保守党と革新党の「国家観」が全く異なる我が国では、国の安全を脅かす事態を招く虞れがある。それは自衛隊の「防衛出動」と「治安出動」は国会承認が必要であり、有事や騒乱事態に「捩れ国会」が出動命令を承認しなければ、自衛隊は行動できず、国の事態収拾の手段が失われる。

「帝国憲法」では議会は貴族院と衆議院からなり、貴族院は非公選の皇族・華族及び帝国学士院会員の有識者や多額納税者等の勅任議員で構成され、選挙で選ばれる衆議院とは全く異なる国民層から議員が選出された。貴族院議員の多くが終身任期で解散もなく、公式には議員は政党に所属しなかった。これに対し現在の衆参両院は、選挙制度の若干の違いはあるが、政党間の争いがそのまま持ち込まれる。本来、参議院は衆議院とは別の大局的な見地から国益に適う議決を行う良識の府である。政党間の争から独立した、衆議院とは異なる参議院でなければ存在の意味がない。

十　その他

「日本国憲法」は上述した事項以外に、「国歌、国旗、元号の規定」、「国の行政と地方自治の重複」、「憲法改正の発議条件」等の問題がある。

第二次安倍内閣は、現憲法の「第九十六条の憲法改正発議要件」を両院議員の三分の二以上の賛成から過半数に緩和することから憲法改正を始める模様である。しかし本節二項に前述した国体と憲法の逆転関係を放置したまま第九十六条を緩和することは、将来、選挙の結果によっては「皇室制度」を更に歪める虞れがある。「皇室典範」を政治権力から切り離し、伝統的な「皇位継承」の確実性を担保することが、憲法改正の最重要事項であり、これと第九十六条の改正は同時に行うべきであると考える。

以上、「日本国憲法」の欠陥について私見を述べた。要約すれば現憲法は、「主権在民」の規定を「国民の参政権」に改め、日本文化と伝統的統治の理念に基づいて天皇を元首とする「立憲君主国」を明記し、「道義立国」を宣言する憲法に改正すべきである。加えて「皇室典範」と「皇室財産」の不可侵を規定し、長期的に安定した「皇位継承」を担保する「皇室制度」を確立しなければならない。更に国防軍の建設を明記し、非常事態条項、衆参両院の差別化、元号、国歌、国旗等の規定を設け、「憲法改正要件」を国会議員の過半数以上の賛成に緩和すること、等が主な改正事項であると考える。またこれを受けた「自衛隊法」は、ネガティブ・リストの規定に改める必要がある。

おわりに

上述した「日本国憲法」の欠陥を一挙に改正することは、現実の政治問題として不可能であろう。逐次的に進めざるを得ず、それには長期間を要する。また戦後七十年を経た今日、憲法や制度の改革のみでは、「日本を取り戻す」ことはできない。家庭と学校と社会全体で行う次世代育成の教育を通じて、日本文化の「感性と美意識」を国民の間に深く養うことが重要である。これには憲法を改正して国家の根本を正し、「戦後レジーム」を再点検して家族の絆、地域社会の繋がりを強化し、日本文化の美的感覚と士魂を持つ国民を育成しつつ、「百年河清を俟つ」辛抱が必要であろう。

しかしその間、目前に迫る国難を克服しなければならない。当面の内政・外交の諸課題に適確に対処するには、将来の不確実性について徹底的な情勢分析を行い、起り得る状況と採択する政策の代替案の様々な状況を想定して、その特性を評価する意思決定支援の科学的分析が重要である。対象とする意思決定問題が何であれ、政策の実施には人材も資源も徹底した「選択と集中」を要する。将来国の施策の合理化・効率化と資源の最適活用には、将来の情勢分析と戦略策定の意思決定プロセスに「OR&SA（Operations Research and Systems Analysis）」の体系的な不確実性と最適性の分析機能が不可欠である。しかもその分析は主管省庁の分析組織以外の第三者機関で行う必要がある。定量的分析は政治的圧力等の意図的な作為で簡単に結論が歪められるからである。公正で幅広い分析結果を踏まえ、更に有識者の知恵を集めて練り、有効な政策を創出することが重要である。

筆者は海上自衛隊に奉職し、兵力整備計画の「OR&SA」や国防の「戦術OR」を専攻した経験から、先年、日本学協会誌『日本』に「国防の危機管理」に関する論考［5］を発表し、その後これを詳論した二著［6、7］を上梓した。これらの書物では周辺国の脅威と国内の「戦後レジーム」の弊害を精査し、現下の課題を克服するために、国民の「国家観」を確立して憲法改正を行い［6］、更に「OR&SA」応用の科学的な政策分析・意思決定支援システムを構築することを提案し、各種のシステム分析理論の考え方について概説した［7］。政策の「OR&SA分析」は技術的な些事であるが、「国防の危機管理」のみならず、広く一般行政の制度設計や政策分析にも必須の機能である。これによって利権や省益の政策を排除し、国益に適う政策の「選択と集中及び資源投入の最適化」を図ることができる。しかし意思決定分析の科学は不完全であり、信頼性の高い政策創出の枠組み造りには、「OR&SA」の技術に加えて、確固たる「歴史観・国家観」をもつ国の指導者と、それを支える国民の人造りが喫緊の重要事である。

参考文献

［1］平泉澄『國史学の骨髄』（新装版）、錦正社、平成元年。

［2］平泉澄『傳統』（同）、原書房、昭和六十三年。

［3］平泉澄『武士道の復活』（同）、錦正社、昭和六十年。

［4］新渡戸稲造、岬龍一郎訳『武士道』、PHP文庫、平成十五年。

［5］飯田耕司「国防の危機管理システム―軍事OR研究のすすめ、上、中、下」、日本学協会誌『日本』、平成二十二年十二月号、同、平成二十三年二、三月号。

［6］飯田耕司『国家安全保障の基本問題』、三恵社、平成二十五年。

［7］飯田耕司『国防の危機管理と軍事OR』、三恵社、平成二十三年。

第三編　戦後レジームの原点

一　大東亜戦争の敗北と連合軍の日本占領

『日本』（日本学協会）、平成二十七年一月号、十九〜二十七頁

はじめに

我が国は大東亜戦争に敗れ、昭和二十年八月十五日、「ポツダム宣言」を受諾して連合国に降伏した。今年、平成二十七年はその七十周年に当る。

米軍を主とする連合軍は七年に亘って我が国を占領し、「象徴天皇制」と「自衛権放棄」の「マッカーサー憲法草案」を強要して「大日本帝国憲法」（以下、「帝国憲法」と略記）を「日本国憲法」に改め、日本を永続的に弱体化する占領政策を実施した［1］。その結果、我が国の政治・司法・教育・安全保障などの基本的枠組み（「戦後レジーム」と呼ばれる）が激変し、日本古来の伝統的国家の理念や価値観が崩壊して家族や地域社会の絆も分断された。特に「敬神・崇祖」を核とする「国家観」や「正直、廉恥、勇武、忠節」を重んずる「日本《やまと》魂《たましい》」の文化が消え失せた。昨今、我が国の各分野で頻発する非人間的・反社会的な事件は、ＧＨＱの占領政策がもたらした「戦後レジーム」による精神文化の退廃と、国民の人間劣化によるものであろう。

安倍晋三総理はその政権発足に際して、「戦後レジーム」を克服し、経済・教育・外交の危機的状況を立て直し、安心社会を造り、「日本を取り戻す政治」に取り組むと決意を述べた。それは単にデフレ脱却の景気対策や制度疲労を補修する政策ではなく、国民の時代思潮の「価値観」を転換する大事業である。筆者は「戦後レジーム」の克服は、占領政策の企みを徹底的に検証し、そこで破壊された我が国の伝統的価値観を修復することから始まると考える。そのためには「戦後レジーム」の原点である占領政策の全般と、具体的な実態を熟知することが必要である。本論は、連合軍司令部の占領政策を精査し、「日本を取り戻す道」の出発点の確認を試みたものである。なお、以下、本連載を通じて年次の表記は

和歴（元号・漢数字年次）とする。但し元号の「昭和」は省略し、西暦を書く場合は括弧付きとする。

一　大東亜戦争における日本の降伏

二十年（西暦一九四五年）七月二十六日、米・英・支・三国首脳は「全日本軍の無条件降伏」を求めた「ポツダム宣言」を発表した。更に八月六日に広島、九日には長崎に原爆が投下され、八日にはソ連の宣戦布告を受けて、我が国は万策尽き、大東亜戦争の継続が困難な状況に立ち至った。戦争の終結に当り、日本政府の最大の懸念は「国体」の存亡であった。九日深夜、御前会議で開かれた最高戦争指導会議（構成員・首相、外務・陸・海軍大臣、参謀総長、軍令部総長、枢密院議長）は、直ちに「ポツダム宣言」を受諾して降伏するか、終戦後の「国体存続」の確証を本土決戦に賭けて戦うか、で意見が分かれ議論は紛糾した。鈴木貫太郎首相は会議の最後に昭和天皇の御聖断を仰ぎ、「ポツダム宣言」受諾に意見を統一した。翌十日、政府は「天皇ノ国家統治ノ大権ヲ変更スルノ要求ヲ包含シ居ラザルコトノ了解ノ下ニ、」の留保条件を付して、「ポツダム宣言」の受諾を連合国側に伝えた。これに対しバーンズ米国務長官は、十二日、「天皇及ビ日本國政府ノ国家統治ノ権限ハ連合国軍最高司令官ノ制限ノ下ニ置カレル（第二項）。（中略）最終的ナ日本国政府ノ形態ハ日本国民ガ自由ニ表明シタ意思ニ従イ決定サレル（第五項）」と回答した。これを受けて十四日に再び御前会議が開かれ、陛下の御聖断で「ポツダム宣言」の受諾を決定し、日本政府は閣議決定を経て受諾を連合国に通告した。

昭和天皇は翌八月十五日正午、玉音放送で「終戦の詔勅」を全国民に伝えられた。

「（前略）敵ハ新ニ残虐ナル爆彈ヲ使用シテ頻ニ無辜ヲ殺傷シ、惨害ノ及フ所眞ニ測ルヘカラサルニ至ル、而モ尚交戰ヲ繼續セムカ、終ニ我カ民族ノ滅亡ヲ招来スルノミナラス、延テ人類ノ文明ヲモ破却スヘシ。（中略）帝國臣民ニシテ戰陣ニ死シ、職域ニ殉シ、非命ニ斃レタル者、及ビ其ノ遺族ニ想ヲ致セハ、五内為ニ裂ク。且戰傷ヲ負ヒ、災禍ヲ蒙リ、家業ヲ失ヒタル者ノ厚生ニ至リテハ、朕ノ深ク軫念スル所ナリ。惟フニ今後帝國ノ受クヘキ苦難ハ固ヨリ尋常ニアラス。爾臣民ノ衷情モ朕善ク之ヲ知ル。然レトモ朕ハ時運ノ趨ク所、堪ヘ難キヲ堪ヘ、忍ヒ難キヲ忍ヒ、以テ萬世ノ為ニ大平ヲ開カムト欲ス（後略）」

と仰せられて大東亜戦争をとどめられた。

大東亜戦争における我が国の人的損害は、支那事変以後の戦死者二百三十二万五千百六十五人（靖国神社祭神）、一般市民の戦災死者は約六十八万七千人、合計約三百一万二千人に上る。一般市民の犠牲者の内訳は、原爆の死者・広島約十四万人（広島市ホームページ）、長崎約七万四千人（長崎原爆資料館）、全国二百以上の都市爆撃の死者約二十万三千人（東京大空襲・戦災資料センター・『地域史』）、沖縄戦の民間人死者約九万四千人（沖縄県調査）、満洲・朝鮮・北方領土等の死者約十七万六千人（『満洲開拓史』）である。これらは米軍、ソ連軍の国際法違反の攻撃・暴行・略奪の犠牲者であり、全国の主要都市は米軍の焼夷弾の絨毯爆撃と艦砲射撃で廃墟と化した。

終戦時、帝国陸海軍は外地に約三百三十四万五千百名、日本本土及び周辺諸島に約百三十二万一千名の兵力を擁し（旧厚生省援護局調べ）、多数の特攻兵器を準備し、連合軍の本土上陸に備えて沿岸の上陸適地に防御陣地を構築中であった。

終戦に当り国内では、宮城事件（註1）や、厚木事件（註2）等、若干の混乱はあったが、勅命一下、帝国陸海軍は粛々と矛を置いた。皇軍の歴史は、伝統の厳正な軍規・統率によってその最後を飾って閉じられた。

註1　宮城事件　玉音放送の前夜、国体護持の確証なしに「ポツダム宣言」を受諾することを否とする陸軍省軍務課等の将校数名が、近衛第一師団長・森赳中将を殺害し、師団長命令を偽造して皇居を一時占拠したクーデター未遂事件。

註2　厚木事件　厚木第三〇二海軍航空隊の司令・小園安名大佐の降伏抗命事件。

二　連合軍による日本占領

日本の「ポツダム宣言」受諾に伴いトルーマン米大統領は、米太平洋陸軍（二十二年元旦に西太平洋全域の米陸海空3軍を統合し極東軍に改編）の指揮官・マッカーサー元帥を日本占領の連合国軍最高司令官（連合軍司令官と略記）に任命した（二十年八月十四日）。また九月六日、「連合国最高司令官の権限に関する指令（JCS-1380/6=SWNCC-181/2. 1945.9.6）」が米統合参謀本部を通じて伝達された。（なお以下の占領軍の指令等は主に国立国会図書館の資料［2］に拠る。）この指令は日本占領に関するマッカーサーの絶対的権限を規定し、日本の統治は日本政府を通じて行う間接統治方式を指示したが、必要があれば直接、実力の行使を含む措置を執り得るとした。更に「ポツダム宣言」が双務的な拘束力を持たないとし、日本との関係は無条件降伏が基礎となっていると明記した。この指令によりマッカーサーは日本占領に関する全権を与えられたが、「日本国の無条件降伏」という政策の基盤は、世界史に特記すべき米国の詐術である。「ポツダム宣言」では第五項で降伏の条件を示し、「吾等ハ右条件ヨリ離脱スルコトナカルヘシ。右ニ代ル条件存在セス」と明記し、「無条件降伏」の字句は第十三項の「日本国政府カ直ニ全日本国軍隊ノ無条件降伏ヲ宣言シ…(後略)」のみで、「国家ノ無条件降伏」の文言はない。

マッカーサーは二十年八月三十日に専用機「バターン号」で神奈川県厚木海軍飛行場に降り立ち、初め司令部を横浜に置いた。九月二日、東京湾内の米戦艦ミズーリ号上で降伏文書が調印され、大東亜戦争は正式に終結した。但しソ連軍は領土的野心を暴露して、その後も満州・朝鮮北部・南樺太・千島列島への侵攻を続け、九月五日の水晶島（歯舞諸島）占領まで一方的に戦闘を続けた。

降伏文書調印と同時に、連合軍司令部は「陸海軍の解体、軍需工業停止の指令（SCAPIN-1.1945.9.2）」を発した。また調印式の直後に、終戦連絡事務局・鈴木九萬横浜事務局長は、占領軍の参謀次長・リチャード・マーシャル陸軍少将から、翌日十時に次の三布告を発表することを告げられた。

① 布告第一号。立法・行政・司法の三権は連合軍司令官の管理下に置かれる。管理制限が解かれるまでの間は日本国の公用語を英語とする。

② 布告第二号。日本の司法権は占領軍総司令部に属し、降伏文書条項及び総司令部の布告や指令に違反した者は、軍事裁判で死刑又はその他の罪に処す。

③ 布告第三号。日本円を廃し軍票（B円と呼ぶ）を法定通貨とする。

更にマーシャルはB円の現物を鈴木に示し、既に三億円分を占領軍部隊に配布済みと伝えた。

「ポツダム宣言」では米国は当初、直接統治の軍政を企図したが、英国が間接統治を主張して変更された。上述の三布告はこれに違反する。東久邇宮内閣は鈴木の報告を受けて直ちに緊急閣議を開き、終戦連絡中央事務局・岡崎勝男長官を横浜に派遣してマーシャルと会談し、とりあえず翌日の布告公表は差し止めとなった。翌三日、重光葵外務大臣が横浜の米軍司令部に赴き、マッカーサー連合軍司令官と交渉の結果、三布告は白紙撤回され、占領統治は総司令部の指令書（覚書）（SCAPIN：Supreme Command for Allied Powers Instruction Note)を受けて、日本政府が行政組織を動かしてそれを実行する間接統治に変更された。しかし命令は徹底せず館山市に上陸した先遣部隊の米陸軍第八軍の一部は、九月三日から四日間、軍政を施行した。また沖縄・奄美・小笠原の各諸島はアメリカ軍が占領し、直接軍政が行われた。

横浜の米太平洋陸軍司令部は九月十七日に東京の皇居前に移り、十月二日に連合国軍総司令部（GHQ/SCAP：General Headquarters, the Supreme Commander for the Allied Powers. 以下、ＧＨＱと略記）が発足した。当初、ＧＨＱの主要なポストは米太平洋陸軍司令部の要員が兼務した。ＧＨＱはマッカーサー司令官の下、参謀長・サザーランド中将直轄の軍事部門の幕僚部・Ｇ１（監理部・人事、その他の監理事項）、Ｇ２（情報部・日本の言論統制、検閲、諜報）、Ｇ３（作戦部・部隊配備、作戦行動）、Ｇ４（後方部・兵站全般）の四部と、国際検察局（局長・キーナン。戦争犯罪追及、十二月八日設置）、法務局、書記局、渉外局、外交局の五局、並びに参謀次長・マーシャル少将を長とする占領政策実施の参謀部で構成された。後者の参謀部の部局と担当は、民政局（日本の民主改革、憲法改正、公職追放、警察改革、公務員制度改革等を主導）、経済科学局（財閥解体、労働政策、財政金融政策（ドッジ・ライン）の実施）、民間情報教育局（文化政策担当、教育・宗教等の民主化、政教分離、学制改革、教育委員会導入）、天然資源局（農地解放、農業組合の設立）、公衆衛生福祉局（衛生水準の向上、看護制度改革）、民間通信局、民間諜報局、一般会計局、統計資料局、民間運輸局、民間財産管理局、及び物資調達部と高級副官部の十一局二部が置かれた。特に民政局には社会民主主義を信奉するニューディラーが多く、彼らは日本占領を社会変革の実験台とし、保守的なＧ２部としばしば対立した。

日本本土の軍事占領は、中国・四国地方を英・豪・印・ニュージーランド（以下、ＮＺと書く）の英連邦軍（軍司令部・呉。約四万名）、他の都道府県に米軍（約四十万名）が進駐した。米軍は二個軍が進駐し、関東以北は第八軍（軍司令部・横浜）隷下の第九軍団（札幌）・第十四軍団（仙台）・第十一軍団（横浜市日吉）が配置され、関西以西には第六軍（京都）の第一軍団（大阪）・第十軍団（呉）・第五海兵軍団（佐世保）が配備された（カッコ内は司令部所在地）。但し二十年末に第六軍は編成を解かれて帰国し、第八軍が引き継いだ。

ＧＨＱは地方におけるＧＨＱ指令の実施状況を監視するために、各地方に軍政本部を置き、その下に都道府県軍政部を設けた。二十一年七月の改編では第八軍司令部の軍政局が全国を統括し、北海道・東北・関東・東海北陸・近畿・中国・四国・九州に地区軍政部、その下に司法権をもつ各府県軍政部が配置された（二十四年に軍政局を民事局に改称）。ＧＨＱは第八軍司令部・軍政局の報告に基づいて、日本政府に対して各種の政策・行政事項の是正指令ＳＣＡＰＩＮを発し、日本政府が地方行政機関に命じて是正措置を実施した。ＧＨＱは後述する「対日基本政策」に従い、日本側の自主的な改革の体裁を装い、「日本政府が自ら旧制度を改革した」という形式を取りながら、実際には強制的・徹底的に旧制度の改造を行った。

上述したとおり日本占領は日本の政府機関を利用する間接統治となり、ＧＨＱはＳＣＡＰＩＮ指令書で日本政府に指示し、政府はポツダム命令（勅令・政令・省令）で所管省庁に命じて実行した。このため「帝国憲法」第八条第一項の「法律に代わる勅令」の規定に基づいて、「ポツダム宣言ノ受諾ニ伴ヒ発スル命令ニ関スル件（勅令第五四二号、二十年九月二十日）」が発せられ、即日施行された。この緊急勅令は降伏文書の「ポツダム宣言の履行と必要な命令を発しまた措置を採る」ＧＨＱの要求事項の実施につき、特に必要がある場合は、帝国議会の協賛（決議）を要する法律事項も、政府が命令で定められる（罰則も可）とした。占領中（二十年九月〜二十七年四月）に登録されたＳＣＡＰＩＮ指令書は二千二百四件、それ以外に行政的指示を示す末尾にＡ（Administrative）を付したＳＣＡＰＩＮ－Ａ指令書を含めれば、二千六百二十七件に上る。それ以外に口頭による指示もあった。このような多数のＧＨＱ指令（一ヵ月平均約三十四件）は、占領中のＧＨＱの日本政府に対する政策干渉が、非常に細部に亘り徹底して行われたことを明示している。

日本占領の国際政策機関としては、二十年十二月、モスクワで開かれた米・英・ソ・三国外相会議で、極東委員会がワシントンに設置された（二十一年二月下旬に発足）。ソ連は東京設置を主張したがマッカーサーが反対し、出先機関として東京に連合軍司令官の諮問機関・対日理事会（米・豪（英連邦代表）・支・ソの四ヵ国で構成）が置かれた。極東委員会は、米・英・仏・支・ソ・加・豪・蘭・ＮＺの九ヵ国と、「日本のアジア侵略」を示すために米・英の意向で米領フィリピン、英領インドの二地域が加えられ、二十四年十一月にビルマ、パキスタンが追加された。

米政府は極東委員会の決定を連合軍司令官に指令する義務を負ったが、一方、極東委員会の決定なしで占領施策を実施する「中間指令権」が認められ、実質的にはＧＨＱの連合軍司令官が占領政策を主導した。即ち統合参謀本部と「国務・陸軍・海軍三省調整委員会」（SWNCC：State-War-Navy Coordinating Committee. 以下、「三省委員会」と略記。十九年十二月設置）が承認しトルーマン大統領が署名した覚書「日本の敗北後における本土占領軍の国家的構成（SWNCC-70/5.1945.8.18）」では、最高司令官をはじめ主要な指揮官は米国が任命し、軍政の支配的発言権を行使することを規定する一方で、他の連合国との協調方針を採り、英・支・ソの実質的な貢献を求めた。

三　GHQの対日基本政策

日本占領後の対日基本政策については、米国務省は十九年三月に「米国の対日戦後目的」を纏めた。日本本土侵攻を目前に控えた二十年四月に、陸軍省からこの文書に経済政策面の補強を求められ、「初期対日政策の要綱草案」を新たに作成し、三省委員会の極東小委員会で調整した。この文書（SWNCC-150. 1945.6.11）では直接統治による軍政の方針を決めていたが、「ポツダム宣言」の発表（二十年七月二十六日）を受けて国務省の原案は間接統治に修正された（SWNCC-150/1. 1945.8.11）。

その後、日本の降伏が早まったため、緊急措置として修正案作成の主導権を対日占領の直接命令権者である陸軍省に移し、大幅に修正を加えて「初期対日方針（SWNCC-150/3.1945.8.22）」が策定された。この文書では天皇を含む既存の日本の統治機構を通じて占領政策を遂行する間接統治の方針が明記され、また主要連合国間で意見が一致しない場合の中間指令権が加えられた。その後、統合参謀本部による修正を経て三省委員会で承認され、トルーマン大統領の署名を得て「降伏後ニ於ケル米国初期対日方針（SWNCC-150/4. 1945.9.6）」がマッカーサーに指示された。

この文書では「平和的で責任ある政府の樹立と自由な国民の意思による政治形態の確立」を占領の究極目的とした。この文書の日付に見るように文書の決裁が遅れたために、軍政を告知した九月二日の三布告が日本政府に通告された。しかし記録によれば米陸軍省は「初期対日方針（SWNCC-150/3）」を八月二十九日にマッカーサーに内報しており、太平洋軍首脳が占領の「間接統治への変更」を知らなかったはずはない。またその後の交渉経過から考えても、前述した3布告は日本政府に対するマッカーサーの「脅し」であると推測される。

また三省委員会と統合参謀本部が承認した日本占領に関するマッカーサーへの正式指令・「日本占領及び管理のための連合国最高司令官に対する降伏後における初期基本的指令（JCS-1380/15 = SWNCC-52/7. 1945. 11.1）」は、前述した三省委員会の文書（SWNCC-150/4）を基礎として、公職追放や経済改革が追加され、統合参謀本部との事前協議が必要とされた天皇制の存廃問題以外は、マッカーサーに占領目的の達成に必要な全ての占領統治の活動に関する権限を与えた。この指令は前述した「連合国最高司令官の権限に関する指令（SWNCC-181/21945.9.6）」と共に、後にマッカーサーが国務省の承認なしに「帝国憲法」の改正を行った権限の論拠とされた。この占領方針では日本の旧制度を破壊し、軍国主義抹殺と民主化を達成する介入を積極的に行い、民主主義的改革を日本人自身の手で実行させる積極的な誘導を行うとした。

特に「帝国憲法」の改正については、米国政府の方針を「日本の統治体制の改革（SWNCC-228. 1946.1.7）」で示した。この文書はマッカーサーが、「選挙民に責任を負う政府の樹立、基本的人権の保障、国民の自由意思による憲法改正」を達成すべく、統治体制の改革を示唆すべきであるとし、憲法改正のGHQの権限は極東委員会の統制下に置かれ、「憲法機構の根本的変革は極東委員会の協議及び意見の一致が必要」であるが、米国政府はこの問題の指令権がないので「情報」として伝達された。この文書ではGHQによる改革や「帝国憲法」の改正は、日本側の自主的な実施に導かなければ日本国民に受容されないので、改革の実施を「命令するのは最後の手段である」と強調された。

GHQは帝国陸海軍を完全に解体し、報復の軍事裁判をアジア各地で行って約一千人を処刑し、更に日本文化に関する無知と誤解に基づく諸制度の改変・干渉の占領政策を強行して、日本の伝統的文化を破壊した。これらは明かに「ハーグ陸戦法規」の敵国領土での占領軍の権力を定めた第三款の規定に違反するが、これらについては改めて精査する。

GHQは上述の「初期対日方針」に従い日本の非軍事化・民主化を進めたが、この方針は米ソ冷戦の激化に伴い大きく転換された。二十三年三月に米国務省政策企画部のジョージ・ケナンが来日し、対日講和の方針についてマッカーサーと会談し報告書を国務省に提出した。これに基づき国家安全保障会議で「アメリカの対日政策に関する勧告（NSC-13/2.1948.10.7）」が採択された。この勧告では、沖縄の長期支配及び横須賀海軍基地の拡張、日本の警察力の強化、並びに対日講和の非懲罰的な方針への変更や、旧政財界人の公職復帰など、日本の政治的・経済的自立の促進のための政策が提言された。

マッカーサーは朝鮮戦争の指揮についてトルーマン大統領と衝突し、二十六年四月十一日に司令官を解任され、後任にはリッジウェイ陸軍中将が就任し（直後大将に昇進）、「サンフランシスコ講和条約」の発効（二十七年四月二十八日）まで連合軍司令官に就いた。

安倍晋三総理は第一次安倍内閣の発足に当って、「日本を取り戻す」ために「戦後レジーム」の克服を説いた。その「戦後レジーム」の原点は、大東亜戦争の終戦後、GHQが行った占領政策にあることは議論の余地はない。しかし戦後七十年を経て、一般には占領政策で何が行われたかは、正確には周知されていない。

GHQの徹底的な言論検閲・統制と巧妙な宣伝の下で行われた占領政策、憲法改正、教育制度や各種の社会改造は、未曾有の戦禍の疲弊とその復興に忙殺されていた国民には歓迎された。しかしその結果、「日本のアメリカ化」が進み、今日の人間劣化の社会がもたらされた。これらを克服し活力ある次の時代を切り拓くことが、「戦後レジーム」からの脱却である。その出発点を確認するために、本論では米軍の日本占領の概略を整理した。その占領政策の具体的な内容については、続編で改めて取り上げる。

参考文献

［1］飯田耕司「日本を取り戻す道―「日本国憲法」の改正に関する私見」、水戸史学会論文誌『水戸史学』、第八十号、平成二十六年。
［2］『日本国憲法の誕生』、国立国会図書館・電子展示会、（平成十五年五月展示開始、平成十六年五月増補）。

二　連合軍による日本弱体化の占領政策

『日本』、平成二十七年二月号、二十七～三十六頁

前稿「戦後レジームの原点　一」では「大東亜戦争の日本の敗北と連合軍の日本占領」について述べたが、本稿はその続編として、「戦後レジーム」の出発点となったGHQの日本弱体化の占領政策を網羅的に整理する（GHQ指令は「国立国会図書館・電子展示会」の資料に拠る）。

第二次世界大戦の終戦直後から米ソの冷戦が始まり、米国は二十二年三月、自由主義世界の盟主として共産主義に対抗する戦略的支援の「トルーマン・ドクトリン」を発表し、ソ連は二十三年六月にベルリン封鎖を開始し

た。また中国では国共合作が崩壊して二十一年六月から全面的な内戦となり、勝利した中国共産党が二十四年十月に中華人民共和国を建国し、敗れた蒋介石は十二月に台湾に脱出した。二十二年夏、朝鮮半島では韓国と北朝鮮が相次いで独立し、二十五年六月には朝鮮戦争が勃発した。このような大戦後の世界情勢の激変に伴い、米国の対日方針は講和条約の締結を待たずに見直され、日本をアジアの防共の砦とする方針に転換されたことは、前稿に述べた。しかしGHQの初期占領政策による日本文化破壊の爪痕は、現在に及んでいる。

一　言論統制・検閲

GHQは東京移転直後、「言論及びプレスの自由に関する覚書（SCAPIN-16. 1945.9.10）」により占領軍に関する報道を厳しく統制し、言論・放送の禁止事項三十ヵ条を「日本新聞遵則（SCAPIN-33. 1945.919）」と「日本放送遵則（SCAPIN-43. 1945.9.22）」で指令した。米軍の広島・長崎への原爆投下、全国都市の焼夷弾絨毯爆撃、ソ連の日ソ中立条約違反や満洲での略奪・暴行、日本軍兵士のシベリア抑留、及び戦後の占領軍兵士の犯罪、GHQ批判等の報道が全面的に禁止された。新聞・雑誌・ラジオ放送は事前に厳重な検閲を受け、自由な報道が厳しく統制され、郵便物の検閲も行われたが、言論統制の実施は国民には秘匿された。

二　「人権指令」と「五大改革指令」

「ポツダム宣言」は日本の占領目的として第六項で「軍国主義の駆逐」を述べ、第十項で「日本国国民の間に於ける民主主義的傾向の復活強化に対する一切の障礙の除去、言論、宗教及び思想の自由、竝に基本的人権の尊重の確立」を謳っている。GHQはこれを実行する基本方針として「人権指令」と「五大改革指令」を発した。

前者は「政治的、公民的及び宗教的自由に対する制限の除去の覚書（SCAPIN-93.1945.10.4）」であり、「人権指令」又は「自由の指令」と呼ばれる。GHQはこの指令で、内務大臣の罷免、思想・言論規制法規の廃止、特別高等警察（共産主義・社会主義運動など反政府的言論・運動監視の秘密警察）の廃止、政治犯の釈放等を命じた。「ポツダム宣言」受諾後、鈴木貫太郎内閣に代わった東久邇宮稔彦内閣は、これに抵抗して一ヵ月半で総辞職した。その後継の幣原喜重郎内閣は、逐次「人権指令」を実行し、特別高等警察の廃止（特高警察職員ら約四千名の解雇）、政治犯（共産党員など約三千人）の釈放、国防保安法、軍機保護法、言論出版集会結社等臨時取締法、治安維持法、治安警察法、思想犯保護観察法など十五の法律・法令の廃止等が十月中に行われた。

後者の「五大改革指令」は、十月十一日の幣原・マッカーサー会談において伝えられた。内容は、㈠婦人の解放、㈡圧政的諸制度の撤廃、㈢教育の自由主義化、㈣労働組合の結成、㈤経済の民主化、等の指令である。これにより十二月中旬、「改正衆議院議員選挙法」が公布され、翌年四月の衆議院選挙では三十九人の婦人議員が生れた。「圧政的諸制度の撤廃」では、前述した政治犯の釈放や特別高等警察の廃止等が行われた。「教育の自由主義化」では皇室中心の国体思想（皇国史観）が否定され、数年がかりで教育制度が大幅に改造された。労組問題については二十二年の「労働三法」制定及び「労働省」設置となり、「経済の民主化」として二十年末の「財閥解体」や二十一年の「農地解放」が行われた。

三　「神道指令」

GHQは日本文化に対する理解が乏しく、日本国民は天皇を神（ゴッド）として崇めることを強制されていると信じ、「神道指令（SCAPIN-448.1945.12.15）」を発して「国家神道」を禁止した。即ちGHQは公的機関が神社・神道に対する保証、支援、保全、監督並びに拡布等、全ての活動に関与することを禁じ、また軍国主義や国家主義的な宣伝、弘布を禁止した。この指令では神道に関する祭式、慣例、儀式、礼式、信仰、教え、神話、伝説、哲学、神社、物的象徴、及び公文書の「大東亜戦争」、「八紘一宇」や軍国主義・国家主義的用語、皇室の尊厳や民族優越等の文言等、細部に亘って厳しく禁止した。また神道の調査研究及び弘布についても禁止し、内務省の神祇院を廃止し、神官の養成機関の廃止を命じた。

四　昭和天皇の人間宣言

GHQ指令書はないが、天皇御自身による「現人神《あらひとがみ》」の否定を要求され、昭和天皇は二十一年元旦に「新日本建設に関する詔書」（「天皇の人間宣言」）を発せられた。

この詔書は冒頭で「五箇条ノ御誓文」の全文を引用され、続けて「朕ハ茲ニ誓ヲ新ニシテ國運ヲ開カント欲ス。須ラク此ノ御趣旨（「五箇条ノ御誓文」を指す）ニ則リ、舊來ノ陋習ヲ去リ、民意ヲ暢達シ、官民擧ゲテ平和主義ニ徹シ、教養豊カニ文化ヲ築キ、以テ民生ノ向上ヲ圖リ、新日本ヲ建設スベシ」と宣べられた。天皇の「神格否定」は詔書の最終段落で簡単に（分量約六分の一）、「朕ト爾等国民トノ間ノ紐帯ハ、終始相互ノ信頼ト敬愛トニ依リテ結バレ、単ナル神話ト傳説トニ依リテ生ゼルモノニ非ズ。天皇ヲ以テ現御神《あきつみかみ》トシ、且日本国民ヲ以テ他ノ民族ニ優越セル民族ニシテ、延テ世界ヲ支配スベキ運命ヲ有ストノ架空ナル観念ニ基クモノニモ非ズ」と述べられた。発表された二十一年元旦の「官報号外」の詔書には表題はなく、文中にも「人間宣言」に類する文言はない。「天皇の人間宣言」の呼称は、マスコミの通称とされるが、新聞の見出し等にもなく、ＧＨＱが作為した宣伝と思われる。後に昭和天皇は那須御用邸での宮内記者会との懇談において、「神格の否定は二の次で、本来の目的は日本の民主主義が外国から持ち込まれた概念ではないことを示すために「五箇條ノ御誓文」を追加した」と語られた（朝日新聞（五十二・八・二十四））。陛下のご深慮によりＧＨＱの「天皇の人間宣言」は、国民に「新日本建設の指針」を与える詔勅となった。

五　戦争贖罪意識と自虐史観の宣伝

大東亜戦争はフランクリン・ルーズベルト大統領の謀略と挑発による日本の自衛戦争であったことは、戦後間もなく米国のジョージ・モーゲンスターン［１］やチャールズ・ビーアド［２］等の著書によって明らかにされ、米国内ではこれらの書物は広く読まれていた。しかし日本ではＧＨＱが公開を厳重に禁止し、独立後も左傾した言論界に媚びた出版社は刊行を躊躇し、翻訳・出版されたのは平成に入ってからである。日米戦争の真相は、その後、多くの著書［３］～［７］によって明らかにされ、また当時のＧＨＱ首脳もこれを熟知していたことは前述したとおりである。

しかしＧＨＱ民間情報教育局は、東京裁判史観のアジア侵略国・日本の「自虐史観」を国民に植え付け、民族の誇りと自尊心を奪い、将来に亘って弱体化させる宣伝工作（War Guilt Information Program）を実施した。即ち二十年十二月から新聞各紙にＧＨＱ編纂の「太平洋戦争史」を連載させ、日本軍の残虐行為やアジア破壊の惨状を繰り返し宣伝した。二十一年四月には小・中学校の国史や修身の教科書を黒塗りし、「太平洋戦争史」を教え、ＧＨＱの東京裁判史観を浸透させた。そこでは一方的に連合国の立場の「太平洋戦争史観」を強調し、我が国の植民地解放の大東亜戦争の理念を歪曲して国民に植え付け、「大東亜」の言葉さえも禁じた。またＮＨＫは「太平洋戦争史」によるラジオ番組「真相はこうだ」を作り、その後「真相箱」と名を変えて二十三年一月まで放送した。これらの宣伝とＧＨＱ・Ｇ２の検閲による言論統制が相乗効果を発揮して、伝統的な日本人の歴史観・価値観が変容した。これを示す次の二例を挙げる。

第一例　広島平和記念公園の原爆死没者慰霊碑には、「安らかに眠って下さい 過ちは 繰返しませぬから」と刻まれている。日本国民はこの戦争を自らの過ちと確信し、今日、平和教育の一環と称して多くの小・中学生がこの慰霊碑に詣でている。しかし日米戦争を挑発したのはルーズベルト米大統領であり、原爆投下はトルーマン大統領が決定した。この碑文は米国大統領の名で刻まれるべきである。平和祈念の生徒達にはこの事実を正しく教えなければならない。

第二例　マッカーサー在任中（二十年〜二十六年）の六年弱の間に、彼宛に約四十一万通の手紙が殺到し、多くは彼を「解放者」と礼賛し、マスコミには「日米合邦論」まで現れた。新聞報道（二十六・四・十六）によれば、マッカーサーの離日の車列を沿道で約二十万人の日本人が見送ったと伝えられる。

上述した「自虐史観」と「拝米主義」は今日の我が国の「戦後レジーム」の基本的骨格を作っている。

六　旧勢力の公職追放とレッドパージ

(一) 公職追放

GHQは「ポツダム宣言」の日本民主化の推進と称して、前述した特高関係者の罷免や軍国主義的教員の追放（二十年十月）に引き続き、超国家主義団体の解体の指令（SCAPIN-548. 1946.1.4）及び「好ましからざる人物」を公職から追放する第一次公職追放令（SCAPIN-550. 1946.1.4）を発した。GHQが指定した対象者は、A項・戦争犯罪人、B項・陸海軍職業軍人、C項・極端な国家主義的団体や暴力主義的団体又は秘密愛国団体の有力者、D項・大政翼賛会や翼賛政治会及び大日本政治会の有力者、E項・日本の膨張に関係した金融機関・開発機関の役員、F項・占領地の行政長官、G項・その他軍国主義者及び極端なる国家主義者で、この七項目に該当する現職者を即刻退職させ、これらの職に就くことを禁じ、恩給・退職金等の権利も剥奪した。それは「ポツダム宣言」第六項の「無謀な侵略及び戦争へとこの国を誤り導いた責任」をもつ罪人として、社会的な影響力のある地位から半永久的に排除する懲罰であった。

公職追放指令は個人の追放のみならず、「政党、協会、其の他の団体の結成の禁止等に関する件（二十一年二月。勅令第百一号）」により、占領政策に反対する団体や反民主主義的な団体等の結成が禁止された。更に「第二次公職追放令（二十二年一月）」では戦前・戦中の有力企業や軍需産業の幹部、地方公職者に対しても拡大され、政治家、軍人、官僚、教育者、事業家、団体職員、言論報道関係者など、全国で約二十一万人が追放された。

(二)　米国の対日戦略転換とレッドパージ

米ソ冷戦の激化、中国内戦における中共軍の優勢化などに伴い、米国の占領政策は日本をアジアの共産主義の防波堤とする政策に転換された。ＧＨＱは初め労働組合の結成を奨励したが、二十二年の日本共産党主導の二・一ゼネストに対するＧＨＱの中止命令を契機に共産党の労働組合支配の弾圧に転じた。また、ＧＨＱは岸信介、児玉誉士夫らＡ級戦犯容疑者十九人を釈放し、保守系政治家の政界復帰を認めた（二十三年十二月）。勅令第百一号は二十四年四月に「団体等規正令」として大幅に改正され、左翼運動の規制に適用された。

更に経済復興の人員整理を巡って労働運動が激化し、共産党系の産別会議（全日本産業別労働組合会議）や国鉄労働組合は人員整理に頑強に抵抗し、吉田内閣の打倒と人民政府樹立を公然と叫び、騒然たる世情となった。二十五年五月、皇居前広場で日本共産党指揮下のデモ隊と警備中の占領軍が衝突し（人民広場事件）、日本共産党書記長・徳田球一ほか党中央委員二十四人、及び日本共産党機関紙「赤旗」幹部が追放され、「赤旗」は発刊停止処分を受けた（六月）。同年七月には九人の共産党幹部に対し「団体等規正令」違反容疑で逮捕状が出され、彼らは地下に潜行して中国に亡命し、「北京機関」を組織して中国から地下放送の「自由日本放送」を通じて日本共産党の武装闘争を指導した。このような社会環境の中でマスコミ、官公庁、企業等の左翼分子の追放（レッドパージ）が行われた。

二十五年六月、朝鮮戦争が勃発し（停戦は二十八年七月二十七日）、我が国でも左翼の活動が活発化して共産革命の脅威が増大した。このためＧＨＱは占領政策を見直し、二十五年十月には第一次追放解除を行い一万九百人が解除され、更に十一月には旧軍人約三千三百人が追放を解除されて、多くが警察予備隊の基幹要員として入隊した。またＧＨＱは日本政府に公職追放の緩和及び復職の措置を認め（二十六年五月）、同年までに約二十五万人が解除され、「講和条約」の発効と同時に（二十七年四月）、約五千五百人が追放を解かれた。「団体等規制令」も廃止され、「破壊活動防止法」に引き継がれた。

七　法制改革

二十一年、ＧＨＱは「マッカーサー憲法草案」を日本政府に強要して「日本国憲法」を制定した。これにより我が国の法体系は一変された。（「日本国憲法」制定については続編で詳述する。）

㈠　**立法制度**

帝国議会（非公選の貴族院と公選の衆議院）の協賛及び大臣の輔弼による天皇大権が否定され、立法権は公選の衆議院と参議院の決議になった。

㈡　**司法制度**

司法省と大審院が廃止され、「裁判所法（二十二年。法律第五十九号）」により従来の司法省の司法行政権と大審院の裁判権を併せ持ち、更に違憲立法審査権を有する最高裁判所が設置された。またその下級裁判所として、各地に第二審の高等裁判所、第一審の地方裁判所、簡易裁判所（罰金刑の裁判）、家庭裁判所（家事審判と家事調停及び少年審判）が設けられ、行政裁判所は廃止された。刑事裁判は新たな「刑事訴訟法（二十四年一月）」により、米国の司法制度に倣い当事者主義の対審制となった。

㈢　**行政制度**

米国の制度に倣って国や地方公共団体に「独立行政委員会制度」が採用された。

㈣　**民法**

旧民法は親族編・相続編を中心に大幅に改められ、「家父長による先祖の祀り」を重んずる長子相続の伝統的な家制度は、新民法では「個人の尊厳と男女平等」を謳う核家族制度に変更された。その結果「父祖伝来の家」を個人主義の核家族に分解して兄弟・親類縁者の絆を分断し、「先祖の流風・遺俗を敬う気風」は絶え、伝統文化の基盤が崩壊した。

八　地方自治制度の改革

我が国の地方行政制度は、明治維新で幕藩体制を改め中央集権の全国統一を図り、内務省管轄の官選知事が府県の地方行政一般を総括的に所掌する地方官庁制となった。各省庁は所掌事務に関して府県知事を指揮監督した。しかし「日本国憲法」第八章「地方自治」（九十二条～九十五条）を法制化した「地方自治法（二十二年。法律第六十七号）」では、内務省を解体し、米合衆国の州制度に倣って知事及び地方議会の公選と、地方政策の条例の決定などの地方分権制を導入した。

九　経済の民主化

GHQは日本の帝国主義の経済基盤は、財閥と地主制にあるとして、その解体を命じた。

㈠　**財閥解体**

GHQは経済活動の弱体化のために、二十年十一月、財閥資産を凍結し、次いで三井・三菱・住友・安田など二十三の財閥を解体し、財閥関係者を会社役員から追放した。財閥家族や本社所有の株式は二十一年八月発足の「持株会社整理委員会」に移管し公開処分した。また財閥復活を防ぐため、二十二年四月に「独占禁止法」を制定し、持株会社、カルテルを禁止し、監視機関として「公正取引委員会」を設置した。

(二) 農地解放

戦前（十六年頃）の日本の農業は、全国の農地五百八十一万町歩の五十四%に当たる三百十三万町歩を地主が所有し、小作農はそれを耕作して作物の約五割を物納する地主制であった。GHQは「封建的圧政下で農民を奴隷化した土地制度を改め農民を豊かにすることが日本を民主化し軍国主義の復活を防ぐ」とし、「農地改革に関する覚書（SCAPIN-411. 1945.12.9）」を発し、「改正農地調整法（二十年十二月）」が成立した。

この改正では地主の保有地上限を五町歩としたため、小作人に渡る農地は九十万町歩に止まり、GHQは「解放農地が少ない」とし、対日理事会も反対した。引き続きGHQ主導で再検討され、二十一年十月、農地所在地に居住のない不在地主は全農地を政府が買い上げ、在村地主は所有地上限を一町歩（北海道は四町歩）とする「第二次農地改革法」が成立した。更に二十三年にはGHQは「土地改革指令の厳密な実（SCAPIN-1855. 1948.2.4）」を指示した。これらにより地主約百八十万人から約二百万町歩を政府が買取り、小作農家四百三十万世帯に売り渡した。この結果農業生産は向上し、米の収穫量は二十年の五百八十二万トンから三十年には千二百万トンに増え、危機的食糧事情が改善された。

(三) 経済政策

二十三年十二月にGHQは、①経費節減による予算の均衡、②税制の改善、③融資の限定、④賃金の安定化、⑤物価統制の強化、⑥外国貿易事務の改善・強化、⑦資材割当配給制度の効果的施行、⑧重要国産原料・工業製品の生産増大、⑨食糧集荷計画の効果的執行、等の経済安定九原則を指示した。

二十四年二月、GHQの経済顧問としてジョセフ・ドッジ（デトロイト銀行頭取）が来日し、インフレ・国内消費抑制と輸出振興を軸とする経済安定九原則の実施策（ドッジ・ライン）を勧告した。

GHQの要請で二十四年五月〜八月に税制使節団（団長・カール・シャウプ（コロンビア大教授））が来日し、税制に関するシャウプ勧告を出した。

十　警察制度の改変

戦前の警察制度は国家警察を基本とし、内務大臣が警視総監及び道府県知事を指揮して警視庁及び道府県警察部とその機関の警察署を指揮監督し、治安以外にも国の安全・公安、衛生、建築、労働等の広範囲な業務を所掌した。GHQは戦後の社会の混乱に鑑み、暫く現状を維持した後、GHQ主導で「警察法（二十二年。法律第百九十六号）」を改正し、米国式の地方警察制度を導入した。

(一)　警察の地方分権

新制度では、全ての市及び人口五千人以上の市街をもつ町村は、自治体警察（千六百五ヵ所）を設け、村落部は国の機関の国家地方警察の管轄とした。自治体警察は、非常事態を除き国家地方警察の指揮監督を受けず、また村落部の国家地方警察は、知事所轄の「都道府県公安委員会」が管理した。

(二)　警察の民主的管理と政治的中立性の確保

国や自治体から独立した行政委員会の「公安委員会」を国及び都道府県（知事が任命）に設置し、警察行政を管理した。

上述の新しい警察制度は、組織の細分化のために広域犯罪への有効な対応が困難となり、重複した施設・人員等の不経済が小規模自治体の財政を圧迫した。更に「公安委員会」の独立性と行政の治安責任の範囲が曖昧なため数度の改正が行われ、二十九年六月に「警察法（法律第百六十二号）」が全面的に改正され、中央に全国の警察を管轄する警察庁と、警視庁及び各道府県に警察本部を置く現在の体制となった。

(三)　「警察官職務執行法」

「警察法」では警察の責務を国民の生命・財産の保護、犯罪捜査、被疑者の逮捕に限定し、国家の安全に関する公安機能を大幅に制限した。このため警察活動は厳格に責務の範囲内とし、職権濫用の防止と称して「警察官職務執行法（二十三年。法律第百三十六号）」を制定した。なお次項に述べる警察予備隊から発足した自衛隊は、「防衛出動」以外の各種の任務行動において武器使用は「警察官職務執行法」が準用され、軍本来の警備活動が著しく制約されている。

十一　警察予備隊の創設

ケネス・ロイヤル米陸軍長官は二十三年一月上旬、日本の過度の弱体化を進めるGHQの占領政策を批判し、「日本を極東の全体主義（共産主義）の防壁とすべきだ」と演説した。またジェームズ・フォレスタル国防長官は、ロイヤルの答申に基づき「日本の限定的再軍備」を二十三年五月に承認した。二十五年六月下旬、朝鮮戦争が勃発し、日本駐留の全連合軍部隊が朝鮮に出動し、日本は軍事的空白地域となった。七月上旬、マッカーサーは吉田首相に「日本警察力の増強に関する書簡」を発し、事変・暴動等に備える七万五千名の治安警察隊「国家警察予備隊」の創設と、海上保安庁に八千名の増員の措置を求めた。これにより「警察予備隊令（二十五年八月。政令第二百六十号）」が公布され、軽装備の治安部隊が発足した。十一月、中共軍が朝鮮戦争に参戦し戦況が悪化すると、GHQは危機感を強めて警察予備隊の重武装化（戦車等の導入）を要求した。

GHQは「マッカーサー憲法草案」で戦力放棄を強要し、一転して再軍備を指令する無責任な措置をとった。一方、日本政府はこれに対して憲法改正の責務を放置したために、以後、国会や言論界で「自衛隊の違憲」や「自衛権の解釈」の神学論争が延々と繰り返され、政治や外交を束縛した。二十六年、我が国は「サンフランシスコ講和条約」と同時に「日米安全保障条約」を結び、国家安全保障の抑止力を全面的に米国に依存した。これによってその後の我が国の米国随従体質が強められた。

十二　戦犯の軍事裁判

「ポツダム宣言」第十項の「吾等の俘虜を虐待せる者を含む一切の戦争犯罪人に対しては厳重なる処罰を加へらるべし」を受けて、東京裁判（A級。二十一年五月〜二十三年十一月）、横浜及びアジアの各地で戦犯裁判（BC級）が行われた。

十三　教育制度改革

GHQは「教育制度に関する管理政策の指令（SCAPIN-178. 1945.10.22）」で教育改革の方針を示し、教育制度を根本的に改造して占領政策を永続化させた。

十四　「日本国憲法」の制定

GHQは占領政策の総括として「マッカーサー憲法草案」を日本政府に強要し、「日本国憲法」を制定した（二十一年）。

戦後七十年、その間、連合軍の日本占領は七年弱に過ぎないが、GHQは占領軍の強権下で我が国の伝統的文化の基盤を根底から覆し、粉砕する徹底的な変革を行った。特に「日本国憲法」の制定と「教育改革」により、将来に亘って継続的に占領政策の効果が補強された。前述の十二項〜十四項は、続編以下で詳述する。

参考文献

［1］G・モーゲンスターン、渡邉明訳『真珠湾―日米開

戦の真相とルーズベルトの責任』、錦正社、平成十一年。
原著 Pearl Harbor : The Story of the Secret War. 一九四七。
[2] チャールズ・A・ビーアド、開米潤監訳、阿部直哉・丸茂恭子訳『ルーズベルトの責任—日米戦争はなぜ始まったか—』、上、下、藤原書店、平成二十二年。
原著 President Roosevelt and the Coming of the War, 1941: Appearances and Realities.）一九四年刊行。
[3] 平泉澄『日本の悲劇と理想』、原書房、五十二年。
[4] 平泉澄『悲劇縦走』、皇學館大學出版部、五十五年。
[5] ロバート・B・スティネット、妹尾作太男監訳、荒井稔・丸田知美共訳『真珠湾の真実—ルーズベルト欺瞞の日々』、文藝春秋、平成十三年。
[6] 加瀬英明、ヘンリー・S・ストークス『なぜアメリカは、対日戦争をしかけたのか』、祥伝社、平成二十四年。
[7] ヘンリー・S・ストークス『英国人記者が見た—連合国戦勝史観の虚妄』、祥伝社、平成二十五年。

三　連合軍による日本弱体化の占領政策（続）

『日本』、平成二十七年三月号、二十二～二十三頁

前号の「戦後レジームの原点 二」では、「戦犯の軍事裁判（東京裁判、ＢＣ級裁判）」、「教育制度改革」及び「日本国憲法の制定」については、項目を列挙（十二～十四項）して簡略に述べたが、本稿ではこれらを詳述する。

十五　戦犯の軍事裁判

(一) Ａ級戦犯の裁判（東京裁判）

「ポツダム宣言」第十項の「吾等の俘虜を虐待せる者を含む一切の戦争犯罪人に対しては厳重なる処罰を加へらるべし」を受けて、二十一年一月中旬、マッカーサーは「極東国際軍事裁判所条例」を布告し、五月から市ヶ谷の旧陸軍士官学校講堂において「極東国際軍事裁判（以下、「東京裁判」と書く）」を行った。この条例は日本降伏の一週間前に米・英・仏・ソの四ヵ国が調印した大戦中の枢軸国の戦争犯罪を裁く国際軍事裁判所の構成や役割を規定した「国際軍事裁判所憲章」に準じて作ら

れた。ドイツのニュールンベルク裁判は連合国の直接管轄下で実施されが、東京裁判はマッカーサーが布告した「極東国際軍事裁判所条例」に基づきGHQが行った。GHQは二十年九月中旬、東條英機元首相ら三十九人を逮捕した。

訴因は満洲事変から大東亜戦争の終結までに日本の指導者達が共同謀議して行ったアジア侵略に対し、「文明」の名の下に「法と正義」によって「アジア征服の責任」を裁くと称して、第一類「平和に対する罪」、第二類「殺人及び殺人共同謀議」、第三類「通例の戦争犯罪」について二十八人を起訴した。第一、三類は「極東国際軍事裁判所条例」の第六条A項「平和に対する罪」、B項「交戦法規違反行為」に対応するが、C項「人道に対する罪」はドイツのユダヤ人殲滅のような事案がないので東京裁判には適用されず、第二類が追加された。ニュールンベルク裁判は、ナチス、ゲシュタポ、ナチ親衛隊、保安隊等を犯罪団体に指定し、これらの組織的なユダヤ人大虐殺を「人道の罪」として裁いた。これに対して東京裁判は、日本国の指導者を「平和の罪」及び「殺人共同謀議」で裁き、日本国をアジアの侵略国に仕立て上げ、歴史上明白な欧米列強のアジア侵略を正当化して、日本国民に「自虐史観」の贖罪意識を植え付け、「日本帝国」を永遠に葬ることで、連合国の植民地喪失の復讐を果たそうとした。

東京裁判の判事及び検察官は極東委員会の各国から派遣され、裁判長はウイリアム・ウエッブ（豪）、首席検察官にはジョセフ・キーナン（米。GHQ国際検察局長）が就任した。なお豪州、ソ連等からは昭和天皇の退位・訴追を求める強い意見が出されたが、マッカーサーが「日本の占領統治には天皇が必要である」として、天皇の退位・訴追は行われなかった。

裁判の冒頭、清瀬一郎弁護士（日本側弁護団副団長、東條英機元首相の主任弁護人）は、訴因の「平和に対する罪」の裁判管轄権（裁判を行う権限の根拠）を問う異議申し立てを行ったが、ウェッブ裁判長は一旦閉廷し、数日後、「弁護側の異議は却下する。理由は後日説明する」として、明確には答えず裁判を進行させた。裁判中もデイヴィッド・スミス米弁護人（廣田弘毅元首相弁護人）は「管轄権も明らかにできない裁判は進行してはならない」と抗議し、裁判を白紙に戻すことを強く求めたが、ウェッブ裁判長はこれも却下した。国家間の紛争に関する政治家や軍人の公務執行の責任を個人に問う国際法は存在せず、戦争での不法行為を問えるのは「ハーグ陸戦法規」や「ジュネーブ条約」違反のみである。また東京裁判の根拠となった「極東国際軍事裁判所条例」は明らかに事後法であり、東京裁判は裁判管轄権のない裁判である。しかも裁判は「南京事件」等の事件を捏造するために戦時中の意図的な誇大宣伝資料を証拠採用する一方、反証の棄却［1］、証言の拒否等、勝者の強権の下に「法と正義」を無視して進められ、判決は十一人の判事の多数決で決められた。日本軍と直接戦火を交えた米・英・加・ニュージーランド・支・ソ・六ヵ国の多数派の判事によって判決文が書かれ、他の五ヵ国の判事は個別意見書を提出した。特にインドのラダ・ビノード・パール判事は本裁判の「平和に対する罪（A級）」は事後法であり、国際法上、日本を有罪とする根拠自体が成立しない」として全員無罪を主張した［2］。

裁判は二十一年四月二十九日に起訴、五月三日に審理開始、二十三年十一月十二日に結審した。判決は絞首刑七人、終身禁錮十六人、有期禁錮二人、免訴三人（精神異常一人、死亡二人）であり、死刑判決を受けた東條英機元首相達七人は、十二月二十三日に東京・巣鴨拘置所で処刑された。遺体は横浜の久保山火葬場で焼却され、遺骨は東京湾にばら撒かれたという。火葬場で密かに集められた残灰が、翌二十四年、熱海市伊豆山の興亜観音（刑死した支那事変の上海派遣軍司令官・松井石根陸軍大将が退役直後の十五年に私財を投じて日支両軍の戦没将兵を「怨親平等」に祀った観音像）に持ち込まれて匿され、三十四年四月に漸く「七士之碑」（吉田茂首相筆）が建てられて遺骨灰はその下に埋葬された。

世界各国の大使館では、元首の誕生日を国家の祝日として祝賀式典を開催する。東京裁判の起訴は二十一年四月二十九日・天長節（昭和天皇の誕生日）、処刑は皇太子（今上陛下）の誕生日・十二月二十三日であった。因みにBC級戦犯最初の被処刑者の山下奉文陸軍大将がマニラで処刑された（二十一年二月二十三日・現地日付）のは、米国の建国の父・ジョージ・ワシントンの誕生日である。復讐裁判の陰険な意図はここにも明白に表れている。

近代法は「罪状法定主義」及び「刑罰不遡及」が原則であるが、東京裁判はマッカーサーが作った事後法の「極東国際軍事裁判所条例」によって行われた。これは法の鉄則である「不遡及の原則」を踏みにじる暴挙であり、しかも大東亜戦争を一方的に日本の侵略行為と断罪した。この裁判は「法と正義」の裁判を装った戦勝国の報復の茶番劇である。次の記録は当時のGHQ首脳もこの認識があったことを示す。

① チャールズ・ウィロビーGHQ・G2部長は、東京裁判が結審して帰国の挨拶に訪れたB・V・A・レー

リンク判事（蘭）に対し、厳しい表情で「この裁判は史上最悪の偽善です。…日本が置かれたような状況下では、日本が戦ったようにアメリカも戦うだろう」と語った[3]。

②　マッカーサーは、朝鮮戦争の指導についてトルーマン大統領と衝突し、二十六年四月十一日、連合軍司令官を解任された。五月三日、彼は米上院軍事外交合同委員会に証人として呼ばれ、朝鮮戦争における対中国戦略の質疑の中で、大東亜戦争に関して「日本は連合国側の経済封鎖で追い詰められ、主に自衛（国家安全保障）上の理由から戦争に走った」と述べた。この証言は東京裁判による「侵略国日本」の烙印の誤りを、連合軍司令官が公式の場で自白したものである。

市ヶ谷で行われたA級裁判の他に、二十三年十月に東京・丸の内に特設された「準A級裁判」があり、豊田副武軍令部総長（A級・無罪）と田村浩俘虜情報局長官（BC級・重労働八年）が裁かれた。

(二)　BC級戦犯の裁判

米・英・中・ソ・蘭・仏・豪・比の八ヵ国が、横浜、クェゼリン島、東南アジア各地に設置した四十九ヵ所の法廷で、BC級戦犯の軍事裁判を行った。

GHQは二十三年七月までに合計二千六百三十六人に逮捕状を出し、二千六百二人を起訴した。日本国内では横浜地方裁判所で米第八軍司令部が管轄したBC級戦犯裁判が行われ、主に戦時中日本国内の各地にあった「捕虜収容所」の勤務者が、「人種偏見と戦後ヒステリー」（五十八年二月の米国議会委員会報告書の記述）による杜撰な裁判によって、五十四名が死刑となった。

英軍主体の連合軍東南アジア司令部は四十六年五月までに約八千九百人を逮捕した。この他に満洲のソ連軍や東南アジア、中国等の各国で報復の軍事裁判が行われた。第一復員局（旧陸軍省）法務調査部の推計では、二十一年十月時点で約一万一千人が逮捕され、この内、有罪判決者は五千七百二十四人、死刑は九百三十四人（死刑執行は九百二十人）とされる。

十六　占領政策による教育改造

占領中の教育改革を主導したGHQ民間情報教育局や、その要請で来日して教育制度の基本計画を提言した教育使節団のメンバー達は、日本文化に対する理解が貧弱で、日本国民は天皇を「神（ゴッド）」と仰ぎ、奴隷化されていて、識字率も低い野蛮人であると思い込んでいた。それが「神道指令」や「昭和天皇の人間宣言」、「教育制度改革」等のGHQ指令となった。特にGHQは二十年十月から十二月にかけて、矢継ぎ早やに国家主義的・軍国主義的教育の廃止、教育の民主化、政治からの独立及び地方分権化等の指令を発した。連合軍の日本進駐後数ヵ月の内にこれらを指令したことは、GHQが如何に教育改造を重視していたかを示している。

㈠　GHQの教育改革の基本方針

GHQは「教育制度に関する管理政策の指令（SCAPIN-178. 1945.10.22）」で教育改革の基本方針を示した。この指令は①軍国主義・国家主義的な軍事教育及び教練の廃止、及び議会主義・国際平和・個人の権威、及び集会・言論・信教の自由等、基本的人権の教授及び実践の確立、②軍人・軍国主義者・国家主義者及び占領政策反対の教育関係者の罷免、自由主義や反軍的言論等で解雇させられた者の復職、人権・国籍・信教・政見又は社会的地位を理由とする教育関係者の差別待遇の禁止及び公平性の確保、③教科目・教科書・教授指導書等から軍国主義、国家主義を助長する事項の削除、新教科書等の作成など、を指令した。またHGQは指令実施機関の設置を命じた。

㈡　教育関係者の調査・解職等

次いでGHQは指令「教育及び教育関係官の調査、除外、認可に関する件（SCAPIN-212.1945.10.30）」を発し、前項②の該当者を調査し、解職又は復職させるための適切な行政措置と、判定基準の設定を指令した。

㈢　修身、日本歴史及ビ地理の教科停止

GHQは「修身、日本歴史及ビ地理停止ニ関スル件（SCAPIN-519. 1945.12.31）」を発し、全ての教育施設における修身、日本歴史及び地理の課程を直ちに中止し、教科書及び教師用参考書の回収、及び上記の教科に代わる代行計画案の作成、教科書の改訂案のGHQへの提出を指令した。しかし新たな教科書の作成が間に合わず、小・中学校では教科書の禁止用語（大東亜戦争、八紘一宇、神国等の国家主義や軍国主義的用語、皇室の尊厳や民族の優越等の用語）を全児童・生徒に墨塗りさせて使用した。

㈣　米教育使節団

二十一年三月、GHQの要請で米国から教育使節団（団長・ジョージ・ストッダード（ニューヨーク州教育長官）ほか二十六人）が来日し、米国式教育制度に倣った日本の教育改革を提言した。主な内容は、①個人の自由と尊厳を守る民主的教育の実施、②地方公共団体に公選制の教育委員会を設置し、文部省の権限を縮小して画一的教育を廃止する、③国定教科書の廃止、国史・修身・地理を停止し、米国の社会科・保健体育・公衆衛生の導入、④男女共学、新学制（六・三・三・四年制）の導入、⑤国語教育改革（日本語のローマ字表記化）、⑥高等学校・師範学校・専門学校を新制大学に格上げ、⑦ＰＴＡ導入、等である。

日本文化に対する知識が乏しい教育使節団は日本人の識字率は低いと思い込み、漢字の難しさが日本の文化的発展を阻害していると考え、その改善のために日本語のローマ字表記化の国語改革を企てた。事前調査として十五歳～六十四歳の国民一万六千八百二十人に漢字の読み書きテストを行ったが（二十三年八月）、識字率は九十七・九％であった。世界最高レベルであり、ＧＨＱの担当者・ジョン・ペルゼルはこれに困り、調査官の言語学者・柴田武（東大助手）に「調査結果の捏造」を迫った。しかし柴田の拒否により、国語のローマ字化は立ち消えとなり、ローマ字教科の導入となった。

第一次教育使節団の報告書を受け、教育改革を法制化する「教育刷新委員会」が内閣に設置された（二十一年八月）。同委員会と文部省、ＧＨＱの三者の「連絡調整委員会」が定期的に開かれ、米国式教育制度に向けた改革が進められた。「教育刷新委員会」（二十四年に「教育刷新審議会」に改組）は、二十一年十二月の「教育基本法」や学制改革、二十六年十一月の「中央教育審議会」改組等、日本の戦後教育の基本法令や制度の改造に関与した。更に二十五年八月、第二次教育使節団（団長・ウィラード・ギヴンスほか四人）が来日し、第一次使節団の勧告の実施状況と成果を調査し、学校施設の建設等の新たな提言を行った。

㈤　教育勅語の廃止

「教育ニ関スル勅語」（教育勅語）は、明治二十三年十月に、明治天皇が発せられた勅語である。原案は山縣有朋総理大臣が井上毅内閣法制局長官に命じて起草させ、以後、修身・道徳教育の根本規範とされた。内容は君臣一体で確立された我が国の国柄と道徳は、国民の忠孝心が「国体の精華」であり「教育の淵源」であるとし、父母への孝、夫婦の和、兄弟・姉妹・友人などとの友愛、学業・知能の啓発・修養、社会への貢献、遵法精神、国家の危機に当っては国防に尽くすべきことなど、十二の徳目（道徳）が述べられ、これを守ることが日本国民の伝統であるとした。歴代天皇が遺したこれらの教えを天皇自ら国民と共に実行に努めることを誓われた。教育勅語の写しは御真影（天皇・皇后の御写真）と共に各学校の奉安殿に納められ、また四方節（元日）、紀元節（二月十一日）、天長節（天皇誕生日）、明治節（十一月三日、明治天皇の誕生日）には学校で必ず儀式が行われ、校長が教育勅語を奉読した。しかし二十一年十月、文部省は

「勅語及び詔書等の取扱いについて（文部省令第三十一号）」を発し教育勅語を教育の根本規範とすることをやめ、四大節での教育勅語の奉読も廃止された。二十二年、教育基本法が公布され教育の基本とされた。翌年五月にはＧＨＱ民政局が衆参両院の文教委員長を呼び、「教育勅語の無効の明確な措置」を要求した。日本側は「既に文部省通達で破棄され、国会決議は不要」と抵抗したが、ＧＨＱに押し切られ、二十三年六月、両院で「教育勅語等の失効」が決議された。嘗て我が国の道徳規範と仰がれた教育勅語は、今こそ「戦後レジーム克服の国会決議」により復活すべきである。

(六)　「教育基本法」の制定

戦前の教育の基本理念を示した教育勅語に代わるものとして「教育基本法」（二十二年三月施行）が制定された。この法律は、米教育使節団の報告に基づき、教育の目的、方針、機会均等、男女共学、教育の実施に関する基本的な諸事項等を述べ、米国の制度や理念を強く反映したもので日本文化への言及はなかった。日教組勢力が凋落した平成十八年末、「公共精神の尊重、伝統の継承と文化創造の教育」等を加え全面的に改正された。

(七)　学制の変革

「教育基本法」に基づく「学校教育法」（二十二年四月施行）により「学制改革」が行われ、従来の分岐型教育体系を、六・三・三・四年制の単線型学制とした。義務教育は小・中学校の九年となり旧制度よりも三年延長され、学費は無料化された。小・中学校は全児童・生徒を地域の学校で受け入れる小学区制が採用された。旧制中等学校と実業学校を新制高等学校とし、格差を是正して平準化を図り、高校三原則（小学区制、同一学校に普通科と職業科の多様な課程・学科を併設する総合制、男女共学）による新制高等学校が設置された。これは米国の都市郊外や農村の公立高校制を模倣したものであり、高校卒業生が民主主義社会の市民として中核的な役割を果すことを教育目的とした。

また旧制の高等学校、師範学校、高等専門学校及び高等師範学校等を大学に格上げし、各県に新制大学を設けた。旧制帝国大学及び文理科大学は旧制高校と合併した。そのため大学が激増して質の低下を招き、新制大学は後に駅弁大学と呼ばれたが、社会の高学歴志向を生んだ。旧制の師範学校は、卒業後教職に就くことを前提に学費が支給された。そのため経済的理由で進学できない優秀な人材が師範学校に集まり、良質の教育者を育てたが、新制大学の教育学部は人気がなく、所謂「デモ・シカ教師」を生み、教育の劣化を招いた。

(八) 教育委員会の設置

米教育使節団の提言により「教育委員会」が設置された（二十三年七月）。この制度は教育行政の地方分権、民主化、自主性の確保を目的とし、地方公共団体から独立した公選制・合議制の行政委員会である。都道府県の「都道府県教育委員会」（七人）と、市町村の「地方教育委員会」（五人）があり、発足当初は公選制であったが、三十一年に任命制となった。委員の一人は地方議会の議員から選挙で選び、残りは議会の承認を得て首長が任命（任期は四年）する。

「教育委員会」は公立学校等の教育機関を管理し、予算・条例の原案送付権、小・中学校の教職員の人事権を持ち、学校の組織編制、教育課程、教科書等の教材選定、教職員の身分取扱いに関する事務を行い、更に社会教育等の教育、学術及び文化に関する事務を管理し執行する強い権限を有した。しかし教育委員は非常勤であり、事務局の提案事項の追認機関となることが多かった。特に教育委員選挙の低投票率と日教組の組織的選挙活動とによる教育委員会の支配が進み、その後も長く左翼イデオロギー化が続き、首長と教育委員会の対立等の弊害が生じた。

(九) 教員組合の結成と左翼教員組合の教育支配

二十年十二月、「教育民主化」のGHQ指令により「全日本教員組合（全教。翌年「全日本教員組合協議会」に改称）」が、二十一年には「教員組合全国同盟（教全連）」が結成された。更に「大学専門学校教職員組合協議会」を加えて、二十二年六月に「日本教職員組合（日教組）」が結成された。結成大会では「日教組の地位確立、教育の民主化、民主主義教育の推進」を謳った三綱領が採択された。その後、日教組は組織率を高め、幹部を左翼勢力で占め、反政府・反戦・反米の政治路線に走って我が国の教育を著しく歪めた。

二十七年にはあるべき教師像として、○教師は平和を守る、○教師は正しい政治を求める、○教師は労働者である、○教師は生活権を守る、○教師は団結する、等の十項目からなる「教師の倫理綱領」を採択し、更にこれを詳細に解説した冊子を作って全国の組合員の教師に配布した。それはマルクス・エンゲルス著の『共産党宣言』に倣った扇動文書であった。

上述したGHQの歪んだ教育変革が、日本の次世代に自虐史観を広げ、愛国心の欠落、道徳の退廃、学力低下を招いた。またそれは「前稿二」に述べた「神道指令」や「天皇の人間宣言」等、GHQの無知に基づく指令によって加速され、我が国は伝統的な精神文化が継承されない次世代を生み、人間劣化の社会を造る根本的原因となった。

十七　「日本国憲法」の制定

マッカーサーは、二十年十月四日、元首相近衛文麿公爵と会談し「帝国憲法」の改正を示唆した。近衛公は佐々木惣一京大教授らと共に内大臣府御用掛として改正案の検討を始めた。またマッカーサーは幣原喜重郎首相との会談で「憲法の自由主義化」を求め、首相は松本烝治国務大臣を委員長とする憲法問題調査委員会（松本委員会）を十月二十五日に設置した。

その間、近衛公主導の憲法調査は、内大臣府の憲法調査の法的権限や近衛公の戦争責任に関し批判を受けたが、十一月二十二日、近衛公は「帝国憲法ノ改正ニ関シ考査シテ得タル結果ノ要綱」を天皇に奉答し、佐々木教授も「帝国憲法改正ノ必要」（天皇大権の下での民意主義的改正［4］）を奉告した（十一月二十四日）。しかしその翌日、GHQ指令で内大臣府は廃止され、また近衛公にも戦犯逮捕命令が出されて出頭日の未明に服毒自裁した（十二月十六日）。

一方、松本委員会は、当初、調査研究を主眼に活動したが、間もなく改正を視野に入れた検討に転じた。十二月の第八十九回帝国議会・衆議院予算委員会で、松本委員長は憲法改正の「松本四原則」として、①天皇の統治権の継承、②議会の権限の拡大、③国務大臣の責任を拡大し議会に対し責任を負う、④国民の自由と権利の保護、を答弁した。二十一年一月上旬、松本案を基に「憲法改正要綱」甲案と、更に改正を強めた乙案が作られた。二十年末から翌春にかけて、各政党や民間有識者の「憲法改正草案」が相次いで発表された。

連合国の日本占領政策機関・極東委員会は二十一年二月下旬の発足に向け準備を進め、憲法改正に関する権限は極東委員会の管轄下に置かれた。二月一日、松本委員会の宮沢俊義委員（東大教授）の私案が毎日新聞にスクープされ、それを見たGHQ民政局長コートニー・ホイットニー准将は、日本政府の不徹底な憲法改正案に不満を持ち、マッカーサーにGHQ主導による徹底した憲法改正を進言した。マッカーサーはこれに賛同し、ホイットニーに「憲法草案」の作成を命じ、必須要件として、象徴天皇制、個別的及び集団的自衛権の放棄、封建的制度や貴族制の廃止、の「マッカーサー三原則」を示した。ホイットニーは民政局に七分野の憲法条文起草委員会と全体の運営委員会を設けて、「憲法草案」の作成に当り、「マッカーサー憲法草案」が作られた。

一方、GHQは日本政府に「憲法改正案」の提出を求め、二月八日、「憲法改正要綱」（甲案）が提出された。

二月十三日、ホイットニーは松本国務大臣、吉田茂外務大臣らに対し、日本政府案の拒否を伝え、その場で「マッカーサー草案」を手渡した。松本委員長は更に「憲法改正案説明補充」を提出して抵抗したが、ＧＨＱは認めなかった。幣原首相はＧＨＱから「マッカーサー草案」を受け入れなければ天皇の東京裁判への訴追の可能性があると脅迫的な示唆を受け、これを深刻にとらえた政府は二月二十二日の閣議で「マッカーサー草案」に沿った憲法改正の方針を決め、直ちに内閣法制局を中心に憲法案の作成に着手した。

この選択は当時の状況下において已むを得なかったと思われる。三月四日、作成した試案をＧＨＱに提出し、同日夕刻から徹夜で確定案を協議し、翌日午後、全ての作業を終了した。民政局の作業開始から約一ヵ月、法制局での原案作成の開始から六日目の泥縄作業で「日本国憲法」の原案が作られた。政府はこれを「憲法改正草案要綱」として発表し、四月中旬、「帝国憲法改正草案」が公表され、マッカーサーは支持声明を発表した。これは米国政府には寝耳に水であり、ＧＨＱは米国務省及び極東委員会と対立した。

「帝国憲法改正案」は六月二十日に「帝国憲法」第七十三条の規定により、勅書を以て第九十回帝国議会に提出され、六月二十五日、衆議院本会議に上程された。衆議院では修正案作成の「帝国憲法改正案委員会（委員長・芦田均）」に付託された。その後ＧＨＱは極東委員会の意向に沿う改正案の修正を日本政府に働きかけ、「主権在民、普通選挙制度、文民条項」等が明文化された。

衆議院の芦田委員会は第九条第一項冒頭に「日本国民は、正義と秩序を基調とする国際平和を誠実に希求し」を加え、第二項の最初に「前項の目的を達するため」の一言を加えて委員会で可決し（芦田修正）、次いで八月二十四日に衆議院本会議で可決され、同日、貴族院に送られた。この第二項の芦田修正により第一項の「戦力の不保持」は「国際紛争解決の手段」としての戦争や武力行使に限定され、「個別的自衛権」による自衛力造成が可能になった。

「帝国憲法改正案」は、八月二十六日に貴族院本会議に上程され、「帝国憲法改正案特別委員会」（委員長・安倍能成）に付託された。ＧＨＱは極東委員会の「基本原則」に従う修正を日本政府に指令し、「貴族院特別委員会」は小委員会を設置して、①公務員の選定・罷免・選挙の権利（憲法第十五条）、②「文民条項」（内閣総理大臣及び国務大臣は文民の規定（第六十六条第二項））、

③法律案に関する両院協議会の規定（第五十九条）が追加された。十月三日、修正案は「特別委員会」で可決され、十月六日、貴族院本会議で可決、改正案は同日衆議院に回付され、翌日、衆議院本会議で可決された。その後十月十二日に枢密院に再諮詢し、十月二十九日に全会一致で可決され、天皇の裁可を経て十一月三日に「日本国憲法」が公布された（二十二年五月三日施行）。

「日本国憲法」は「帝国憲法」の改正手続を経て改正されたが、内容はGHQが強制した「マッカーサー草案」である。次稿では「日本国憲法」の欠陥を考察する。

参考文献

[1] 東京裁判資料刊行会編『東京裁判却下未提出辯護側資料（全八巻）』、国書刊行会、平成七年。
[2] 田中正明『パール判事の日本無罪論』、小学館、平成十三年。
[3] B・V・A・レーリンク、A・カッセーゼ共著、小菅信子訳『レーリンク判事の東京裁判－歴史的証言と展望』、新曜社、平成八年。
[4] 園部逸夫『佐々木惣一博士の現行憲法反対意見を読み解く』、日本学協会『日本』、平成二十七年二月号。

四　「占領実施法」としての「日本国憲法」

『日本』、平成二十七年五月号、四十三～五十二頁

前稿「戦後レジームの原点 二及び三」において、大東亜戦争後、GHQが敗戦国日本を永続的に無力化するために行った様々な占領政策について述べた。GHQはその総括として「マッカーサー憲法草案」を日本政府に強要し、「日本国憲法」を制定させた。それによって今日の「戦後レジーム」が造られ、日本の伝統的精神文化の基盤が破壊されて日本人の劣化が始まった。本稿ではその原点の「日本国憲法」の欠陥と、GHQが仕組んだ日本のアメリカ化の欺瞞について精査する。筆者は以前に『水戸史学』[1]でこの問題を述べたが、論旨はこれとほぼ同じである。

今日、国民の多くが「主権在民、基本的人権の尊重、平和主義」の「民主的平和憲法」として尊重する「日本国憲法」は、前述したとおりGHQが日本古来の国家統

治の理念を根底から覆し、米国模倣の民主制と妄想の平和主義を強要して制定したものである。マッカーサーは占領統治の円滑な実施のために「皇室制度」を存続させたが、日本の新しい国体を「主権在民」とし、「主権者である国民の総意として象徴天皇制が採られる」とした。これは日本文化の根源の伝統的統治理念を否定し、木に竹を継ぐ米国の制度を強要して日本の国体を変更したものである。以下、「日本国憲法」の欠陥を考察する。

一　憲法成立の正当性の欠如

第一に、「日本国憲法」は独立主権国家の憲法として「成立経緯の正当性」を欠いている。外国軍に占領され、国家主権が侵害された状態で施行された規則は、「占領実施法」であり、独立を回復した時点で無効とされるべきものである。特に憲法は国家権力の在り方を決める基本法であり、厳密な「成立経緯の正当性」が求められる。これが曖昧では「基本法の権威」は保たれず、政治権力の基盤が揺らぎ国家の体制が維持できない。「日本国憲法」は本誌三月号の「前稿 三」の十七項に前述したとおり、形式上は「帝国憲法」の改正手続を経て制定されたが、その経緯は明らかに軍事占領下のGHQによる強制である。

二　国民主権と伝統的国体の逆転

憲法は、国政の歴史的な統治理念と伝統文化に基づき、国家を運営する権力と法体系を規定する基本法である。即ち憲法の立脚点は歴史的な国家統治の実体であり、それを「国体」として宣言するのが憲法である。次項に述べるとおり、我が国の伝統的な国体は、天皇が祭祀と統治を総覧する「君主国」であり、国家運営の国是（政治理念）は「民本徳治」を旨とされた。

これに対し「日本国憲法」は、「前文」で「国政は、国民の厳粛な信託によるものであって、その権威は国民に由来し、その権力は国民の代表者がこれを行使し、その福利は国民がこれを享受する」と記す。また第一条で、「天皇は、日本国の象徴であり日本国民統合の象徴であって、この地位は、主権の存する日本国民の総意に基づく」と規定する。これは「ポツダム宣言」の受諾の際に、日本側の「国体護持」の留保条件に対する米国務長官J・バーンズの回答と同じ文言であり、所謂「国民主権の下での象徴天皇制」である。更に「日本国憲法」は第二条で「皇位は、世襲のものであって、国会の議決した皇室典範の定めるところにより、これを継承する」としている。しかし法律の「皇室典範」が定める「皇室の重要事項（皇位継承等）を合議する機関の皇室会議」の構成は、皇族は二人に過ぎず、他は政権の首相・宮内庁長官・国会両院正副議長・最高裁長官・同判事の八名である。更に「日本国憲法」第八条及び第八十八条により皇室の費用及び財産は全て国会の管理下に置かれる。以上が「日本国憲法」における国体と憲法の逆転の構造である。

皇統継承の伝統を成文化した旧「皇室典範」は、皇室の「家憲」であり法律ではなかった。即ち「帝国憲法」第二条では「皇位ハ皇室典範ノ定ムル所ニ依リ皇男子孫之ヲ継承ス」と規定しているが、第七十四条で「皇室典範ノ改正ハ帝国議会ノ議ヲ経ルヲ要セス」とし、その第二項で「皇室典範ヲ以テ此ノ憲法ノ条規ヲ変更スルコトヲ得ズ」として、両者の独立を明記している。また「皇室会議」は皇族の成年男子で構成し、政府首脳が参列した。

上述したとおり「日本国憲法」では選挙で選ばれた国会及び政権が、我が国の実体的国体の「皇室制度」を管理する規定であるので、政権や国会の勢力の変動によっては、皇室会議の構成や「皇室典範」が変わり、皇位継承の伝統が乱される懼れがある。変転常ならぬ政権と、歴史的実体の国体である皇室を、このような関係に置くことは不条理である。特に日教組等の左翼イデオロギー教育に汚染された戦後世代の投票行動を考えれば、「皇室制度」を一時期の総選挙による政権や国会の管理に委ねることは非常に危険である。将来、国会が「皇室典範」の改正や皇室予算を縮減するようなことがあれば、GHQ指令と同じ事態に陥る。それを防ぐには国体と憲法の逆転の法理を正し、「皇室典範」を憲法とは独立の基本法とし、また皇室会議の構成や皇室財産を旧態に戻して、時の権力の皇室への関与を断ち、二千年の伝統のある皇位継承を一時の選挙結果で乱す危険性をなくすことが必要である。

一編の憲法で新たに「国体」を変造するのは、革命政権や武力占領の外国政権の常套行為である。日本を占領したGHQは、天皇大権の国体を否定し、観念的な「主権在民」を宣言する「日本国憲法」を強要した。即ち我が国の歴史的実体の国体であり、日本文化の根源的存在である皇室を「象徴天皇制」の「似非もの」で偽態し、日本の国体を改変して「国民主権」の看板に掛け替えた。更に国会が定める法律の「皇室典範」によって実体的国体の皇室を管理し、皇室に関する重要事項を審議する皇室会議（議長・総理大臣）も一時期の選挙で選ばれた政権のメンバーで大部分を占め、皇室の財政基盤も尽く規制した。このような伝統的な国家統治の実体と基本法との逆転は、軍事占領下では被占領国の主権制限のために普通に行われるが、独立国の憲法にはあってはならないことである。この観点からも「日本国憲法」は占領終了後、直ちに廃棄されるべきものであった。しかし我が国は主権回復後もこれを行わず、ＧＨＱが仕組んだ民主教育が進み、「象徴天皇制」は広く国民世論の深部に巣食う社会通念となった。先ずこれを払拭し、日本の伝統に基づく国体を正しく宣言する憲法としなければならない。

近年、各種の団体等が「憲法改正試案」を発表しているが、いずれも「国体と憲法の逆転法理」を踏襲し、「国民主権」を墨守した「改正試案」を主張している。

三　伝統的な国体の宣言

我が国の国体は、古代から一系の皇統を継いで今日に至る皇室の伝統と、それを仰ぐ国民の関係として述べられる。以下、我が国の歴史的実体の国体について考察する。

(一)　祭祀者の天皇と統治者の天皇

我が国は古代から神話と一体の万世一系の天皇を君主と仰ぎ、（時代により変遷はあるが）国家統治の根源的権威としてきた。

歴代天皇が宮中で最も重んじられたものは、皇祖皇宗及び天神《てんしん》地《ち》祇《ぎ》の神霊のお祀り、五穀豊穣の祈願、国家・国民の安寧などの「祀《まつ》りごと」である。宮中三殿（賢所《かしこどころ》、皇霊殿、神殿）で執り行われ、天皇自ら祭典を執行され御告文（祝詞《のりと》）を奏上される「大祭」と、掌典長が祭典を行い陛下が拝礼される「小祭」とがある。これらは年に二十四回、その他に「旬祭」と呼ばれる、毎月の朔、十一、二十一日の祭儀がある。神代の昔から代々の天皇はそれを勤められた。毎年、全国の町々を賑わす諸神社の祭礼もそれに繋がっている。

上述の「宮中祭祀」は、国の祭祀の最高位の祭祀者である天皇のお勤めである。これに対して国家統治の「政《まつり》ごと」の統括者として、天皇の施政の指導原理を天皇が自ら「天地神明に誓い国民と共に努める」として簡潔に述べられたのが「五箇條ノ御誓文」である。明治維新の新政府の発足に当り、日本国の国是として明治元年（西暦一八六八年）に明治天皇が発せられた。その第一条には「広ク会議ヲ興シ万機公論ニ決スベシ」とあり、デモクラシーの原理にも通じる。また同時に明治天皇は「国威宣布ノ宸翰《しんかん》」を下され、その中で「天下億兆一人モ其處ヲ得サル時ハ、皆朕《ちん》カ罪ナレハ、今日ノ事、朕躬ラ身骨ヲ労シ心志ヲ苦メ、艱難ノ先ニ立チ」とあり、国民の先頭に立って「民本徳治の政ごと」を進める「君臣一体」の覚悟を示された。

更に特記すべきことは、昭和天皇が終戦の翌年の元旦、

「新日本建設ニ関スル詔書」の冒頭に、特に「五箇条ノ御誓文」を引用されたことである（本誌二月号の「前稿二」の四項を参照）。このように国家の非常事態に際し、ひたすら国民の平安を願い、賢慮を廻らす天皇陛下の純粋無私の叡慮と、「国威宣布ノ宸翰」の君臣一体の姿こそが、我が国の「政ごと」の本態である。ここに如何なる政体の政治権力をも超越した我が国独自の統治力の源泉があり、これが「国体」の権威である。その統治原理は、昨今の政治溶解の原因である大衆迎合の民主主義を超克する「民本徳治主義」と、貪欲な利己増殖の権利主義を克服する「和（調和と謙譲）」の精神に根源がある。これは古代から日々熱誠を籠めた歴代天皇の「国家安泰の祈り」が培った「祭政一致」の皇室の精神である。それは歴代天皇の御製や、昭和天皇の大東亜戦争終結時の「国民を思う」大御心と戦後の全国巡幸、今上陛下の度々の「戦跡慰霊の旅」（広島、長崎、沖縄、東京、サイパン、ペリリュー）や、天災地変の度に行われる全国各地の被災者への慰問・激励の行幸啓等に明白である。

(二)　日本の国民道徳と皇室尊崇

前項では我が国の歴史的な存在の皇室について述べたが、これに対する国民の皇室尊崇の関係が確立していなければ、天皇を中心とする「国体」は成立しない。この皇室と国民との関係は、我が国の民族的特性を反映した国民道徳として歴史の中で育まれた。それは『古事記』・『日本書紀』の神話や『万葉集』の「明く直き誠心と勇武を尚ぶ大和心」を基本として、長い歴史の中で、神道、仏教、儒学、国学等の哲学・宗教の鍛錬を経て形成された。それは平泉澄博士の著作［2〜4］に詳述されている。特に江戸時代の安定した平和な時代に、支配層の武士階級の倫理規範が近世の儒学と交絡して昇華し、武士道として我が国独特の理想的人間観が成熟した。これを簡潔に述べたのが新渡戸稲造博士の『武士道』［5］である。この書物は博士が米国滞在中に日本文化紹介のために英文で書かれ、明治三十三年（西暦一九〇〇年）に刊行された。博士は武士の究極の目標は主君への忠義（以下、「狭義の忠義」と書く）であり、これを貫き名誉を守ることが武士の理想とし、その徳目に「義・勇・仁・礼・誠」を挙げた。

これらは儒教の「三綱五常」に結びついた。「三綱」は人倫の基本となる君臣・父子・夫婦の間の道徳、「五常」は仁・義・礼・智・信の徳目である。また家系・家禄の父子相伝の中で、親への敬愛と主君への奉公が一体化し、加えて国学、崎門学（山崎闇斎学派の国粋的儒学）、水戸学（水戸藩の修史事業で培われた歴史哲学）

等が「狭義の忠義」を「皇室尊崇」の国体観に昇華させた。更に皇室の「無私の仁慈」の精神と「民本徳治の政ごと」に対し、国民にも「和を尊び、世の為、人の為に尽す」ことを重んずる「忠君愛国」の気風が生れた。幕末の志士吉田松陰先生の「士規七則」（従弟玉木彦助の元服に際して、「武士の心得七ヵ条」を説いて贈った訓戒）にも、「君臣一体、忠孝一致、唯吾ガ国ノミ然リト為ス」とある。即ち親への敬愛は主君に対する奉公に一致し、親に対する孝が君国への忠義となる。これが我が国伝統の「君臣の紐帯」であり、これを基に日本人の道徳規範の「忠・孝・仁・義」及び「忠孝一致」の観念が育まれ、我が国の「国体」が築かれた。更にまた武士道は庶民の心にも沁み込む我が国の人間観の模範となった。

武士道の「狭義の忠義」が「天皇への忠義」に昇華したことは、国歌「君が代」の変遷と同じである。国歌「君が代」は『古今和歌集』（延喜五年（西暦九〇五年））巻七賀歌巻頭歌とされるが、完全には一致せず、『古今和歌集』では初句を「わが君」とし、後に転じて「君が代」となり、またその意味が「貴人の御寿命」から「わが君の御代」に変わり、更に「天皇の御代《みよ》」に変化したとされる。諸外国の国歌は血生臭い陰惨殺伐な歌詞が多い。例えば中国の「我らが血で築こう新たな長城…」（因みに中国国歌「義勇軍進行曲」は抗日映画「風雲児女」の主題歌（西暦一九三五年製作）である）や、フランスの「市民らよ武器を採れ、隊列を組め、進め進め、敵の汚れた血で我らの畑を満たすまで…」等である。これに対し「君が代」は平和な御代を寿ぎ祈る民の心を素直に表している。また「君が代」の楽曲は日本全国の諸社の祭で奏される雅楽の優美な調べであり、日本の国柄と文化をよく表している。

このように我が国では、「忠君愛国、父母に孝に、兄弟に友に、夫婦相和し、仁慈を尊び、義と理を重んじ、人に交わるに礼節を以てし、徳と智を磨き、誠を尽くす」ことが人の道であった。これを宣言したものが「教育勅語」（明治二十三年）である。敗戦後、ＧＨＱは日本の近代史をアジア侵略史と断罪して、欧米列強のアジア侵略にすり替え、「教育勅語」を「帝国主義・軍国主義の証」として抹殺した。これはＧＨＱの見当違いの「こじつけ」であり、「教育勅語」は我が国の教育の基本理念として復活すべき明訓である。

(三)　「立憲君主制と道義立国の国体」の宣言

日本国は現在生存する国民だけのものではない。日本文化を今日まで育んだ数千年の先祖から、更にこれを引き継ぐべき子孫に至る命の連鎖が日本国を造り、皇室はその中心的存在であり、日本文化の基盤である。或る一時期の国民が国体を勝手に決める「日本国憲法」の考え方は、故国を捨てて世界中から集まった移民とアフリカから拉致された奴隷の子孫で造られた米国や、王朝興亡を繰り返す易姓革命の支那などの文化である。我が国でこれを是認するのはマルクス主義者のみであり、「先祖伝来・父子相伝の国」という考え方が日本文化の特徴である。万世一系の皇室を君主とする我が国の国体は、政治制度ではなく文化である。憲法は日本文化の特質を踏まえて伝統的国体に基づく立憲君主制と道義立国を宣言して、国造りの基本理念を確立し、更に「明治憲法」と同様に「皇室典範」の独立を明確に規定すべきであろう。

四　皇室に関する憲法の規定

(一)　皇位継承の規定と「皇室典範」

皇室は古代から今日まで累代男系相続であり、今上陛下は第百二十五代に当る。この間の皇位継承は、「父系相続」、「原則として男子相続」、「臣籍に下った者は皇族に戻らない」、の三原則の「しきたり」が守られてきた。「日本国憲法」に基づいて制定された現「皇室典範」は、この皇室の伝統を順守して古来の「しきたり」が守られているが、しかし現在の憲法下の「皇室典範」では安定した皇位継承が困難である。

先ず皇位継承は、政権や国会が多数決で決定すべきことではない。皇室伝統の「家憲」により、「皇統に属する皇族の相続」による皇位継承を長期的かつ安定化することが重要である。戦後は皇室財産の凍結と皇族の特権停止のGHQ指令、及び憲法の皇室財産の管理（第八十八条）と貴族の廃止規定（第十四条）により、十一宮家が皇籍離脱を余儀なくされた。

一方、平成十八年に秋篠宮家に悠仁《ひさひと》親王が御誕生された以外、東宮（皇太子）家を始め他の宮家では男性皇族の誕生がなく、このままでは秋篠宮家を除きいずれの宮家も近い将来に断絶する。長期的な皇位継承の安定性は深刻な状況に陥っている。GHQ指令が「マッカーサーの皇室抹殺の陰謀」と言われる所以である。故に現「皇室典範」は皇室会議の構成員の規定を含めて根本的に改める必要がある。その際、伝統的な皇位継承の原則を守ると同時に、これに軽重をつけて緩和し、長期的に安定した「皇位継承」を確実にするような改正が重要である。

皇位継承や宮家の在り方は、政治権力の介入を排除し、天皇の御意志を体して、「マッカーサー憲法」で廃された旧宮家を含めた皇室会議で十分に審議して頂くのが筋である。更に「日本国憲法」を「占領実施法」と見る筆者は、皇室財産を復活し、皇室の経済基盤を確立し、安定的な皇位継承の基礎となる皇族の繁栄を図る憲法に改正すべきであると考える。

㈡　憲法における主権在民の規定の変更

「日本国憲法」の定める「国民主権」は、実体のない観念論である。毎回の国政選挙の低い投票率や、最高裁及び各地の高裁で相次ぐ「一票の格差の違憲又は違憲状態判決」にも拘らず、各政党の党利党略で「選挙法」の根本的改善が棚上げされている現実を見れば明らかである。それは国民・国会・政党のいずれも、「国民主権」の概念や権威を全く認識していない証拠であり、日本文化の中で「国民主権」は空文である。しかも「日本国憲法」の「前文」や第一条の「国民主権」の内容は、国民の参政権と国会の立法権の規定で済むことであり、「主権在民」はGHQによる米国模倣の宣伝文句に過ぎない。

今日、GHQの宣伝と日教組の左翼教育に汚染された国民には、憲法改正に反対する意見が多い。また改憲論者の「憲法改正試案」でも、「主権在民」が謳われている。しかし占領中にGHQが強要した国体の変革は、国の主権を回復すれば我が国の伝統に立ち還って正常な形に戻すのが当然である。「日本国憲法」第三章の「国民の権利及び義務」の条文は踏襲しても、「国民主権」の文言は「参政権」とし、憲法は伝統に基づく国体の「立憲君主制」を宣言すべきである。

五　「国家元首」の規定

「日本国憲法」は天皇の国事行為として、第六条で「内閣総理大臣と最高裁判所長官の任命」、第七条で天皇の国事行為十項目を規定する。これらは国家元首の国事行為であるが、憲法条文には元首の規定はなく、占領中は連合軍総司令官が「日本の元首」に代わる者であった。しかし我が国は主権回復後も、占領軍総司令官を元首と想定した憲法を継続し、独立国家の主権を自ら冒涜している。

六　国防軍の設置

「日本国憲法」は前文で「平和を愛する諸国民の公正と信義に信頼して、われらの安全と生存を保持しようと決意した」と記す。また第九条で「国権の発動たる戦争と、武力による威嚇又は武力の行使は、国際紛争を解決する手段としては、永久にこれを放棄する」として「戦争の放棄」を謳い、第二項で「戦力の不保持」と「交戦権の否認」を規定している。ここで「武力の威嚇による国際紛争の解決を行わない」ことは、世界の多くの国に共通する国防軍の運用の原則であり、この宣言は妥当であるが、これを「平和を愛する諸国民の公正と信義に信頼して」行うという記述は、甚だしく不見識な世界認識である。現実の世界政治では、憲法前文の「諸国民の公正と信義」は全くの妄想に過ぎず、その認識の下で第九条第二項の「戦力の不保持」と「交戦権の否認」の規定は不条理である。「日本国憲法」の前文と第九条は全面的に書き改め、「国防軍」の設置を明記し、その運用理念として、「不戦の平和主義」に徹した政治主導の国防軍の運用を謳うべきであろう。更に「日本国憲法」は第七十三条の内閣の規定に、安全保障上の軍事的措置がなく、非常事態条項も欠落している。この憲法は国家安全保障を全く無視した欠陥憲法である。

歴代の日本政府は第九条について「個別的自衛権はあるが、集団的自衛権は行使できない」とする憲法解釈を採ってきた。第二次安倍内閣はこの憲法解釈を変更して集団的自衛権の行使を可能にし、日米安保体制の強化と、国際社会の平和と安定に積極的に貢献できる「切れ目のない安全保障法制」の改善を図った。しかし解釈を捏ね回して理屈を付けなければ、国家安全保障政策が執れないような憲法を七十年間も放置していたこと自体が、危機管理上の深刻な問題である。

現憲法第九条を受けた「自衛隊法」は自衛隊の任務を詳細に規定し、その行動や武器使用を著しく制限している。しかし非常事態下の軍事行動は、市民への危害の禁止や捕虜の扱いなどの国際条約順守を規定するネガティブ・リスト（禁止事項のみを規定）の法律とすべきであり、「自衛隊法」のようなポジティブ・リスト（実施できることを列挙し、それ以外はできないとする規則）は、即応性を欠く軍事組織を造る。その痛恨の事例が平成七年の阪神・淡路大震災の自衛隊の災害出動（県知事要請が必要）である。貝原俊民兵庫県知事は左翼・反自衛隊の選挙支持母体に憚って、自衛隊の出動要請を躊躇し、自衛隊の出動は四時間半も遅れ、倒壊家屋の下敷きで焼死する多数の市民を見殺しにする悲惨な事態を招いた。

七　非常事態条項

国家社会の安全を脅かす事態には、外国の武力攻撃、暴動、テロ（サイバー・テロを含む）、大規模な自然災害、原発事故、新型ウイルスの爆発感染など、各種の事態が考えられる。これらの対処には軍隊・警察・海上警察・消防等の組織的動員、物資の徴発、私有地の使用、自治体首長による政令の発布や検問、令状によらない逮捕・捜索等、非日常的な措置が必要となる場合がある。しかし「日本国憲法」には非常事態に関する規定はない。類似の規定は、「警察法」、「災害対策基本法」、「原子力災害対策特別措置法」に「緊急事態宣言」の定めがあるが、これらは当該法規が定めた事態に限られ、対処行動の権限も所管省庁に限定される。有事や全国規模の非常事態に際しては、国の全機能を挙げ、都道府県の境を越えて、統合的に実力組織を運用する対処行動の基本方針を示す憲法の規定と、実施法令の制定が必要である。

八　衆参両院の差別化

「日本国憲法」改正の重要事項として、議会構成の問題がある。現在の衆参両院は、解散の有無や選挙制度の若干の違いはあるが、政党間の争いがそのまま持ち込まれる。本来、参議院は衆議院とは別の大局的な見地から国益に適う議決を行う良識の府のはずである。従って政党間の争いから独立した、衆議院とは異なる選出制度による参議院でなければ存在の意味がない。それができなければ一院制とすべきであろう。

更に現状の衆参二院制議会は、両院の多数党が異なる「捩れ国会」の場合、「決められない政治」を招き、特に保守党と革新党の「国家観」が全く異なる我が国では、国の安全を害なう懼れがある。それは自衛隊の「防衛出動」と「治安出動」は国会承認を要し、有事や騒乱事態で「捩れ国会」が出動命令を否決すれば、政府は事態収拾の手段を失うことになる。

上述した事項以外に、「日本国憲法」には「国歌、国旗、元号の規定」、「国と地方自治の関係の在り方」、「憲法改正の発議条件の再検討」等の問題がある。

本稿ではＧＨＱが強要した「戦後レジームの原点」の「日本国憲法」の欠陥について整理した。前述の一、三、五、六、七項は独立国の憲法に必須の規定である。しかし占領下では一、二項は強制され、占領軍司令官は日本の元首に代わる者として三、五項が無視され、六、七項は占領軍の主任務であった。従ってこれらは被占領国には不要な規定である。「日本国憲法」における上記の条項の不備や欠落は、この憲法が実質的な「占領実施法」であることを明示している。これらは改正しなければならないが、上述した「日本国憲法」の欠陥を一挙に正すことは、政治的に不可能であり、逐次的に進めざるを得ず、長期間を要する。それには先ず国民の間に「日本国憲法」の問題点の認識を正しく形成することが重要である。

以上、本稿では国民の多くが尊重する「日本国憲法」の本質的な欠陥と、改善の方向を考察した。世界の国際関係の現状は、経済的にも軍事的にも覇権争奪・弱肉強食の時代であり、「日本国憲法」の前文に謳う「平和を愛する諸国民の公正と信義に信頼して」国の安全が図れる状況ではない。更にグローバリズムの現代は、世界の至る所で活動する日本国民が、不法な拉致やテロ事件に巻き込まれ、八千五百km以上も離れた中東のテロ集団から二億ドルもの身代金請求書が届く時代である（ISによる日本人二名の拉致殺害事件、平成二十七年二月）。「平和ボケ」の「日本国憲法」の改正は、喫緊の重要課題である。ここでは日本民族の永き歴史と伝統文化の自覚を掘り起こし、そこから生れる国民共通の「日本国家のアイデンティティ・国家観」と「国家の意思」を明確に世界に宣言し、中国などの脅しに屈することなく行動する国家の基盤を確立することが必要である。

参考文献

［1］飯田耕司「日本を取り戻す道―「日本国憲法」の改正に関する私見」、『水戸史学』、第八十号、平成二十六年。

［2］平泉澄『國史学の骨髄』（新装版）、錦正社、平成元年。

［3］平泉澄『傳統』（新装版）、原書房、六十三年。

［4］平泉澄『武士道の復活』（新装版）、錦正社、六十年。

［5］新渡戸稲造、翻訳 岬龍一郎『武士道』、PHP文庫、平成十五年。

五　サンフランシスコ条約と戦後レジーム

『日本』、平成二十七年六月号、二十一～三十頁

本論考ではこれまで戦後レジームの原点であるGHQの占領政策について、四回に亘り網羅的に精査してきた。最後にサンフランシスコ講和条約（以下、「講和条約」と略記）の締結と、その後の戦後レジームで進行した日本人の劣化を述べ、これを克服する今後の「日本を取り戻す道」を考察して本連載を終える。

一　講和条約及び日米安保条約

昭和二十六年九月、サンフランシスコにおいて日本と連合国の講和会議が開かれた。米・英は五十三ヵ国に招請状を発したが、インド・ビルマ・ユーゴスラビアは招請に応じず、中国は中華人民共和国と中華民国に分裂し

中共軍が朝鮮戦争に参戦中で招請されず、ソ連・ポーランド・チェコスロバキアの共産圏三国は会議には参加したが「中国が不参加の会議は無効」と主張して署名しなかった。日本国内でもソ連・中共に組する左翼政党とそのシンパの進歩的文化人や南原繁東大総長らは、共産圏を含む全面講和と永世中立の外交を主張したが、米ソ冷戦が激化し朝鮮戦争の最中の当時、それは占領を長期化するだけであった。吉田茂内閣は単独講和による占領の早期終了と、我が国を自由主義陣営の一員としてアジアにおける防共の砦とする道を選び、西側の連合国四十八ヵ国との講和条約に調印し、翌年四月に発効した。

本条約によって日本と連合国との戦争状態は終了し日本は主権を回復した（第一条）。この条約で日本は、①朝鮮の独立の承認及び済州島・巨文島・鬱陵島（竹島は含まれず）、②台湾・澎湖諸島、③南樺太及び千島列島（択捉島、国後島は日ソ間に解釈の争いがある）、④国際連盟の委任統治領の南洋諸島、⑤南極大陸（大和雪原）、⑥スプラトリー諸島・パラセル諸島、などの放棄（以上、第二条）、更に⑦南西諸島（北緯二十九度以南の琉球諸島・大東諸島）・南方諸島（孀婦岩より南の小笠原諸島・西之島・火山列島）・沖ノ鳥島・南鳥島などを米国の信託統治領とする（第三条）提案に同意した。

また国際連合憲章第二条の七大原則（「主権平等」、「国際紛争の平和的解決」、「領土問題と独立問題の平和的解決」、「国連の強制行動への支援、強制行動対象国への支援の自粛」、「非加盟国が原則に従って行動することの保証」、「国連憲章による義務の履行」、「加盟国の国内問題（枢軸国へのそれを除く）への不干渉」）を受諾し（第五条(a)、(b)）、安全保障については、連合国は日本の国連憲章第五十一条に基づく個別的自衛権又は集団的自衛権と、日本の自発的な集団的安全保障の取極めを承認した（同(c)）。更に日本は「極東国際軍事裁判所並びに国内外の他の連合国戦争犯罪法廷の裁判」を受諾した（第十一条）。また日本が行うべき賠償は役務賠償のみとし、賠償額は個別の交渉に委ね、連合国は全ての賠償請求権を放棄した（第十四条）。一方、日本は占領期間中に占領当局の指令又は日本の法律による全ての作為又は不作為の効力を承認し、連合国民の民事責任又は刑事責任を問わないとした（第十九条）。

その後、我が国は講和条約に未調印の国々と平和条約を結び国交を回復したが、ロシア（旧ソ連）とは国後島、択捉島の帰属を巡って対立し、平和条約は未締結である。昭和二十七年講和条約発効に伴い、日本は国連加盟を申請したが、ソ連が平和条約の未締結を理由に拒否権を行使した。昭和三十一年十月、鳩山一郎・ブルガーニン両首脳会談による「日ソ共同宣言」で国交を回復し（北方領土問題は棚上げ）、ソ連は日本の国連加盟に賛成した。

日本は講和条約調印と同時に日米安全保障条約を結んだ。この（旧）日米安保条約は、前文で日本が「米軍の駐留を希望」し、第一条で「日本国は米軍の日本国内及び周辺の配備の権利を許与し、米国はこれを受諾する」と規定し、米国に日本防衛の義務は課していない。また「駐留米軍は極東アジアの安全に寄与する（極東条項）ほか、直接の武力侵攻や外国の教唆等の日本国内の内乱にも使用できる」とした。更に第二条では米国が同意しない第三国軍隊の駐留・配備・基地提供・通過等を禁止し、第三条で米軍の規律条件は行政協定によるとした（昭和二十七年二月に「日米行政協定」を締結）。このように（旧）日米安保条約は、米国上院の「バンデンバーグ決議（一九四八年）」の「継続的で効果的な自助及び相互援助のできる国とのみ安全保障の取り決めができる」の規定により、戦力放棄の日本とは対等な相互防衛条約が結べず、内乱・極東条項等を含む不平等条約となった。

昭和三十五年一月、岸信介内閣は内乱や極東条項を削除し、日米両国の憲法の規定と手続に従う双務的な新日米安保条約に改正した。しかし日本国内では沖縄配備の核兵器や横須賀・佐世保を基地とする原子力潜水艦搭載の「核の持ち込み」問題等について、激しい日米安保条約の反対運動が起り国論は混乱した。

二　占領政策の後遺症の戦後レジーム

「ポツダム宣言」の達成目標においてGHQは「日本の民主化・神国日本の抹殺」を最も重視した。それは「神道指令」、「昭和天皇の人間宣言」、「教育勅語の廃止」等の一連の占領政策に見たとおりである。GHQは日本文化の核である「皇室」を「日本の奴隷制度」と見なし、「主権在民下の象徴天皇制」にすり替えた。マッカーサーは「アングロサクソンが四十五歳の壮年とすれば、日本国民は十二歳だ」と貶したが、傲慢なマッカーサーが日本文化の本質を知らず、認識不足の誤解（それは昭和天皇のGHQ訪問を「命乞い」と誤解したという愚劣な彼の述懐でも明らかである）に基づく占領政策が「戦後レジーム」の原点である。

GHQは日本改造の様々な占領政策を固定化するために、昭和二十一年、「主権在民、基本的人権の尊重、平和主義」を謳った「日本国憲法」を制定させた（「前稿三」の十七項参照）。GHQが行った様々な占領政策の総括が「日本国憲法」であったと言ってよい。

この憲法は我が国の伝統的統治機構の「君主制」を「象徴天皇制」で擬態し、「国民主権」の国体を謳い、妄想の平和主義に基づき戦力放棄と国家の交戦権を否定し、元首の規定や非常事態条項もない欠陥憲法である。それは「憲法」とは言えない「占領実施法」に過ぎないことは「前稿 四」で述べた。このように我が国の「戦後レジーム」は、GHQによる日本の永続的無力化の占領政策・「日本のアメリカ化」と、「マッカーサー憲法草案」を強要して制定した「日本国憲法」、加えて白人のアジア侵略を日本にすり替えた東京裁判の自虐史観、それを増幅するGHQの戦争贖罪宣伝、教育制度、謝罪外交、及び憲法の夢想的平和主義による歪んだ国家観・価値観の時代思潮、などによって育まれたものである。

しかし戦争や国際政治では欺瞞や策略は戦術の一環であり、ルーズベルトやマッカーサーの策謀を責めることはできない。彼らは米国の国益のために為すべきことを行ったに過ぎない。またGHQの面々も第二次大戦の後始末の中で、世界の永続的平和をもたらすために、日本に「自由主義・民主主義」を植え付け、「アメリカ化」することを真面目に努力した。当時、我が国は戦後の焼け野原の中で、数百万人の餓死者が予想される飢餓状態にあったが、昭和天皇とマッカーサーの最初の会見（昭和二十年九月二十七日）で、陛下は「今回の戦争の全ての責任は私にある。私はどうなってもかまわないが、いま日本国民は飢えている。将軍の力で国民を救って欲しい」と仰せられ、マッカーサーが食糧援助を約束し、大量餓死が回避された。またGHQの占領政策や「日本国憲法」は、社会の平準化（男女平等、選挙権、身分制度、財閥解体、農地解放等）や教育の普及、経済復興を進め、それを土台に池田勇人内閣以後の爆発的経済発展が達成された。

しかしこれらの占領政策の効果の反面、GHQのウイロビーG2部長が嘆いたように、占領政策では多くの「史上最悪の偽善」が行われた（「前稿 三」の十二項参照）。彼らは米国模倣の「民主主義」を強要するために、日本の伝統的な「敬神・崇祖」の習わしや「正直、廉恥、勇武、忠節」を重んずる精神文化に「軍国主義・帝国主義」のレッテルを貼って葬った。

一方、日本国民はGHQが占領政策や「日本国憲法」の中に仕込んだ「日本のアメリカ化」を唯々諾々と受け入れ、伝統的日本文化の核である皇室制度や国家の理念、国防意識等々の立国の基盤を無造作に捨て去り、長子相続の家の制度を核家族に変えて享楽的社会を謳歌した。占領時代のみならず講和条約を締結して独立した後も、またGHQの策謀が明らかになった現在でさえも、国民の中には依然として「占領実施法」である「日本国憲法」の信奉者が少なくない。この日本国民の未熟さこそ、戦後レジーム昂進の病根である。

上述したとおり我が国は講和条約以後も、占領政策を清算せずに継承したために、日本文化の基盤の国体や国家観、愛国心、敬神崇祖の心や家族の絆が破壊され、国民の人間劣化が進んだ。マッカーサーは、講和条約締結後六十年もの間、十二歳の日本国民が成長せず、GHQが「平和・民主憲法」や諸々の占領政策の中に仕組んだ虚偽宣伝の呪縛の中に安住するとは思わなかったに違いない。戦後の民主教育の結果、今日では社会の各分野で惨憺たる人間劣化の不祥事が頻発している。以下、その顕著な事例を挙げる。

㈠　政治家の人間劣化

平成二十六年七月、野々村竜太郎兵庫県会議員は政務活動費の不正支出問題で「号泣記者会見」を行い世間を唖然とさせた。その他数人の兵庫県会議員が同じ案件でマスコミに追及され、全力疾走で逃げ回る姿がテレビで放映された。戦前は「井戸塀代議士」と言われた議員業も、戦後は金品で票を集め不正な領収書で公金を掠める新商売となり、中央政界でも「帳簿ミスと称する公金詐取」で幾人もの大臣の首が飛んだ。

議員の男女の醜聞も多い。浪速のエリカこと上西小百合衆院議員は、平成二十七年三月、体調不良で本会議を欠席し知人男性と旅行していたことが週刊誌に暴露され、維新の会を除名された。また同月、宮城県黒川郡大衡村の跡部昌洋村長（祖父・父三代の村長）は、村役場の女性職員からセクハラとパワハラで告訴され、村議会の不信任決議を受けて議会を解散し、数日後に村長を辞職した。破茶滅茶な職権乱用である。

㈡　警察の戦後レジーム

近年、警察官の悪質な不祥事がしばしば新聞や週刊誌を賑わせる。治安の第一線にある警察官の規律の緩み、警察内部の隠蔽体質、キャリア警察官僚の管理能力の低下、監察制度の機能不全、「民事不介入」の誤った運用等々、警察の信頼性を揺るがす事案が頻発している。顕著な事例を挙げれば、「ストーカー規制法」制定（平成十二年）の端緒となった「桶川ストーカー殺人事件（平成十一年十月）」がある。この事件は埼玉県桶川市JR桶川駅前で白昼に女子大生が刺殺された事件である。事件前に被害者と両親は再三、埼玉県警上尾署にストーカー被害を訴えたが、警察は「民事不介入」を理由に受け付けず、一度受理した告訴状も上司が「上尾署の未処理告訴件数」を減らすために「被害届」に書き換え各種の調書も改竄し、警察は関与しない形にした。その結果、被害者は白昼駅前でむざむざと殺害された。十一月、写真週刊誌「フォーカス」が異常なストーカーグループを取り上げ、十二月、独自に殺害犯人グループを特定して写真を誌上に公開し、犯人グループが逮捕された。社会の治安を担う警察の機能は全く働かなかった。

国家公安委員会はこれを重く捉えて、有識者による「警察刷新会議」を発足させ、「警察刷新に関する緊急提言」が提出された（平成十二年七月）。そこでは警察の問題点として、①閉鎖性（情報公開の欠落、内部組織の馴れ合いによる監察機能の低下、公安委員会の警察運営・管理機能の不足）、②国民の批判や意見が反映されない体質（外部の批判やチェックを受けるシステムの不備、誤った「民事不介入」の運用、個々の警察官の責任が問われない緊張感を欠いた職務執行、住民の要望・意見の多様化に対する不感症）、③時代の変化への対応不足（キャリアの現場経験の不足と「治安を担う志と責任感」の欠如、各級幹部の教育・訓練の不足、住民の身近な不安解消の機能の低下）、④ハイテク犯罪・サイバーテロ・国際組織犯罪等の専門の人材や体制の不備、及びストーカー事案・家庭内暴力・児童虐待等の対処体制の不備、等が指摘された。これを受けて警察庁・公安委員会は「警察改革要綱（平成十二年八月）」をまとめ、中央・地方の全組織を挙げて改革に取り組み、平成十五年を「治安回復元年」とする「緊急治安対策プログラム」を策定した。しかしその後も警察改革は進まず、不祥事は止まない。

福岡県大牟田署の巡査は、平成十三年五月〜十七年二月に鳥栖市や大牟田市などで、七〜十歳の女児五人を乗用車に押し込み猥褻行為を働いた連続女児連れ去り事件で、懲役二十年の実刑判決を受けた。

また平成二十五年五月、名古屋市守山区で、愛知県警察学校長を勤め一年前に定年退職した元警視正が、以前に訪れたラブホテルの駐車場で愛車が悪戯されたことを怨み、そのとき両隣に駐車していた同じ車二台（従業員の車）を見つけて小石で「×印」を付け、防犯カメラの動かぬ証拠を突きつけられて器物損壊で守山署に捕まり書類送検された。ラブホテルの利用は個人の勝手であるが、意趣返しの器物損壊は「元警察学校長」のすることではない。そのような常識的な自制もできない人物が警察エリート官僚として定年まで勤め上げられるのが今日の警察劣化の実態である。

㈢　自衛隊の劣化

自衛隊でも隊員の劣化及び組織的な緩み事故が頻発し

ている。平成二十五年九月、防衛大学校の学生間で歴年行われた健康保険金詐欺（怪我で入院したと偽り保険金を詐取）が発覚し、卒業生四名、在校生十三名が懲戒免職・退校処分された。また東京練馬駐屯地勤務の幹部自衛官（二等陸尉）が、平成二十六年五月、約五十件、二千万円を超える空き巣を繰り返して警視庁に逮捕された。翌年四月には海上自衛隊が管理する徳島空港で、着陸態勢の日航機と滑走路上の作業車が危うく衝突する「重大インシデント」が発生した。四人勤務体制の管制塔に一人しか居らず、管制官のうっかりミスを防ぐダブルチェックが行われていなかった。

㈣　司法の不祥事

平成二十一年、大阪地方検察庁が摘発した障害者団体向けの割引郵便料金の不正利用事件において、担当主任検事が証拠のフロッピー・ディスクを改竄し、それを知った上司の特捜部長、同副部長が共謀して不正捜査の隠蔽を行い、三人とも有罪判決を受けて懲戒免職となった。その後、検事総長も辞任した。

また原発再稼働反対の住民訴訟では、世界で最も厳しいとされる原発規制基準を無視し、世論に媚びた「韓流の国民情緒法」の地裁判決が続いた。司法に携わる者の責任と倫理を弁えない劣化が進んでいる。

㈤　教員の劣化と日教組の教育支配

昭和二十三年七月、GHQ指令で米国模倣の「教育委員会」が設置され、間もなく日教組が乗っ取り、左翼イデオロギー教育が全国に蔓延した（「前稿　三の十六項参照」）。この弊害の解消のために昭和三十一年に教育長や教育委員の任命制が導入された。また「地方教育行政法」は「教育委員会」による予算案・条例案の送付権を廃止し、教育行政に対する首長の影響力を高めた。しかしその後も非常勤の教育委員による合議制の無責任な教育行政の仕組みが教育界の不祥事の温床となり、教員組合の政治的偏向と教師の劣化が続いた。その一つが教師と学校と教育委員会が共謀して隠蔽し続けた学校内の苛めによる多数の生徒の自殺である。

一例を挙げれば、北海道滝川市立江部乙小学校で平成十七年九月、六年生の女子生徒が虐めを苦に教室で自殺した。遺書には長期間の虐めが記されており、担任教師や学校は事前にそれを知りながら適切な指導を行わず、また滝川市教育委員会も「虐めはなかった」と発表した。遺族が新聞社に遺書を公開し、札幌法務局が事件を調査して人権侵害と認定した。この事件を契機に北海道教育委員会は虐めの実態調査を計画した（平成十八年十二月）が、北海道教組執行部は二十一支部に調査の不協力を指示した。この事件は生徒を見殺しにした上に、担任教師、学校、教育委員会、教員組合が共謀して事件を揉み消そうとしたものである。

(六)　大学及び理化学研究所等の研究不正

東京大学・分子細胞生物学研究所の論文不正事件（平成二十四年。データ、画像等の捏造・改竄）や、理化学研究所のスタップ細胞の不正研究（平成二十六年）、早稲田大学先進理工学研究科の博士論文審査の杜撰さや商学部准教授の論文盗用など、学術研究の分野でも不正が頻発している。更に平成二十七年四月、厚労省は聖マリアンナ大学病院の精神科医師二十人に対し虚偽申請による精神保健医の不正取得で指定医を取り消した。大学の学術研究の信頼性は崩壊しつつある。

製薬会社ノバルティスファーマ社は、高血圧治療薬ディオバンの臨床研究（四大学で実施）で社員がデータを改竄し、医学論文が撤回された（平成二十五年）。更に同社は平成二十七年一月、抗癌剤など二十六種類の薬の約五千名の重篤な副作用の報告を怠り、薬事法違反で十五日間の業務停止処分を受けた。また武田薬品工業の高血圧治療薬ブロプレスも、臨床研究の企画・立案から学会発表まで同社が関与し、有利な結果を出すために中間段階で病気発症の定義を変え、追加データや解析を京大付属病院に要求した（平成二十六年）。製薬会社と大学病院の癒着が甚だしい。

(七)　その他

ＪＲ北海道では平成二十三年～二十六年に線路の保守整備の手抜き工事で列車の転覆、車両火災事故等が頻発した。更にそれを糊塗するための保線データの改竄までも発覚した。また平成二十七年四月、神田～秋葉原間で山手線の線路上に架線支柱が倒れ、三分後には電車が通過する予定であった。事故には至らなかったが九時間・七五一本が運休し四十一万人の乗客の足が混乱した。国交省はこの事故を「重大インシデント」としたが、二日前に支柱の傾きが確認されており、それを放置したＪＲの弛みである。

平成二十五年六月、全国の一流ホテルや百貨店レストラン数十店舗で、牛脂注入加工肉のビーフステーキ、冷凍鮮魚、濃縮還元液ジュース等、多数のメニューで食材偽装が摘発された。老舗にも暖簾の誇りはない。

平成二十七年年三月、東洋ゴム工業は十年間に病院や消防署等五十五棟の免震ゴム二千五十二基の性能試験を改竄し、大臣認定を不正取得した。更に翌月の再調査で九十棟六百七十八基の改竄が発覚した。

以上、現代の日本社会における人間劣化の惨状を示す事例を挙げたが、これらに共通するものは「お天道様に恥じない正直な大和心」の消滅、不正の隠蔽・偽装・捏造の横行であり、国民の「倫理の崩壊と誇りの喪失」である。この人間劣化はGHQの占領政策による国民の価値観の歪と、戦後教育に原因がある。

三　日本を取り戻す道

我が国は講和条約で戦犯裁判の判決を受入れ（第十一条）、連合軍の戦争・占領中の非違行為の賠償請求権を放棄し（第十九条）、敗者の責めを果した。しかしそれは不当な軍事裁判の判決を忍受し、戦犯達の賠償請求権を放棄したに過ぎず、太平洋戦争史観や報復の軍事裁判、マッカーサー憲法、原爆や都市爆撃の市民殺戮の「戦時国際法」違反等について、歴史の評価や道徳上の正当性を認めたわけではない。この点の国民の認識を正すことが我が国の「戦後レジーム」脱却の第一歩であり、そこから自虐史観の克服と「日本を取り戻す道」が始まる。その上で「日本国憲法」を我が国の伝統文化の理念に拠って立つ憲法に改正し国の基本を確立して、学校・家庭・社会の全般を通じた教育により、高潔な大和心を復活することが、「日本を取り戻す」道である。

「日本国憲法」の欠陥は「前稿 四」に述べたが、憲法改正について要約すれば、①国民主権と伝統的国体の逆転を改め、日本文化の源泉の「天皇を元首とする立憲君主国」の国体と、「道義立国」を宣言し、②「皇室典範」と「皇室財産」の不可侵を規定し、③国防軍の建設、④非常事態条項の規定、⑤政党から独立した良識の府としての参議院の構成、⑥元号・国歌・国旗等の明記、⑦憲法改正発議条件の緩和、などが主な改正点であろう。また「皇室典範」は政治権力の関与を排除し、皇室会議の構成員を皇族に限り、長期的に安定した「皇位継承」を担保する「基本法」とすべきである。更に「自衛隊法」はネガティブ・リストの法律に改める必要がある。

上述した「日本国憲法」の欠陥を一挙に改正することは現実的な政治状況に鑑み不可能である。逐次的に進めざるを得ず長期間を要する。それには確固たる国家観をもった指導者のリーダーシップと国民の自覚が必要である。ここで終戦直後に昭和天皇が米内光政海相に対して「日本再建には三百年を要する」と諭されたことを思い起こし、また歌人・八田友紀が古稀の歳に明治維新を迎えて詠んだ和歌、

幾そ度　かき濁しても　澄みかえる
水や皇国《みくに》の姿なるらん

を確信して「戦後レジーム」の着実な克服に努めたい。

我が国では近年短命内閣が続き、昭和六十二年の中曽根内閣以後、安倍第二次内閣発足までの二十五年間に、保革の政権交代は一回、内閣は十七代が交代した。総理在任期間は小泉内閣の約五年五ヵ月を除き、平均一年二ヵ月弱であり、総理大臣が頻繁に入れ替わった。このことは総理大臣は国政の指導者ではなく、政権党の派閥の中で盥回しされる役職に過ぎないことを表す。これは政治を議員業者の権力欲に委ねることを長年放置してきた国民の責任である。そのために政治家のマスコミ人気取りの媚び・諂い体質を生じ、親中・親韓の朝日新聞の如き捏造報道（従軍慰安婦問題や原発事故報道）の跋扈を許した。その結果世界中に「性奴隷国・日本」の汚名を広め、米国各地に奇妙な少女像や「従軍慰安婦記念碑」が林立するに至った。第四の権力を揚言する不逞なマスコミの跋扈は、国民の国家観の歪みと政治に対する無関心が根本原因である。

我が国は独立後直ちに、ＧＨＱの企みを国民に周知徹底し、「日本国憲法」を破棄して占領政策の垢を払拭し、「日本を取り戻す」施策を執るべきであった。しかしこれを行わず、自虐史観の占領政策を放置し、ＧＨＱが奨励した日教組の教育支配を継続させ、所得倍増の経済復興を優先した。この戦後政治の油断が悔いられる。自民党は結党時（昭和三十年）から党の使命に「日本国憲法」改正を掲げているが、従来の取り組みは等閑であった。しかし安倍政権は「日本国憲法の改正手続に関する法律（略称・国民投票法）」を成立させ（平成十九年五月）、政権公約の「戦後レジーム」克服へ向けてデフレ脱却、教育改革、地方創生、憲法改正への取り組みに着手した。外交・安全保障政策でも従来の「集団的安全保障の憲法解釈」を変更し、更に「武器輸出三原則」を柔軟化して、「地球儀俯瞰の積極的外交」を進め、「日本を取り戻す政治」を唱えている。それには先ずＧＨＱの宣伝や「日本国憲法」に始まる戦後レジームを再点検して東京裁判の自虐史観を払拭し、国民の間に我が国の伝統を尊重する時代思潮を培い、国家観を確立することが喫緊の重要事である。「日本を取り戻す」ことは憲法や制度の改正のみではできない。国民の日本文化の認識を深め、国家観を鍛え、「正直、廉恥、勇武、忠節」の大和心を育み、日本文化の美的感覚と士魂を復活することが必要である。家庭と学校と社会全体で行う教育を通じて、国民の間に伝統文化の「感性と美意識」を深く養うことが重要である。

おわりに

二〇一五年は第二次大戦終結七十周年に当る。中国はロシア・韓国・北朝鮮と連携して、「第二次大戦の勝利の成果」を守り、「日本の右傾化・軍国主義化」を阻止する「抗日戦争勝利七十年」の節目の年としている（王毅中国外相談話）。また中国・韓国は欧米列強のアジア侵略を日本にすり替えた東京裁判に基づき、「日本帝国主義の侵略」からの解放戦争を自国の「正史」とする彼らの「歴史認識」を日本に強要し、安倍政権の「日本を取り戻す」政策を「歴史の忘却」と非難している。更にまた欧米メディアも「国粋主義的な日本政府」の悪意の宣伝に同調し、米国の知日派のR・アーミテージ元国務副長官は、「中国はアジアや欧州諸国で「日本が敗戦時に受諾した「ポツダム宣言」を覆そうとしている」と触れ回っており、そうした外交宣伝が正しいかのように見えてしまう」（読売新聞、平成二十五・六・一）と危惧を述べた。このような外国の誤解を解くには、我が国が普遍的な合理的法治国家の立憲君主国であり、世界平和に積極的に貢献する国であることを示すことが重要である。このためにも伝統文化に基づく日本の姿を宣言する憲法改正を急ぐ必要がある。その上で我が国は「戦後七十周年」を、戦後処理の「戦勝国連合・国連」の改革を目指す、新しい世界秩序の根幹を造る外交展開の出発点とすべきである。

現代に生きる我々は、GHQが破壊した日本文化の基盤を再構築し、大和心を子孫に伝える義務がある。そのために「日本国憲法」を頂点とする戦後レジームを克服し、士魂を復活して時代思潮を大和心へ転換することが、将来の国運を拓く正念場となろう。

第四編　国家安全保障の基本問題

第一部　世界の紛争と現代の国家安全保障環境

『日本』、平成二十八年六月号、二十四～三十一頁

本論考では、我が国の国家安全保障の基本的な問題について、次の五部に分けて考察する。

第一部　世界の紛争と現代の国家安全保障環境
第二部　我が国周辺の軍事情勢
第三部　国防の内的脅威・戦後レジームの弊害
第四部　国家安全保障体制確立のための諸改革
第五部　危機管理と防衛力整備の重点施策

なお本稿の年次の表記は、国内事案については邦暦、国際事案は西暦とする。また参考文献は一貫番号を付して、第五部の末尾にまとめて示す。

一　第二次大戦後の世界の紛争

第二次世界大戦終結（一九四五年）以後も世界の各地で戦乱が頻発した。その背景や原因は様々であるが、主な戦争（独立戦争を除く）は以下のとおりである。

㈠　**印パ戦争、中印戦争**　一九四七年に独立した印度と」パキスタンは、カシミール領有を巡り第一次（一九四七年）・第二次印パ戦争（一九六五年）、東パキスタン独立問題で第三次印パ戦争（一九七一年）を戦い、その間、中国と印度の国境戦争（一九五九年）も起こった。

㈡　**中東戦争**　一九四八年、イスラエルの建国に周囲のアラブ諸国が強く反発して、アラブ連盟五ヶ国（レバノン、シリア、トランスヨルダン、イラク、エジプト）が宣戦した。以後、英仏も干渉して四次の中東戦争（第一次・一九四八年、第二次・一九五六年、第三次・一九六七年、第四次・一九七三年）が戦われた。クリントン米大統領の仲介でヨルダン川西岸とガザ地区にパレスチナ・アラブ人の自治区を作る協定が結ばれ（一九九四年）、パレスチナ自治政府が成立し、一応戦火は収まったが未だに紛争が燻っている。一方、一九七九年、イランでイスラム教シーア派が革命を起こし、周辺国と欧米が干渉し、イラクがその混乱に乗じてイランを奇襲して、

イラン・イラク戦争（一九八〇年）となった。またイラクの国論は、クウェートは英国が不当に分離したイラクの領土であると主張し、一九九〇年、イラク軍がクウェートに侵攻した。これを排除する国連多国籍軍の湾岸戦争（一九九一年）が起こり、アラブ諸国も参加してイラクと戦った。

㈢　中ソ国境紛争　ソ連のスターリン批判（一九五六年）以後、中ソ両国は世界戦略と領土問題で対立し、国境線を挟んで大軍が対峙した。一九六九年三月、アムール川（中国名・黒竜江）の支流ウスリー川の中州・ダマンスキー島（珍宝島）で大規模な戦闘となり、八月にも新疆ウイグル自治区で軍事衝突が起こった。

㈣　米ソ冷戦下の代理戦争　第二次大戦終結の直後から世界は米ソ両陣営に二極化し、米ソは直接対決を避けつつ、中国の国共内戦（一九四六～六五年）、ベルリン封鎖（一九四八～四九年）、朝鮮戦争（一九五〇～五三年休戦）、キューバ危機（一九六二年）、ベトナム戦争（一九六四～七五年）等の代理戦争が戦われた。

一九七八年末、ベトナムはカンボジアに侵攻し（カンボジア・ベトナム戦争）、中国が支援するポル・ポト政権を倒した。中国はその懲罰のためと称してベトナムへ侵攻したが撃退された（中越戦争・一九七九年）。これらは米・ソ・中の三つ巴の代理戦争である。

一九八九年、冷戦は西側の勝利に帰し、一九九一年にはソ連が崩壊した。

㈤　アフガニスタン紛争　一九七八年にアフガニスタンで共産党政権が成立し、反対派のイスラム原理主義武装勢力が蜂起しほぼ全土を支配下に収めた。政権側はソ連に支援を求め、ソ連は一九七九年末から十年間軍事介入した。ソ連軍撤退後も宗派の内部抗争や台頭したタリバンと米・有志連合諸国との戦闘が続き、イスラム原理主義テロリストの活動の源となった。

㈥　国際テロ戦争　湾岸戦争後、中東諸国に国際テロ集団が勃興し、二〇〇一年にアルカイダが大型旅客機四機を乗っ取り、米国の政治・経済の中枢に三機が突入する同時多発テロ攻撃を行った（九・一一テロ）。このテロは国際テロ集団の自由主義諸国への宣戦布告であり、新たなテロ戦争時代の幕開けとなった。

米国はアルカイダを保護したアフガニスタンのタリバン政権を攻撃し（二〇〇一～一一年）、アルカイダの指導者・ウサーマ・ビン・ラディンを殺害した。更に大量破壊兵器（化学・生物・放射能・核・高性能爆薬兵器。英語頭文字を取りＣＢＲＮＥという）の隠匿の疑惑でイラクを攻撃し（二〇〇三～一〇年）、湾岸戦争の張本人・サダム・フセインを倒した。またチュニジアの「ジャスミン革命」（二〇一〇年）が急速に中近東諸国に伝播し、イスラム教宗派や民族間の権力闘争に欧米・露が干渉して紛争が激化し、シリア内戦（二〇一一年～継続中）、ウクライナ内戦（二〇一四年。ロシアのクリミヤ併合）等が起きた。九・一一テロ以後、イスラム過激派集団やイスラム国ＩＳ（二〇一四年に建国宣言。国際間では不承認）の活動が活発化した。

アフガニスタンやイラクで米国が主導した国際テロ集団解体の戦争は、二〇一二年には終息に向い、米軍の展開もアジアに重点が移された（リバランスという）。二〇一五年には米・キューバの国交回復、イランの核開発問題の協議・和解と経済制裁の解除等、前世紀の紛争が解決した。しかしＩＳの勢力拡大に対する欧米・露の空爆、シリア内戦の激化と難民の激増、サウジアラビアとイランの国交断絶（二〇一六年）等が続き、各国でのＩＳや過激派集団の自爆テロが激化した。

(七)　アジア情勢の緊張　軍事優先政治の北朝鮮は核・ミサイル開発を強行し、また中国は独断的な領海宣言を行い、東シナ海での尖閣諸島の領海侵犯、南シナ海の島嶼の埋め立て・基地建設等、力による急速な現状変更の海洋覇権の拡大を進め、日米及び周辺諸国の緊張を高めた。このため我が国も「安全保障法制」の見直しや、南西諸島の防備の強化が緊急の課題となった。

二　現代の安全保障環境

現代の安全保障環境の特徴は次のように整理される。

(一)　核拡散防止の強化　第二次大戦終結後、核兵器保有国が増える一方、原子力の商業利用も進み、原子力の平和的利用の促進と軍事転用防止の国際的取り決めが必要となった。一九五三年の国連総会でのアイゼンハワー米大統領の演説を契機に国際原子力機関ＩＡＥＡ創設の機運が高まり、一九五七年に発足した（現在の加盟国一六八ヶ国）。また国連では米・露・英・仏・中の五ヶ国を「核兵器国」と定め（その他、非条約国のインド・パキスタン・イスラエル・北朝鮮が核兵器を保有）、それ以外への核兵器の拡散を防止する「核兵器不拡散条約」が、一九六八年に米・ソ・英が原署名国となって結ばれた（一九七〇年発効。現在の締約国一九一ヶ国）。また米ソは戦略兵器制限交渉を行い、「第一次戦略兵器削減条約」を締結し（一九九一年）、更に二〇〇二年、「モスクワ条約」を結んだ。

二〇一〇年、オバマ米大統領は「第一次戦略兵器削減条約」の期限切れに伴い、「新戦略兵器削減条約」を調印し、同時に「核態勢見直し」により包括的な核戦力の運用指針を示し、「核安全サミット」を二〇一〇年から隔年開いて、核テロ対策、情報共有、核物質管理の厳格化を取り決め、三十ヶ国の濃縮ウランやプルトニウム三・八トン超（核爆弾百五十発分）を撤去した。

㈡　**外的脅威の多様化**　冷戦終結（一九八九年）後、世界のパワー・バランスが変化し、現代の安全保障は対象の脅威が非常に多様化した。即ち従来型通常兵器の正規軍の脅威（伝統的正規型脅威）、大量破壊兵器の脅威（破滅型脅威）、ゲリラやテロ集団の攻撃（非正規型脅威）、インターネット上のサイバー攻撃（㈣項に後述）や人工衛星の破壊（混乱型脅威）等である。これらは複合化され、常時あらゆる手段や場所で起こる可能性がある。ゆえに現代の国家安全保障は、これらの多種多様な脅威に備える必要があり、それに伴って国際的連携による情報共有や制裁が非常に重要になった。

一九九一年、ソ連が崩壊し、その後、核の闇市場を通じて、現在の核保有国支配の核管理に不満な「ならず者国家」に核兵器が拡散した（パキスタンの核開発の父A・Q・カーンの供述）。更に民族・宗教の対立が国際テロ集団を生み、大量破壊兵器が彼らの手に渡る怖れが生じ、二〇〇一年の九・一一テロはその怖れを増幅させた。以後、米国主導の「不朽の自由作戦」や「大量破壊兵器拡散に対する安全保障構想」による国際テロ集団との戦いが始まった。我が国も自由主義陣営の一員としてこの対テロ戦争に参加したが、この戦いはテロ集団の情報の共有、大量破壊兵器管理の厳格化、テロ集団の活動資金の凍結や資金源を遮断する経済制裁等々に、強い国際的連携が求められる。

従来、我が国は憲法第九条の政府解釈により集団的自衛権の行使を禁じ、自衛隊の海外派遣を拒んできた。クウェートに侵攻（一九九〇年）したイラク軍の排除とイラクの大量破壊兵器の保有疑惑に対する国連多国籍軍の湾岸戦争（一九九一年）では、米国は我が国に同盟国として共同行動を強く求めたが、「マッカーサー憲法」を盾に人的支援を拒み、その代りに総額一三〇億ドル（一兆六千九百億円）の戦費を支出した。しかし世界はこの「小切手外交」を認めず、湾岸戦争後クウェート政府が米国有力新聞に掲載した「多国籍軍参加三十ヶ国への感謝広告」（一九九一年）に日本の名はなかった。また米国国防総省の「対テロ戦争への貢献国二十六ヶ国に感謝表明の報告書」（二〇〇二年）にも日本は含まれなかった。我が国の「汗も血も流さない独善的平和活動」は国際社会では認められない。

このため宮沢喜一内閣は湾岸戦争後、「自衛隊法」を拡大適用してペルシャ湾の機雷掃海に海上自衛隊の掃海部隊を派遣した（平成三年六～九月）。平成四年には「PKO協力法」を成立させ、以後、司令部要員や停戦監視、輸送や建設工事等のPKO活動に自衛隊を派遣した（二〇一六年現在・累計十三ミッション、約一万四百人）。また「国際緊急援助法」を改正し（平成四年）、海外の大規模災害の緊急援助活動にも自衛隊を派遣した。更に「テロ対策特別措置法」によりインド洋に護衛艦と補給艦を派遣し「不朽の自由作戦」の洋上補給（給油）を行い（平成十三年～二十二年）、「イラク人道復興支援特別措置法」で陸上自衛隊のサマーワ派遣（平成十五～二十一年）、「海賊対処法」により護衛艦と哨戒機をソマリア沖・アデン湾に派遣し船舶護衛（平成二十一年～継続中）を行った。以上が　我が国の国際テロ戦争であるが、武器使用制限等のために任務や派遣人数が限定された。特に対テロ戦争では国際的な緊密な連繋を要するが、歴代政府は憲法第九条で「集団的自衛権は行使できない」として自衛隊の国際活動を避け、危機管理体制や情報組織の整備を怠った。

(三)　情報・通信技術の進歩による交戦態様の変化　現代は電子計算機の急速な高性能化に伴い、情報処理技術、高速度通信技術、精密制御技術、人工知能技術等が著しく発達した。これに伴い偵察衛星、全地球測位システム（GPS）、無人偵察・攻撃機、無人戦闘車輌等のハイテク兵器が出現し、交戦の態様は一変した。

更にオペレーションズ・リサーチ&システムズ・アナリシス理論（OR&SA）が発達し、高速大容量の　計算機の普及に伴い、データ・ベース及び意思決定支援システムが開発された。これにより不確実性を含む事業計画や資源制約下の効率的な行動計画のモデリング&シミュレーション分析が普及し、各種の社会システムや生産活動の管理と最適化が進んだ。

軍事面では軍事ORの理論研究を反映したOR&SA応用の作戦計画分析が行われるようになった。また情報技術革命による統合的な指揮・統制・通信・電子計算機・情報・監視・偵察システム（英語頭文字を取ってC4IRSシステムという）が発達し、目標に関する情報処理と意思決定が重層かつ広域的にシステム化された。その結果、戦場の情報を即時共有化する「ネットワーク中心の戦闘システム」が出現し、従来の陸・海・空の戦場は一つに統合され、宇宙やサイバー空間にまで拡大された。また湾岸戦争以後、情報技術の進歩による武器体系の革新は、軍事意思決定の在り方、軍事行動の教義・

戦術、更には軍の編成や組織をも変革する「戦場の革命」を促し、後方支援を含む各種の軍事システムの革命的変化が急速に進行した。

㈣ 現代の冷戦・サイバー戦争　現代の軍事システムや社会インフラは、電算機や高速度通信技術の進歩により、高度にネットワーク化された。それに伴って電算機システムのソフトに侵入して機密情報を窃取し、又は機能破壊を行うサイバー攻撃が、対立国間の主な諜報活動となり、また有効な攻撃手段となった。

㈠ 国連　国連は二〇一二年に「サイバー安全保障に関する専門家会合」を設置し、日・米・英等十五ヶ国による国際行動規範作成の協議を始めた。

㈡ NATO　二〇一〇年の首脳会議でサイバー攻撃を「新たな脅威」とし、防御強化の方針を決めた。

ＮＡＴＯサイバー防衛研究所（エストニア・タリン）発表の「サイバー戦争」の規範「タリン・マニュアル」（二〇一三年）では、不正プログラムで人を殺傷したり物的損壊を与える大規模なサイバー攻撃行為を「サイバー戦争」と定義し、「国連憲章やジュネーブ協定、国際司法裁判所判例等の既存の戦争法は、サイバー空間に適用される」と明記した。また国家の責任で「自国内又は政府管理下のサイバー施設による他国の攻撃を、政府は積極的に認めてはならない」と規定した。その上で「他国の領土の一体性や政治的独立を脅かし、国連の目的に反するサイバー作戦は違法」であり、「サイバー作戦は規模と効果が通常の武力行使と同等ならば武力行使に当る」とした。これにより被害国は「相応の対抗措置が許され」、「個別的・集団的自衛権の行使はサイバー空間でも認める」と規定した。また「タリン・マニュアル」では「一般市民や医療従事者、医療部隊、輸送手段は保護され、サイバー攻撃してはならない」等の九十五項目のルールを挙げた。今後の課題は、この文書の実効性を検証し、法的規制力のある国際条約として各国に順守を求めることである。

㈢ 米国　米国防総省は二〇一一年六月に「外国からの組織的サイバー攻撃を戦争行為と見なし、武力行使も辞さない」との対処方針を打ち出した。同年七月、「サイバー空間を第五の戦場」と定義し、十月には「中国が知的財産の窃取を目的に組織的なサイバー攻撃を行っている」と名指しで非難したが、中国は強く否定した。二〇一三年二月、中国国防部は二〇一二年中に受けたサイバー攻撃は月平均で約一四万四千件、その内の六十二・九％が米国発であると非難した。

米軍のサイバー部隊は、サイバー攻撃担当の「戦闘任務部隊」、社会基盤システムを守る「国家任務部隊」、米軍システムを守る「サイバー防衛部隊」からなり、これらを「サイバー司令部」が統括する。二〇一三年には部隊の要員を従来の九百人から約五倍に増員した。

二〇一三年六月のオバマ・習・米中首脳会談ではサイバー問題が最重要課題に取り上げられた。七月中旬にワシントンで行われた「第五回米中戦略・経済対話」でも「サイバー攻撃による企業情報の盗み出し防止」の国際ルール作りの必要性を確認し、「作業部会」を設けて協議を開始した。しかし翌年五月、米司法省はサイバー攻撃により米国の原子力発電所、製鉄、特殊金属製造、太陽電池、製造業労組等から情報を盗んだとして、中共軍第六一三九八部隊（上海市浦東新区に拠点を置くサイバー戦部隊）の要員五人を刑事訴追した。中国は「米国の捏造」と強く反発し「作業部会」を中止した。また米政府職員の人事情報を管理する連邦人事管理局は、二〇一四年五月から一年間サイバー攻撃され（二〇一五年七月発覚）、二一五〇万人の個人情報が流出し、局長が引責辞任した。ワシントン・ポストは「攻撃発信源は中国政府機関」と報じた。

㈣　日本　平成十二年、内閣官房に「情報セキュリティ推進会議」が発足し、平成十七年に情報セキュリティ政策の基本戦略を決定する「情報セキュリティ政策会議（議長・官房長官）」と、執行機関の「内閣官房情報セキュリティセンター」（情報センターと略記）が設置された。情報センターは平成二十五年にサイバー攻撃対策の「サイバーセキュリティ戦略」を決定し、この戦略では「サイバーセキュリティ立国」を目指して、政府機関、インフラ事業者、企業・研究機関等の総合的取り組みにより強靭なサイバー空間防衛を構築する平成二十七年度までの三年間の取り組みをまとめた。平成二十六年、「サイバーセキュリティ基本法」（平成二十八年の改正で監視対象を拡大）が制定され、翌年情報センターは強化された。

平成二十四年、防衛省はサイバー空間を自衛権発動対象の「第五の軍事作戦領域」と位置付け、平成二十五年に防衛省と防衛産業のサイバー防御の連携協議会を立ち上げた。平成二十六年には防衛大臣直轄・統合幕僚長指揮のサイバー防衛隊を創設し、三自衛隊の情報収集を集約しサイバー攻撃対処の体制を整備した。

警察庁は平成二十五年に十三都道府県本部に計百四十人のサイバー攻撃特別捜査隊を設置し、更に全国警察の捜査情報を集約する司令塔のサイバー攻撃分析センターを発足させた。また警察庁はセンターが宇宙産業等と情報交換を行う情報共有の枠組みを作った。

しかし上述した対策のネックは、この分野の専門家の決定的な不足である。政府は平成二十八年に「情報処理促進法」（昭和四十五年制定）を改正し、サイバー分野の専門家の国家資格（「情報処理安全確保支援士」）を設け、平成三十二年までに三万人の専門家の養成を目指した。

日米両国政府は平成二十五年五月、前年の日米首脳会談の合意に基づき、「日米サイバー対話」の第一回会議を東京で開いた。情報交換や安全保障政策の協力を協議し、「通信・金融・電力など重要インフラのサイバー防衛策や国際ルール作りで包括的な協力を行う」との共同声明を発表した。我が国はサイバー先進国の米国との情報交換や協力により、日米が主導する国際ルール作り、中国や北朝鮮への牽制と、サイバー攻撃対処能力の向上を目指した。

㈤　国防の内的脅威・戦後レジームの弊害　上述した各項は外的脅威に対する安全保障の問題であるが、内部要因による国家の衰亡も歴史上珍しくない。これを防止する対策も国家安全保障の重要な課題である。即ち「日米安保条約」へ過度に依存する他力本願、国民の国家観の混乱、国防意識の消滅、道義の退廃と人間性の劣化、大衆迎合政治の横行、縦割り省益優先の行政と業・官の癒着、原子力発電所の建設・運用の「安全神話」の油断等々が、社会の活力を奪い国の安全を脅かす「国防の内的脅威」である。夢想的平和主義の「日本国憲法」による戦後レジーム（参考文献［1～3］参照）の中では、危機管理に必要な政府の権限（予防拘束や通信傍受等）は、個人の自由と人権の侵害と見なされ、国民や社会の安全よりもテロリストの人権が尊重されている。一例を挙げればオウム真理教の坂本弁護士一家殺害事件（昭和六十四年）、松本サリン事件（平成六年）、地下鉄サリン事件（平成七年）の一連のテロを許したのはそのためである。

我が国は第一次防衛力整備計画（昭和三十三～三十五年）以後、反体制勢力の妨害を排除して防衛力整備に努め、自衛隊の戦力増強と装備の近代化に努力してきた。その結果、核兵器や長距離攻撃武器、軍事衛星等を除き、質の高い防衛力を整備した。しかしそれらの防衛力を国益の防護・増進に機能させる基本的な法制度や指揮・情報システムの整備は、憲法第九条を金科玉条とする進歩的文化人の言論界や左傾マスコミ、及び再軍備や自衛権を巡る国会の神学論争の中で埋没した。世論の平和ムードに迎合した「軍事衛星の研究開発禁止」の国会決議（昭和四十四年）や、「武器輸出三原則」（昭和五十一年）は、防衛力整備の足枷となった。

人工衛星の研究開発は、平成二十年に「宇宙基本法」

が施行され「宇宙開発戦略本部」が発足して漸く軍事衛星の研究が解禁された。平成二十四年、内閣府に「宇宙戦略室」が設けられ、広域測位システムの日米共同開発や早期警戒軍事衛星の整備に着手した。また昭和四十二年、佐藤栄作内閣は共産圏・国連決議の禁止国・紛争当事国へ武器輸出を禁止する「武器輸出三原則」を決定し、昭和五十一年、三木武夫内閣が適用範囲を拡大して外国との武器の共同開発や技術供与を禁じた。これが防衛技術基盤の維持・育成を妨げ、防衛装備費の高騰をもたらしたが、平成二十六～二十七年の第二次安倍晋三内閣の「安保法制改革」によって改善された（第四部で詳述）。

第二部　我が国周辺の軍事情勢（二）

『日本』、平成二十八年七月号、三十～三十七頁

第一部では現代の世界の紛争と安全保障環境の一般的趨勢を述べた。次に我が国周辺の軍事情勢を概観する。但し以下では軍備の兵力・装備の詳細や、情勢判断のOR&SA分析法等は、公刊書に譲る（参考文献［4～9］参照。文献リストは第五部の末尾に示す）。

一　中国

中国は国際法を無視した「領海法」（一九九二年）や「島嶼保護法」（二〇一〇年）を制定し、東シナ海や南シナ海の領海を宣言した。共産党第十八回大会（二〇一二年）では習近平を総書記（国家主席）に選出し、「科学的発展観」の指導理念に基づく党規約の改正を行った。また将来五ヶ年間の施政方針として富国強兵路線を執り、経済力と軍事力を拡大して軍の近代化を加速し、海洋強国を建設すると決定した。二〇一五年には経済成長が鈍化し、産業構造の改革、国民の所得格差の是正、少数民族問題、党員の腐敗・汚職摘発等の問題が深刻化してきたが、二〇一六年の全国人民代表大会（略称・全人代＝註）では、「国家海洋戦略」を策定し海洋強国建設を目指すとし、二〇一六～二〇年の経済・社会政策の「第十三次五ヶ年計画」を採択した。この計画では海洋政策の「海洋基本法」の制定を記し、また軍を近代化し軍事闘

争を統一的に進める体制を確立して、平時の戦備と国境・領海・領空防衛の管理を　厳重化することを重ねて強調した（文献［6、7］参照）。

註　全人代　国会に相当する立法機関で、中国憲法上は「最高国家権力機関」とされるが、実質は共産党の中央委員会の決定の追認機関である。年一回開催。代表約三千人は軍や各地方の人民代表から間接選挙で選出される。

㈠　**国家総力戦体制**　中国は二〇一四年一月、国家安全委員会（主席・習近平国家主席、副主席・李克強総理、張徳江全人代常務委員長）を設置した。この委員会は国家安全保障戦略を指導し、国の安全に関する法治を推進し、安全保障の重要問題の解決に当る機関である。従来、中国の防衛・治安・軍事情報の機関は、共産党・政府・軍・武装警察が関与していたが、国家安全委員会で全ての情報を統合し、分析して政策を調整し指揮する強い権力が習主席の下に集約された。これにより中国は、「国防動員法」で物資を、「反テロ法」で情報システムを監理・統制し、「国家安全法」でこれらを統合して国の情報・資源を総動員し、国家安全委員会の下で、通常戦、外交戦、国際テロ戦、諜報戦、金融戦、サイバー戦、法律戦、心理戦、メディア戦など、あらゆる手段で戦う国家総力戦（中国では超限戦と呼ぶ）を遂行する体制を確立した。上記の三法を簡単にまとめれば次のとおりである。

㈠　**国防動員法**（二〇一〇年）　中央軍事委員会が有事に下令する動員令を定める。有事の金融特別措置やレアメタル等の戦略物資の備蓄・徴用、個人・組織の物資や設備の徴用、交通・金融・マスコミ・医療機関等の政府や軍による管理を規定する。

㈡　**反テロ法**（二〇一五年）　テロ対策の「国家テロ情報センター」の設置、プロバイダー事業者の暗号提供の義務付け、テロ対策機関が未承認の報道を禁止する等の報道規制を規定している。

㈢　**国家安全法**（二〇一五年）　領土・主権の防衛とネットワーク等の言論統制の強化、海洋権益の維持・拡大及び宇宙開発の推進を含む包括的な危機管理を目的とする。暴動・テロ対応、少数民族対策、宇宙・深海・極地での活動、ネット空間の監理、海洋権益とエネルギー資源の確保、食料安全保障等の広い分野の国益追求に必要な全ての措置の権限を規定する。

周知のとおり中国は実質、共産党の一党独裁の国であり、党の判断と決定が法に優先する。その中国が急激に軍備を増強し、戦時及び暴動・内乱等の非常事態の体制を整備し、安全保障の強化や海洋権益の拡大を進めている。「平和を愛する諸国民の公正と信義に信頼して」戦力を放棄し、非常事態条項すら無い我が国の「平和憲法」の能天気さとは対照的である。

㈡　**中国の軍事費**　中国の国民総生産（ＧＤＰ）は二〇〇〇年以後十年で約四倍となり、二〇一〇年に日本を抜いて世界第二位となった。二〇一五年には伸び率は飽和してきたが依然七％弱の成長を続け、大規模かつ不透明な軍備拡張と軍の近代化を進めている。

二〇一六年の全人代で決定された「第十三次五ヶ年計画」では、二〇二〇年にＧＤＰと国民一人当り所得を二〇一〇年に比して倍増することを目標に、成長率を年平均六・五％以上とし、経済成長のエンジンとして科学技術を発展させて生産力を向上させるとしている。

一方、製鉄や炭鉱等の過剰生産設備の整理や不動産在庫の解消等の「供給側改革」を進めるとした。

同時に発表された二〇一六年度予算案では、国防費は前年比七・六％増の九五四三億五四〇〇万元（約一六兆七〇〇〇億円）で、米国に次ぐ世界第二位（我が国の約三倍）である。中国の軍事費は一九八九年以降二〇一〇年を除き十数％の二桁増であったが、六年ぶりに一桁増に低下した。但しこれには研究開発費や外国での調達費等を含まず、米国の調査機関では実質的な軍事費は発表値の約二倍以上と推定している。

㈢　**軍制の近代化**　中国人民解放軍（中共軍と略記）は中国共産党・中央軍事委員会の指揮・統制下にあり（憲法上も中共軍は共産党の軍隊であり国軍ではない）、委員は共産党中央委員会から選出され、同じ構成員が中華人民共和国・中央軍事委員会を兼ねる。

中央軍事委員会の指揮下の従来の国防部は、総参謀部（作戦）・総政治部（政治工作）・総後動部（補給）・総装備部（技術）からなり、平時の軍政を担当した。中共軍は国共内戦に引き続き近隣国との戦争（朝鮮戦争・中印戦争・中ソ紛争・中越戦争）を戦った経緯から、陸軍中心の縦割り組織で、中央軍事委員会直属の陸軍の七軍区が並列し、補助的に海・空軍司令部が設けられた。

中国は二〇一六年初めに抜本的な軍制改革を行い、「陸軍指導機構」（陸軍司令部）を設け、陸軍の第二砲兵部隊（核戦略ミサイル部隊）を火箭軍《かせんぐん》と改称して陸・海・空軍と同格に格上げし、サイバー攻撃や宇宙担当の新型戦力の戦略支援部隊を新設した。また国防部は、十五部門（七部・三委員会・五機構）に編成替えされた。新国防部の構成は、連合参謀部（戦略と有事の統合作戦指揮）のほか、政治工作、補給・輸送、兵器開発・調達、訓練、有事動員計画、国防部総務担当の七部、綱紀監察、軍法務、科学技術指導の三委員会、戦略企画、軍制・編制、国際軍事協力、財務監査、事務管理総局（総務）の五機構である。

実動部隊は従来の陸・空軍の七軍区（北京・瀋陽・南京・済南・広州・蘭州・成都）と、海軍三艦隊（北海＝司令部・青島、東海＝寧波、南海＝湛江）を統合し、五大戦区に編成替えした（以下の括弧内は旧編成）。即ち中部戦区（陸・空の北京軍区）、東北戦区（瀋陽軍区・北海艦隊）、華北戦区（南京・済南軍区・東海艦隊）、華南戦区（広州軍区・南海艦隊）、西北戦区（蘭州・成都軍区）である。この改革で陸軍中心の軍政・軍令混在の指揮系統は、中央軍事委員会（長は国家主席）の下に、国防部の十五部門の軍政部門と、有事に陸・海・空・火箭軍の四軍を指揮する軍令部門の連合参謀部→五戦区の統合作戦指揮機構→各戦区の実動部隊に近代化された。

中国は近年まで米機動部隊を近海から駆逐する「接近阻止・領域拒否戦略」を執り、火箭軍に射程約千五百粁の地対艦ミサイルを装備し、対艦弾道ミサイルを開発中である。海軍は弾道ミサイル（巨浪2、射程八千粁）搭載の原子力潜水艦「晋級」を就役させた。また空母「遼寧」（ソ連崩壊で工事を中止した「ワリヤーグ」＝一九八八年進水＝をウクライナから買い取って改装し二〇一二年に就役）と、五万トン級の通常動力型空母を大連・上海で建造中であり、二〇二〇年には三個空母群が戦力化される見込みである。また原潜、空母用の大規模海軍基地を海南島・三亜市に造った（二〇一一年）。二〇〇八年三月の米上院軍事委員会公聴会で、米太平洋軍司令長官キーティング海軍大将は、二〇〇七年五月の訪中時に中国海軍高官が「空母群を戦力化すれば、ハワイ以西の太平洋を管理できる」と豪語したと証言し、警戒感を述べた。

中国空軍は第五世代のステルス戦闘機J（殲）－20と、長距離戦略爆撃機の開発を進めている。

(四)　科学技術振興　中国は軍備の近代化と資源開発のための科学技術の進歩を急いでいる。胡錦濤政権が発足した二〇〇二年の科学技術支出は八一六億元であったが、二〇一五年には一兆四二二〇億元（二四兆一七四〇億円）と十三年間で十七・四倍に急増した。

「中国国防報」（二〇一〇年三月）は、軍事技術開発の重点として、精密攻撃力強化のための情報化、遠方兵力投入能力の強化、海・空軍のハイテク化、ミサイル迎撃システムの整備、の四分野を挙げ、更に宇宙開発、深海探査分野の技術開発の促進を重視した。また中共軍は陸・海・空・宇宙に加えてサイバー空間を第五の戦場と位置づけ、敵情報の窃取、敵軍の通信・兵站ネットワークの妨害、戦闘時の攻撃の相乗効果等を目的とする複数の情報戦部隊を設け、電算機ウイルスを開発して頻繁に各国にサイバー攻撃を繰り返している（米国防省「中国の軍事力に関する年次報告書」）。中国のサイバー攻撃については㈧項に後述する。

宇宙開発では一九九九年に有人衛星「神舟」を打ち上げ、二〇〇三年には二〇二〇年頃を目途に月面物質を地球に持ち帰る月探査計画「嫦娥《じょうが》計画」を発表した。

更に二〇〇七年に月面探査機「嫦娥」、二〇一一年には宇宙ステーションの雛形無人実験機「天宮」を打ち上げ、翌年六月には「神舟」と手動ドッキングに成功した。

また衛星攻撃兵器を開発して、米国偵察衛星へのレーザー照射（二〇〇六年）や衛星撃墜実験（二〇〇七年）を行い、二〇一〇年には地上配備型の弾道ミサイル迎撃の実験を実施し、ミサイル早期警戒衛星の整備も急いでいる。更にGPS「北斗」計画では測位衛星十六基でアジア・西太平洋を覆域し（二〇一二年）、三十五基で全世界を覆域（二〇二〇年）する計画を進め、「第十三次五ヶ年計画」（二〇一六年）でも「宇宙分野の革新的な新技術開発の加速」を掲げた。この計画では二〇一六年に新型ロケット「長征五号（月探査機運搬用）、七号（有人宇宙船運搬用）」の打ち上げ、「天宮二号」と二人乗り有人宇宙船「神舟十一号」のドッキングを行い、二〇一七年には宇宙貨物船「天舟一号」、「嫦娥五号（月面物質持ち帰り用）」及び二〇一八年に「嫦娥四号（月裏側着陸用）」、「宇宙基地中核船体」の打ち上げ、二〇二〇年前後に宇宙基地を完成し、「火星探査機」での火星着陸を目指すとしている。

深海探査では二〇一二年に有人潜水艇「蛟竜」がマリアナ海溝で七〇二〇米の潜水に成功した。

㈤　中共軍の戦策　中共軍の「改訂 人民解放軍政治工作条例」（二〇〇三年）には、「三戦（法律戦、輿論戦、心理戦）を実施し、敵軍の瓦解を図る」とある。即ち軍事力を背景に自国の独善的な「核心的利益」（註）を掲げ、国際法無視の「領海法」や「島嶼保護法」を制定し（法律戦の発動）、生起する国際紛争の情報操作や言論統制により国民の反日デモやネット輿論を誘導して対象国を揺さぶり（輿論戦）、相手の対抗意思を粉砕する「心理戦」の外交を展開する。中国はこの「心理戦」の世論形成のために、長年に亘り我が国を貶める「反日愛国教育」を執拗に行い、国民の中華ナショナリズムを煽って各地で激しい反日デモや日系商店への襲撃を繰り返し、「責任は日本にあり」と嘯くのが常である。その理不尽な横車は、国連安保理改革で日本の常任理事国入り反対を唱える上海日本総領事館襲撃デモ隊事件（二〇〇五年）、毒餃子事件（二〇〇七年）、尖閣事件（二〇一〇、二〇一二年）等で明らかである。

註　国家の核心的利益　中国の主権、安全、領土保全、国家統一、政治制度と社会の安定、及び経済と社会の持続的発展を指し、従来は台湾、チベット、新疆ウイグル自地区の独立阻止及び南シナ海の領海問題を指した。

一方、我が国では中国のお抱え新聞社と評判の高いA新聞社とその系列マスコミが、事ごとに親中反日のプロパガンダを繰り返し、国民に自虐史観と対中国の贖罪意識をすり込み、多くの国民が取り込まれている。中国は「心理戦」に続いて武装監視船や海軍艦艇の出番となるのが定番であり、南シナ海、東シナ海のガス田や尖閣諸島で頻繁に繰り返された。また尖閣騒動では中国各地の反日デモ（二〇一〇年九月）で「琉球解放！」のプラカードや「対日宣戦布告」、「釣魚島への部隊進駐を強く要求する！」の垂れ幕等（二〇一二年九月）が掲げられた。また二〇一二年十一月モスクワでの露中韓の「東アジアにおける安全保障と協力会議」では、中国・国際問題研究所の郭宪纲《ごしゃんがん》副所長は、「敗戦国日本の領土は北海道・本州・四国・九州四島に限定されており、日本は南クリル諸島、トクト（竹島）、釣魚諸島（尖閣諸島）のみならず、沖縄をも要求してはならない」と演説した。更に国連総会（二〇一二年）で尖閣問題に言及した野田首相の演説に対して、中国高官は「第二次大戦の敗戦国の日本が戦勝国の領土を盗んだ」と暴言した。沖縄・尖閣侵略の「三戦」は既に開始されており、また中国が露韓を誘って唱える「歴史認識」の狙いは南西諸島の領有である。

㈥ **海軍近代化計画**　中国は冷戦期の中ソ国境紛争や対外戦争のため陸軍中心の軍備を進めたが、一九八〇年代から海軍の近代化を急いだ。「中国人民解放軍近代化計画」（一九八二年）では、海軍の任務は、海上からの外敵の侵略阻止、国土と海洋権益の防衛、祖国統一（台湾解放）の三つとし、次の計画を記載した。

㈠ **再建期**（一九八二～二〇〇〇年）　海上からの外敵の侵略に対する沿岸の完全な防備態勢を整備する。

㈡ **躍進前期**（二〇〇〇～一〇年）　第一列島線（薩南諸島～沖縄～台湾～フィリピン～ボルネオ～南シナ海九段線）内の制海権を確保する。

㈢ **躍進後期**（二〇一〇～二〇年）　第二列島線（伊豆諸島～小笠原諸島～マリアナ諸島～パプアニューギニア）内の海域の支配を確立する。

㈣ **完成期**（二〇二〇～四〇年）　第三列島線（アリューシャン列島～ハワイ諸島・ライン諸島）以西の西太平洋及びインド洋の米海軍の支配を排除する。

東海艦隊は二〇一〇年四月に沖ノ鳥島近海で潜水艦二隻を含む艦艇十隻の大規模演習を行い、以後これを常態化すると発表した。中国海軍が既に近海防備海軍から外洋海軍に脱皮し躍進後期に入ったことを示す。

米国ランド研究所の報告（二〇一一年）では、中国は二〇一〇年に米海軍の「接近阻止・領域拒否戦略」から、第一列島線内の制空権獲得と弾道ミサイルによる米空軍嘉手納基地・米海兵隊普天間基地・航空自衛隊那覇基地等の「先制攻撃戦略」に転換したと述べた。

㈦　海洋覇権戦略　前項の計画の進行を概観する。

㈠　東シナ海　中国は排他的経済水域の国際慣例である中間線の等距離原則を無視し、東シナ海では沖縄トラフに至る大陸棚海域の権益を主張して海底資源の独占を図っている。二〇〇五年に係争中の排他的経済水域境界の四ガス田（白樺・楠・樫・翌檜）に、延べ五隻のミサイル駆逐艦を繰り出して恫喝し、隣接する日本の排他的経済水域での我が国の試掘計画を吹き飛ばした。その後の日中協議では、上記の四ガス田の共同開発の日本提案に対し、中国は先行開発の権利を主張して譲らず、中間線を挟む海域で共同開発の妥協案がまとまった。しかし中国の「共同開発」は国際ルールの負担に応じた分配ではなく、「中国所有の原則に基づき日本の共同開発を許可する」というものである。その後、中国は協議を棚上げし、二〇〇九年冬に「白樺」のガス田施設を完成した。また二〇一二年には「樫」開発も開始し、常套の既成事実の造成を急いだ。

中国は海軍力の充実に伴い、二〇一〇年夏以後、多数の中国漁船を尖閣諸島の日本領海内に侵入させ傍若無人に操業した。九月にはその一隻が我が巡視船の取り締りを妨害し、故意に体当りして違法操業・公務執行妨害で船長が逮捕された。中国はこれに対して猛烈に抗議し、東シナ海のガス田開発の条約交渉や閣僚級以上の交流を中止した。また日本向け貿易検査の厳格化、レア・アースの輸出停止、遺棄化学兵器処理事業で現地調査中の中堅ゼネコンのフジタ社員四名の拘束、国連総会での首脳会談の中止及び温家宝首相の抗議演説等々、激しい抗議行動を行い、北京の日本大使館や各地の領事館に反日デモが連日押しかけた。日本政府（菅直人内閣）は「違法操業の漁船は国内法で粛々と処理する」と言明するのみで実状を隠蔽し、見かねた若い海上保安官が証拠ビデオをネット上に暴露した。那覇地検は中国人船長を処分保留のまま「政治的配慮」で釈放したが、政府の指し金であったことは明らかである。その後、中国は国家海洋局の監視船（略称・海監）の哨戒を常態化させた。二〇一一年の全人代の「第十二次五ヶ年計画（二〇一一～一五年）」では、「海洋発展戦略」を制定して海洋権益の拡大を宣言し、「海監総隊」を二〇二〇年までに五二〇隻に倍増するとした。

尖閣事件は単純な漁船の領海侵犯ではなく、漁船を尖兵とする尖閣奪取の前哨戦であり、次の段階は多数の偽装漁民の避難上陸や中国海軍による実効支配の危険性が高い。放置すれば尖閣諸島の「竹島化」は必至であり、尖閣諸島に我が国の実効支配を明示する恒久施設の建設を急ぐ必要がある。石原慎太郎東京都知事は政府の姑息な「事なかれ外交」を憂え、「都が尖閣三島を買取り、舟溜り・電波中継塔・灯台を建設する」と提案した。しかし野田首相はこれを退け尖閣三島を国有化した（平成二十四年九月）。中国はこれに猛反発し各地で反日デモを行い、日本公館への投石、日系商店・工場の襲撃・略奪を繰り返し、海監が頻繁に尖閣島の領海を侵犯した。更に通関検査を厳重化し、日中国交四十周年記念行事の全ての交流事業を中止した。

中国は海監をガス田から尖閣諸島に至る海域に張り付け、我が国の艦艇・巡視船への示威行動や、海上保安庁の調査船に対する「中国海域での調査の中止」を要求し、調査活動を監視する動きを繰り返した。また二〇一一年八月、中国は海監二隻を尖閣諸島の日本領海内に侵入させ、尖閣諸島は中国領と宣言し、その後も尖閣諸島の領海・接続海域に海監が頻繁に侵入し「中国領宣言」を繰り返し、ガス田海域でも軍事演習を続けた。平成二十四年、野田内閣は排他的経済水域の基点となる無名の小島（三十九島）に命名したが、中国もその直後に尖閣諸島に中国名を付けた。更に中国は海洋観測・予報活動を規制する「海洋観測管理条例」を公布し、彼らの「国家の核心的利益」の一つに尖閣諸島を昇格させ、二〇一二年四月の日中韓首脳会談でもこれを強調した。これらの一連の動きは海軍力を強化し中国沿岸から日米及び東南アジア沿岸諸国の艦船を締め出し、海洋権益を囲い込む意図が明白である。野田内閣の尖閣三島国有化以降、中国は尖閣諸島への圧力を著しく増大させ、二〇一三年十一月、一方的に東シナ海の防空識別圏を告示した。

㈡　南シナ海

中国は一九七四年に当時南ベトナムと領有権を争っていた西沙諸島を武力占領し、一九八八年には南沙諸島のジョンソン島を占領した。また「領海法」を制定して尖閣諸島、台湾、南シナ海の南・中・西沙諸島等を含む広大な海域（第一列島線内部）を自国の領海と宣言し、特に一九九一年に米軍がフィリピンから撤退した後は、中国は南シナ海の実効支配を拡大し、沿岸諸国と紛争を繰り返している。

イ　西沙諸島　中国・台湾・ベトナムが領有権を係争中。中国は二〇一二年に西沙諸島のウッディ島（永興島）に市庁を置き、基地を建設して二〇一六年には地対空ミサイルＨＱ９（射程約二百粁）及びＪ－11戦闘機、ＪＨ－７戦闘爆撃機部隊を配備した。

ロ　中沙諸島　中国・台湾・フィリピン・ベトナムが領有権を争っている。二〇一六年三月、米海軍はスカボロー礁で中国が埋め立てを始めたと発表した。

ハ　南沙諸島　中国・台湾・ベトナム・フィリピン・マレーシア・ブルネイが領有権を主張。中国は二〇一四年以後、南沙諸島の七つのサンゴ礁を埋め立て、三ヶ所に飛行場、四ヶ所にレーダー施設等を建設し、南シナ海全域の防空識別圏設定の可能性が高い。

㈢　南太平洋　一九九〇年代以降、中国は南太平洋島嶼国に経済・技術援助、要人往訪の活動を活発化させた。島嶼国への経済援助は、二〇〇五年の四〇〇万ドルから二〇〇九年には一兆五六〇〇万ドルに達し、五年足らずで四十倍に拡大した。これらの島嶼国は台湾と国交のある国が多く、中国の援助攻勢は台湾との断交を促す外交的意図と、パプアニューギニアの天然ガスや南太平洋の水産資源が狙いと考えられる。

第二部　我が国周辺の軍事情勢（二）

『日本』、平成二十八年九月号、二十一～三〇頁

一　中国（続き）

㈧　中国によるサイバー攻撃　二〇一六年二月、クラッパー米国家情報長官は、上院軍事委員会への年次報告書で、「中国・イラン・ロシア・北朝鮮がサイバー空間上の主要な脅威主体である」と報告した。現代のサイバー戦争については、第一部二－㈣項で概説したが、本項では中国によるサイバー攻撃について整理する。

㈠　各国の被害　中共軍は複数の戦略支援部隊による組織的なサイバー攻撃を世界各国に対して行っている。二〇一三年二月、米国の情報セキュリティ会社のマンディアント社は、二〇〇四年以降の数百の企業・団体の電算

機システムに対するサイバー攻撃元を追跡し、そのＩＰアドレスから発信元は中共軍総参謀部第三部第二局（電子情報担当）所属の第六一三九八部隊（上海市浦東新区高橋鎮大同路二〇八号）であることを突き止めた。同報告書によれば、この部隊は豊富な資金を持つ数百人規模の組織である。二〇〇四年以前は米軍や防衛産業をサイバー攻撃の標的としたが、それ以後は経済的利益を目標とするハッキングを行い、世界の英語圏で百四十一以上の企業（この中には日本企業も含まれる）に対し、二〇〇六年から数年間、複数の高度な攻撃手法を組み合わせた執拗かつ継続的なサイバー攻撃を行った。二〇一三年一月までに八百三十二種類のＩＰアドレスを使い、一企業当り平均一年間、中には五年近く気付かずにデータを盗まれた企業があった。中国で企業買収・合併を行った会社や法律事務所等が狙われ、機器の設計図、特許品の製造工程、試験結果、営業計画、価格表、提携合意書、企業幹部の電子メール等々、多種多様の機密データが盗まれた。この報告の発表直後に攻撃は中止されたが、一ヶ月後には新サーバーによる攻撃が再開され、三ヶ月後には約七割が以前の状態に戻った。

二〇一三年にはハッカー対策が厳重な情報大手のアップル社、マイクロソフト社、交流サイトのフェイスブックやツイッター等のシステムも侵入された。米国の「国家情報会議」（情報機関を統括して長中期的な世界情勢の予測と政策提言を行う米大統領の諮問機関）は「中国による米企業や研究機関へのハッカー攻撃を確認」と発表した。中国はこれを強く否定し、「中国も米国のサイバー攻撃の被害者だ」と反論した。二〇一三年二月、中国国防部報道官は、二〇一二年の中国軍部への外国のサイバー攻撃は、月平均約十四万四千件に上り、六十二・九％が米国発であると抗議した。

㈡　我が国へのサイバー攻撃　中国の我が国に対するサイバー攻撃も激しく行われている（参考文献［6、7］）。平成二十二年九月、首相官邸等十省庁が大規模な分散型サービス拒否攻撃（同時に多数の端末から大量のデータを送り、標的のシステムを麻痺させる攻撃）を受け、十一月には経産省の電算機システムも攻撃された。攻撃の海外発信元は、前者は二十八件中の二十五件、後者は八十五件中七十八件が中国と確認され、国際刑事警察機構を通じて中国公安省に発信者の割り出しを要請したが回答はなかった。これは泥棒に防犯パトロールを依頼するに等しく、遠回しに警告する意図であろうが、このような甘い対応が彼らの攻撃を助長させている。直接、厳重に抗議すべきである。

平成二十三年夏には、フェイスブック等のソーシャル・ネットワーキング・サービスを利用し、衆参両院・外務省・総務省・警察庁及び原子力や防衛・航空・宇宙関連の中枢企業等の機密情報を狙った大規模なサイバー攻撃を受けた。発信元は中国で名義も中国人又は会社、ウイルスの作成言語も中国語であった。同年一月と十一月にも宇宙航空研究開発機構と三菱重工業の航空宇宙システム製作所で宇宙関連の技術情報の流失事故があった。その他、平成二十四年七月、財務省のパソコン約百二十台のウイルス汚染が発覚し、平成二十二年一月から翌年十一月にわたり情報窃取の痕跡があり、総務省や農水省でも同様な情報漏洩があった（平成二十三年十月から翌年四月）。またグーグルでは平成二十六年四月に空港や駅ビルで百三十ヶ所以上の詳細図面の流出が発覚した。

同年七月、政府の「情報セキュリティ政策会議」は、平成二十五年度の政府機関へのサイバー攻撃の検知数が、前年度の百八万件から五百八万件に急増し、電力・ガス企業等への攻撃も倍増したと発表した。サイバー攻撃の対象は原子力関連の独立行政法人や地方の出先機関にも拡大し、手口も巧妙化した。また平成二十七年五月、日本年金機構のシステムが攻撃され、約百二十五万件の個人情報が漏れ、千以上の公的機関・企業等から約二万件の情報が流出した。二〇一六年六月、ＪＴＢで七百九十三万件の個人情報が流出した。これらの攻撃の発信元は九割が中国である。

二　ロシア

能天気な鳩山由紀夫首相の普天間基地移転発言に端を発して日米関係に亀裂が生じ、それに乗じて中国が尖閣の漁船衝突事件を起こし、ロシアはこれを好機と北方四島の不法占拠正当化の動きを強めた。即ち二〇一〇年九月末、メドベージェフ露大統領は北京を訪れ、胡錦濤国家主席と首脳会談を行い、戦略的協力関係を深め、「中露両国は第二次世界大戦の結果と教訓で非常に近い立場にある」との共同声明を発表し、日ソ共同宣言（一九五六年）や東京宣言（一九九三年）を無視して北方四島の不法占拠を正当化した。その後、メドベージェフは国後島を訪れ、また二〇一二年にも再訪し、「一寸の領土も譲らず」と演説した。更に北方四島の港湾施設の整備、外国企業の誘致を進め、中国及び韓国と合弁の水産加工業の育成を図った。

ソ連崩壊後、ロシアは疲弊したがその後回復に努め、二〇一〇～一三年に軍事費を六十％増額し、軍制改革と装備の近代化を行った。太平洋艦隊には最新鋭の原潜や強襲揚陸艦、新対空防衛システム、対艦ミサイル、対戦車ヘリコプター等を増強した（二〇一一年）。更に日米韓を牽制して二〇一二年四月に黄海で中国と合同演習を実施し、プーチン大統領と胡錦濤主席は同年六月の「上海協力機構」で、アジア太平洋地域の戦略的な協力の深化・連携を謳った共同声明に調印した。

安倍首相は第二次政権発足後、二〇一六年五月までにプーチン大統領と十回の首脳会談を行い、平和条約の締結・日露関係の正常化を図ったが、ロシアのクリミヤ併合（二〇一四年）等が起こり進展していない。

三　北朝鮮

北朝鮮は常備軍百十万人と特殊工作部隊十万人を擁し、核兵器を開発し約十発の核ミサイルの保有が推定され、更に核兵器の小型化を進めている。また約三百基のＭＲＢＭノドン（射程約千三百粁《キロメートル》、日本全土が射程内）を配備し、ＩＲＢＭムスダン（射程三〜四千粁、グアムの米軍基地も射程内）、ＩＣＢＭテポドン２号（射程四〜六千粁、米国西部も射程内）を戦力化中である。また特殊部隊は、能登沖（一九九九年）や奄美大島沖（二〇〇一年）の不審船舶事案等の拉致や麻薬密輸を行った。二〇一一年末に金正日総書記が死去した。三男の正恩が政権を継ぎ主体《チュチェ》思想（第一編第二節二項参照）と軍事優先の先軍政治路線を継承し、政府高官を粛清して政権基盤を固めた。

北朝鮮は一九八五年に核兵器不拡散条約（ＮＰＴ）に加盟したが、一九九四年に条約で義務付けられた国際原子力機関（ＩＡＥＡ）の査察を拒否し、ＮＰＴを脱退した（二〇〇三年）。以後、先軍政治の中核として核兵器開発を進め、日・米・中・韓各国への示威と国内向け実績造りに度々核実験を行っている（二〇〇六年十月、二〇〇九年五月、二〇一三年二月、二〇一六年一月）。二〇一六年一月の実験では北朝鮮は「水爆開発に成功」と発表したが、米・韓当局は「改良型原爆、又は水爆の起爆装置」の実験と判定した。

弾道ミサイルや人工衛星の実験も頻繁に行っている（一九九三年五月・能登沖＝ノドン、一九九八年八月・三陸沖＝人工衛星・光明星一号・失敗、二〇〇六年七月・沿海州沖＝テポドン七発、二〇〇九年四月・西太平洋＝光明星二号・失敗、二〇一二年四月・黄海＝光明星三号・失敗、十二月・フィリピン東方＝光明星三号・成功、二〇一六年二月・同海域＝光明星四号・成功、四、五月・沿海州沖＝ムスダン四発失敗、六月・二発中一発成功、七月・ノドンとスカッド三発、八月＝ノドン二発中一発成功・男鹿半島西二百五十粁に弾着）。北朝鮮は二〇一六年六月のムスダンの成功で、「西太平洋の米軍を攻撃できる確実な能力を持った」と発表した。またＳＬＢＭの実験も屡々行った（二〇一五年五、十一、十二月、二〇一六年四、七、八月）。

　北朝鮮は金正恩暗殺の映画を作った米国の映画会社をサイバー攻撃し（二〇一四年）、韓国警察庁は二〇一四年七月～一六年二月に韓国の大手防衛企業から文書四万二千六百件が北朝鮮に流失したと発表した。二〇一四～一六年に、エクアドル、フィリピン、ベトナム、バングラデシュ各銀行の口座から計九千三百万ドル超が窃取された事件にも北朝鮮製マルウエアが使われた。

四　韓国

　一九五〇年に北朝鮮軍が韓国に侵攻、中共軍も参戦して米・韓軍主体の国連軍と「朝鮮戦争」を戦った。一九五三年にパリ休戦協定が成立し、以後、南北両軍は軍事境界線（略称・三十八度線）を挟んで対峙した。

　韓国は「米韓相互防衛条約」を結び、二〇一六年七月には北朝鮮のムスダンの戦力化に備えて、終末高高度防衛ミサイル・システム（ＴＨＡＡＤ）の配備を決定した。これに対して中国はＴＨＡＡＤのレーダー覆域が中国にも及ぶとして猛反対している。

　北東アジアの安定には日韓の連携が必要であるが、韓国の竹島不法占拠、従軍慰安婦や歴史認識等の食い違いが両国の友好を妨げた。しかし二〇一五年末、日韓外相会談で従軍慰安婦問題の解決が合意された。主な内容は、㋑安倍首相の謝罪と反省の表明、㋺韓国政府が元慰安婦支援の「和解・癒やし財団」を設立し、日本政府が十億円を拠出（二〇一六年夏）、㋩慰安婦問題の「最終的かつ不可逆的」解決を確認し、以後、両国はこの問題の非難を控える。また韓国政府はソウルの日本大使館前の慰安婦像撤去の努力を約束した。しかし韓国では上記の和解に強い反対運動が続いた。

五　中華民国（台湾）

　蒋介石は国共内戦に敗れて台湾に逃れ（一九四九年）、「米華相互防衛条約」（一九五四年）を結んで中国と対峙した。一九七一年に中国が国連代表権を得て台湾は国連を脱退した。一九七九年に米中が国交を樹立し、「一つの中国」の原則で「米華相互防衛条約」は失効したが、米国は台湾を西側陣営として重視し、実質的な軍事同盟の「台湾関係法」（一九七九年）を制定した。一九九六年の台湾総統選挙では、中共軍は独立志向の李登輝の当選を妨害し台湾海峡で恫喝の大規模な軍事演習（台湾海峡ミサイル危機）を行ったが、米国は空母機動部隊を派遣して中国の圧力を排除した。二〇〇八年の総統選挙では、民進党政権は国民党の馬英九に敗れ、親中国の馬総統は中国の「一つの中国」の原則を認め、経済交流を優先し台中融和政策を採った。また馬総統は台湾の尖閣領有を唱え、巡視船と民間抗議船を魚釣島領海内に送り込んだ（二〇〇八、一六年）。更に我が国の沖ノ鳥島のEEZ起点にも反対して、巡視船を派遣した（二〇一六年四月）。二〇一六年一月の総統選挙では民進党の蔡英文が大勝して総統に就任した（同五月）。中国は「一つの中国」の容認を迫ったが、蔡総統は就任演説で前政権の「独立でも統一でもない現状維持路線」を踏襲すると述べた。これに対して習総書記は七月の中国共産党創設九十五年大会で、「一九九二年の中台合意の一つの中国」の明言を迫り、中台間交流の公式ルートは閉ざされた。

六　中国と南シナ海諸国の紛争、地域会合

中国の海洋覇権戦略は第二部一-(七)項に述べたが、以下に中国の南シナ海での力による覇権行動を纏める。

南シナ海は明の永楽帝時代に鄭和（一三七一～一四三四年）による七回の航海を根拠に、中華民国・内政省地域局が「南シナ海諸島位置図（一九四七年）」に南シナ海の約九十%を占める領域を中国の領海として十一段線（折線の緯度・経度は不明）で示した。中華人民共和国はそれを踏襲したが、一九五三年、トンキン湾内の島に支援国・北ベトナムのレーダー建設を認め、トンキン湾の二つの段線を削り九段線とし、一九九二年に領海法を定めた。しかしこれは蒙古帝国の版図であった中東諸国を全て中国領とするに等しい暴論である。

一九六九年、国連アジア極東経済委員会が、黄海・東シナ海・南シナ海の大陸棚に豊富な石油・天然ガス埋蔵の可能性を発表した。以後、同海域は海洋権益争奪の場となった。特に一九八〇年代から中国は海洋覇権行動を強め、ベトナムやフィリピンとの紛争が激化した。

㈠　**ベトナム**　米ソ代理戦争のベトナム戦争（一九六四～七五年）は、一九七五年四月に共産軍が首都サイゴンを占領して終了し、翌年七月にベトナム社会主義共和国が成立した。一九七八年、親ソのベトナムはカンボジアに侵攻して親中国のポルポト政権を倒し、翌年中国は報復の中越戦争を行い、その後も度々衝突した（一九八四～八九年。中越国境紛争）。また南シナ海では西沙諸島の戦（一九七四年）や、スプラトリー海戦（一九八八年、南沙諸島）で中共軍が勝ち南沙諸島を実効支配し、後に

この海域の七つの岩礁を埋め立てた。

ベトナムは二〇一二年、西沙・南沙諸島の領有と国連海洋法による領海紛争処理を規定した「ベトナム海洋法」を制定した。これに対して中国は西・中・南沙諸島を統合して三沙市とし、西沙諸島のウッディ島（永興島）に市庁を置き、島内に飛行場を造り、二〇一五年には地対艦ミサイル、航空部隊を配備した。

日本はベトナム政府の要請で漁業監視船等六隻を提供した（二〇一四年ＯＤＡ供与）。米国は二〇一六年、ベトナムへの武器禁輸を全面的に解除し、ベトナムは米軍艦船の軍港利用を認め、両国の連携を強めた。

(二)　フィリピン　親米のマルコス政権は一九八六年、人民革命（エドウサ革命）で崩壊し、ピナトゥボ山の噴火もあって米軍のクラーク空軍基地が閉鎖された（一九九一年）。更に同年フィリピン上院が「米比基地協定」の延長を否決し、米海軍もスービック基地から撤退した。中国は米軍の後を埋めて南シナ海沿岸国の支配を武力で駆逐し、実効支配を拡大した。二〇一四年、フィリピンは米国の関与を引き出すために、米軍の一時的駐留を認める「防衛協力強化協定」を結んだ。

二〇一三年、フィリピンは南シナ海における中国との紛争案件十五件を常設仲裁裁判所（オランダ・ハーグ）に提訴した。二〇一五年、裁判所は審理を始めたが、中国は当裁判所の管轄権を認めず裁判手続きを拒否し、二〇一六年夏、判決の前後に西沙諸島及び東シナ海で艦艇約百隻、航空機数十機の大規模演習を行い、地域の実効支配を示威した。また中沙諸島にも新型爆撃機の哨戒を実施し、以後常態化させると発表した。

二〇一六年七月、常設仲裁裁判所は中国の九段線は「歴史的な権利を主張する法的根拠はない」とし、南沙諸島で埋め立てた七つの人工島は岩でありＥＥＺ設定の根拠にはならず、中国の埋め立てを海洋環境保護に関する国連海洋法違反と裁定した。更に南沙諸島での両国船舶の紛争も、中国側の国際法違反とした。常設仲裁裁判所の判決は上訴できず、法的拘束力があるが、裁判所は執行権限を持たず、判決の実行は困難である。

上記の判決に対して習中国主席は「中国の領土主権と海洋権益は、いかなる状況下でも、仲裁の判断の影響は受けない」とし、中国外務次官は「判決は一枚の紙屑だ」と暴言して当事国以外の介入を非難した。

中国は二〇一五年には南沙諸島の七つの岩礁を埋め立てて灯台やレーダー施設等を造り、内三つの人工島に三千米級の飛行場を建設した。二〇一六年三月には中沙諸島の埋め立ての準備も始めた。中国はこれらの島嶼は自国領であり、施設は民用と強調したが、南シナ海全域の覇権の確立を目指す意図は明白であり、この地域全域の航空覆域の完成に伴い、防空識別圏設定が予測される。関係国は人工島の軍事基地化による南シナ海の「航海・航空の自由」の侵害を強く警戒している。

二〇一六年六月、B・アキノ三世大統領はR・ドゥテルテに交代し、新大統領は領有権を棚上げして対中関係の改善を目指し、中国もこれを歓迎している。

日本はフィリピンの要請で巡視船十隻（二〇一五年ODA）や海上自衛隊の練習機TC90五機の貸与（二〇一六年）を行い、防衛力の強化に協力した。

㈢　アジア地域の国際会合（参考文献［7］参照）　アジアでは次の地域国際機関があり、前項の紛争の平和的な解決への寄与が期待される。

㈠　ASEAN　一九六七年、ベトナム戦争に伴う連鎖的共産化（ドミノ理論）を恐れた米国の働きかけで、反共の五ヶ国（タイ・フィリピン・マラヤ連邦＝現マレーシア・インドネシア・シンガポール）が東南アジア諸国連合（ASEAN）を結成した。その後、カンボジア、ラオス、ミャンマー、ベトナム、ブルネイが加盟した。

現在のASEAN十ヶ国は、中国の経済援助を受ける親中国派（カンボジア・ラオス・ミャンマー）、領土問題で争う反中国派（フィリピン・ベトナム・マレーシア・ブルネイ）、中間派（シンガポール・タイ・インドネシア）に分かれ、対中国の足並みは揃わない。

二〇〇二年、ASEANと中国は南シナ海問題の平和的解決の原則の「南シナ海に関する行動宣言」に署名した。この宣言はASEAN諸国と中国の友好的環境の促進、国連憲章・海洋法・東南アジア友好協力条約等の遵守、南シナ海の航海・航空の自由等を述べた政治宣言であり、法的拘束力はない。また二〇一一年、ASEAN・中国外相会議で同宣言の実効性を高める「南シナ海行動宣言ガイドライン」が採択され、その後も法的拘束力を持つ「行動規範」が協議されたが進展していない。中国は沿岸諸国と協調的な共同資源開発の姿勢を採りつつ、実態は実効支配の既成事実化を進め、同宣言の「南シナ海の航海・航空の自由尊重」を盾に、第三者の介入を拒否している。

二〇一二年、プノンペンでのASEAN外相会議では、意見の対立で共同声明を出せず、一週間後に㋑行動宣言と、㋺同ガイドラインの完全実行、㋩行動規範の早期採決、㊁国際法原則の遵守、㋭全当事国の自制と武力不行使、㋬国際法に基づく問題の平和的解決、の「六点の原則」が発表された。また二〇一六年のビエンチャンでの同会議では、南シナ海の「仲裁裁判の判決」の遵守を中国に求める共同声明の提案は、中国の工作を受けたカンボジアが反対し骨抜きになった。ASEANは南シナ海沿岸国と内陸国との対立で機能を失った。続いて行われた同地域フォーラムでも、南シナ海問題は討議されたが、議長声明は仲裁判決には触れず、海洋法や国際法遵守を述べるに止まった。

㈡　ASEAN地域フォーラム　この会議はアジア・太平洋地域の政治と安全保障の多国間交渉の場として一九九四年から毎年開かれ、各国の信頼醸成と紛争解決を討議する（ASEANと日米など十六ヶ国、EU）。

㈢　東アジア首脳会議　地域及び国際問題を首脳が進展させるため、二〇〇五年から日・米・露・中・韓・ASEAN・豪・NZ・インドが参加し、毎年開かれる。

㈣　アジア欧州会合　アジア・欧州両地域の協力関係の強化を目的に、一九九六年から隔年、政治・経済・社会・文化の様々な活動を討議する。五十一ヶ国（アジア二十一ヶ国、欧州三十ヶ国）、二機関が参加する。

第十一回アジア欧州会合の首脳会議が二〇一六年七月にモンゴル・ウランバートルで開かれた。議長声明では、南シナ海の記名を避けつつ、海洋安全保障は「国連海洋法条約など国際法に基づく紛争解決が重要であり、航海・航空の自由の確保を確認する」と述べ、テロとの戦いの国際協力、北朝鮮の核・ミサイル開発の自制、世界経済の持続可能で均衡的成長の達成にあらゆる政策手段を行使すること等を強調した。

㈤　アジア安全保障会議（シャングリラ会合）英・国際戦略研究所が主催し二〇〇二年から毎年シンガポールで開かれる。アジア太平洋地域の国防大臣等が集まり、地域の安全保障の課題や防衛協力が討議される。

近年の会議では、中国の「力による現状変更」の覇権行動に対し、紛争解決に法的拘束力を持つ多国間交渉の「行動規範」締結が強調されるが、中国は「国境問題の当事国協議」を主張し拒否している。

七　インド、インド洋諸国、豪州

㈠　インド　中国海軍は二〇〇八年頃からインド洋に進出し、「印度を囲む真珠の首飾り」と呼ばれる諸港（シットウェ＝ミャンマー、チッタゴン＝バングラデシュ、ハンバントタ＝スリランカ、マラオ＝モルディブ、グワダル＝パキスタン）等の港湾整備を支援し軍事拠点とした。これに対してインドはアンダマン・ニコバル諸島の防備と日米印の安全保障面の国際協力を強化した。二〇〇六年、M・シン・インド首相が訪日し、「日印戦略的グローバルパートナーシップ」の共同声明に署名し、二〇〇八年、安全保障協力の「日印安保共同宣言」が出された。その後も毎年相互に首脳が訪問し、首脳会談を行い、二〇一三年十一月にはインド政府の招請で天皇皇后両陛下が五十三年ぶりに訪印された。安倍首相は二〇一四、一五年にインドを訪れ、原子力平和利用や高速鉄道建設の協力を約束し、「防衛装備品及び技術移転協定」と「情報保護協定」を結んだ。

海上自衛隊は二〇〇七、〇九、一四、一五年に米印共同訓練「マラバール」に参加し、二〇一六年六月の「マラバール－二〇一六」は沖縄東方海域で行われた。翌年からは正式に日米印三国の共同演習となった。

㈡　**インド洋諸国**　安倍首相は二〇一四年にバングラデシュとスリランカを訪れ首脳会談を行い、インド洋への中国の進出を牽制し我が国の船舶保護に資するため、インフラ整備や海上警備協力を提案した。

㈢　**豪州**　日豪両国は米国と緊密な同盟関係にある。これを基に両国の包括的な戦略的協力関係を作るため、第一次安倍内閣の二〇〇七年、「日豪安保共同宣言」が署名された。また同年、安倍首相の提唱で「日米豪印戦略対話」が開かれ、海軍の合同演習が行われた。その後、豪州は政権が交代し、四ヶ国会談から離脱したが、二〇一三年末に復帰した。

八　米国の南シナ海への関与

米国は、南シナ海で米海軍哨戒機と中国戦闘機の接触事故（二〇〇一年）や米音響観測艦の妨害（二〇〇九年）等、中共軍としばしば衝突した。米国は「航行の自由」を求め、沿岸諸国と中国牽制の合同演習を度々行い、米海軍はイージス艦を中国が埋め立て中の島嶼海域を航行させる「航行の自由作戦」を実施した（二〇一五年十月～一六年六月の間に三回。継続中）。

中国経済の急成長に伴い、二〇〇六年から年に二回、閣僚級の「米中戦略・経済対話」が開かれる。二〇〇九年四月の首脳会談の合意で、協議内容を安全保障等にも広げ、以後、米中間の重要な協議の場となった。

オバマ政権は当初は対中融和政策を採ったが、中国の強硬姿勢により、軍事・外交のアジア・リバランスを行い、中国牽制に政策を転換した（二〇一一年）。

習主席は、二〇一三年六月、訪米しカリフォルニア州のサニーランドでオバマ大統領と首脳会談を行った。二日間の会談で、サイバー問題、北朝鮮の非核化、テロとの戦い、人権・チベット問題、環境・エネルギー問題、海洋権益問題（南シナ海・尖閣諸島）、環太平洋経済連携協定等々が話し合われ、会談後の記者会見では「米中が新しい協力モデルの構築を目指すことで一致した」とされた。しかしその後、中国は懸案問題の解決に動かず、大規模なサイバー攻撃や南シナ海の埋め立て・基地建設を続け、米国は抗議を繰り返した。

二〇一四年十一月にはオバマ大統領が北京を訪問して第二回首脳会談が行われ、二〇一五年九月に三度目の会談がワシントンで行われた。会談では企業秘密窃取のサイバー攻撃の取り止めを確認し、閣僚級対話の創設や、北朝鮮に対する六ヶ国協議の再開が合意されたが、会談は険悪なやり取りに終始した。オバマ大統領は中国による南シナ海の人工島や飛行場建設に「重大な懸念」を表明し、習主席は「これらの島嶼は中国固有の領土」と反論して譲らなかった。二〇一六＞三月末、ワシントンでの核安保サミットの米中首脳会談（七回目）でも、懸案問題の進展はなかった。

二〇一六年五月、伊勢・志摩G7サミットでは、主テーマの世界経済の持続的発展の討議の他に、①東シナ海・南シナ海の中国の海洋覇権行動の警戒と、平和的な紛争解決、②北朝鮮の核・ミサイル開発の非難と、国連安保理事会決議の履行、拉致問題の解決等を要求、③地球温暖化に関するパリ協定の二〇一六年中の発効に努力等の首脳宣言が採択された。

以上、第二部ではアジアの軍事環境を概観した。現在の世界紛争の震源地は中近東と東アジアであり、アジアの軍事的危機には、次の可能性が考えられる。

Ⓐ　東シナ海、南シナ海での中国の力による海洋覇権行動の拡大と、沿岸国・日・米との衝突

Ⓑ　台湾政局の変化による中国の台湾併合

Ⓒ　北朝鮮・金政権の崩壊による混乱、又はそれを打開するための北朝鮮の暴発の朝鮮半島有事

Ⓓ　ロシアによるオホーツク海の内海化、及び北方四島の大規模な軍事基地化

我が国はこれに備えて戦後レジームを克服し（文献③参照）、国民の意識を改革して国防意識を固め、外交・防衛の体制を整備することが喫緊の課題である。

第三部　国防の内的脅威・戦後レジーム

『日本』、平成二十八年十月号、三十四〜三十一頁

前述の第二部では我が国周辺の外敵の脅威を述べたが、世界史は多数の国が外敵ではなく、内部要因によって衰亡した歴史を記している。第三部では我が国の現在の国防に関する内的脅威について考察する。

戦後レジームの根源は、ＧＨＱが九日間で草案を作り我が国に強要した「日本国憲法」にある。この憲法は、我が国の伝統を無視して国体を捏造し、国家の自衛権も否定し、元首の規定や非常事態条項さえもない「欠陥憲法」である。それは「占領実施法」に過ぎないと言っても過言ではない（参考文献［１、３］参照）。

我が国は一九五一年、「サンフランシスコ講和条約」調印と同時に、「日米安全保障条約」を結んだ。この条約では「日本国憲法」の戦力放棄を受けて、「日本政府が米軍の駐留を希望する」と明記し、抑止力を米国に委託した。一九六〇年、岸信介内閣は「日米安保条約」を改定し、「駐留希望」の文言を削り、十年後は自動継続とした。「日米安保条約」は両国の信頼関係の証であるが、同盟は自主防衛の補完に過ぎず、条約はしばしば反故にされる。その後、実効性の不確実な「米国の核の傘」が、国民の国防意識を消し去り、独立国家矜持と危機管理機能を腐敗させた。

ＧＨＱは日本の永続的な無力化を図り、東京裁判では日本を一方的に侵略国と、決めつけ、我が国の近代史を完全に否定した。進歩的文化人はこの自虐史観に盲従し、非武装中立や一国平和主義、謝罪外交を唱え、国内の言論界を風靡した。この委縮した時代思潮が「戦後レジーム」を更に増幅した（参考文献［３］参照）。

その最も象徴的事案が我が国の主権を明らかに侵害した北朝鮮の特殊工作員による拉致事件である。国内外から多数の青少年が拉致され、北朝鮮の諜報機関で使役されていることを確認しながら、救出には手も足も出せず、加えて原子力発電所の建設（朝鮮半島エネルギー開発機構の新浦軽水炉発電所建設。一九九七年）や食糧支援（一九九五〜二〇〇三年）まで奉仕した。

一　政治・警察・司法の戦後レジーム

㈠　**政治の劣化**　曽て議員は「井戸塀代議士」と言われたが、近年は不正な領収書を掻き集めて公金を掠め取る新商売となり、後援会幹部の「帳簿ミスと称する公金詐取」が頻発している。最近では舛添要一前東京都知事が外国出張の大名旅行や公私混同の公用車使用、政治活動費による家族旅行等を週刊誌に暴露されて辞任した（二〇一六年六月）。舛添氏が選任した（自称）第三者委員会も「違法ではないが不適切」とし、ニューヨーク・タイムズ紙は「ＳＥＫＯＩ」と報じた。法は常人の最低限のモラルであり、「最低の常人の不適切な行為」を公然と行う都知事では困る。

㈡　**警察の戦後レジーム**　国家公安委員会は桶川ストーカー殺人事件（平成十一年十月、女子大生の付き纏いの相談を警察が無視し、白昼ＪＲ桶川駅前で刺殺された事件）を重く捉え、有識者による「警察刷新会議」を設け、「警察刷新に関する緊急提言」が出された（平成十二年）。これを要約すれば次のとおりである。

㈠　**閉鎖性**　情報公開の欠如、内部組織の馴れ合いと監察機能の低下、公安委員会の管理機能の不足。

㈡　**外部の批判や意見が反映されない体質**　批判やチェック態勢の不備、誤った「民事不介入」、個々の警察官の責任が問われない緊張感を欠いた職務執行、住民の要望・意見の多様化への不感症。

㈢　**時代の変化への対応不足**　キャリアの現場経験の不足と治安を担う志と責任感の欠如、各級幹部の教育・訓練の不足、住民の不安解消の無視。

㈣　**新たな犯罪形態への対応力の不足**　ハイテク犯罪・サイバーテロ・国際組織犯罪・ストーカー・家庭内暴力・児童虐待等の専門人材や体制の不備。

警察庁、公安委員会は提言に基づき「警察改革要綱（平成十二年）」をまとめ、平成十五年を治安回復元年とする「緊急治安対策プログラム」に取り組んだ。しかしその後も全国で同様な警官の不祥事は止まない。それは戦後の「人間教育の欠落」に原因がある。

㈢　**司法の不法行為**　先ず検察の不祥事を挙げる。

㈠　**冤罪事件**　戦後、死刑又は無期懲役確定後に再審無罪となった冤罪事件は八件、抗告中一件、再審中の被告死亡一件がある（平成二十八年六月まで）。①免田事件（昭和二十三年、熊本県人吉市の一家四人の強盗殺人）。死刑確定（同二十七年）、再審無罪（同五十八年）。②財田川事件（同二十五年、香川県三豊市の強盗殺人）。死刑確定（同三十二年）、再審無罪（同五十九年）。③

島田事件（同二十九年、静岡県島田市の六歳の女子殺害）、死刑確定（同三十五年）、再審無罪（平成元年）。④松山事件（昭和三十年、宮城県松山町の農家四人の殺害・放火）、死刑確定（同三十五年）、再審無罪（同五十九年）。⑤府川事件（同四十二年、茨城県利根町布川の殺人）。男性二人が無期懲役（同五十三年）、再審無罪（平成二十三年）。⑥足利事件（同二年、足利市の四歳の幼女殺害）、無期懲役（同十二年）、再審無罪（同二十二年）。⑦東電ＯＬ殺害事件（同九年、東京都渋谷区のＯＬ殺害）。ネパール人男性が無期懲役（同十五年）、再審無罪（同二十四年）。⑧大阪市の放火殺人事件（同七年、大阪市東住吉区の小学六年生女児の死亡火災で、母親と内縁の夫が保険金目的の放火殺人罪に問われた）。無期懲役確定（同十八年）、弁護団が燃焼実験を行い再審請求、再審無罪（同二十八年）。⑨袴田事件（昭和四十一年、静岡県清水市の一家四人の殺害・放火）、死刑確定（同五十五年）、再審開始（平成二十六年）、抗告中。⑩名張事件（昭和三十六年、三重県名張市の町内懇親会でブドウ酒を飲んだ女性十七人が中毒し五人が死亡）。死刑確定（同四十七年）。再審請求九回、審査中に死刑囚が死亡（平成二十七年、八十九歳、収監期間は四十三年）。これらの再審裁判では、検察の供述・自白の偏重、自白強要、反証の隠蔽、証拠捏造等があったとされた。

㈡ **拠品改竄事件**　大阪地検特捜部の主任検事が郵便料金不正の証拠品フロッピーを筋書きに合わせて改竄《かいざん》した事件（平成二十二年。実刑判決）や、小沢一郎代議士の元秘書に対する政治資金規正法違反事件の検事の虚偽捜査報告書作成事件（同二十四年）がある。選挙違反捜査では、虚偽調書の作成（同十九年。志布志事件＝鹿児島県議選の買収事件）や、虚偽証言の強要（同二十三年。深谷市議選の供応買収事件）がある。

㈢ **漁船・護衛艦の衝突事故**　漁船「清徳丸」と護衛艦「あたご」が房総沖で衝突した事件（平成二十年二月）では、検察は週刊誌の海上自衛隊バッシング記事の杜撰な航跡図を証拠とし、第一・二審とも「あたご」の士官二名は無罪となった（同二十五年）。

また裁判のぶれも目に余るものがある。

㈣ **国歌・国旗への儀礼の違憲訴訟**　東京・神奈川・広島・福岡等の左翼教師が「入学式や卒業式での国歌・国旗への儀礼の違憲訴訟」を起こした。都立高校教師ら四百一人の訴訟では、一審の東京地裁が「東京都教育委員会の儀礼の通達は違憲」とし、慰謝料一人当り三万円の支払いを命じた（平成十八年）。しかし最高裁は合憲とし、教員側の敗訴が確定した（同二十三年）。

㈤ 航空自衛隊イラク派遣の違憲・損害賠償訴訟　全国で五千人超の原告が、国を相手に十一の裁判所に「イラク特別措置法」による自衛隊イラク派遣を憲法第九条違反とし、違憲確認と精神的苦痛への慰謝料一人一万円の支払を求めた。名古屋地裁の合憲判決に対する全国最初の名古屋高裁の控訴審（平成二十年）では、控訴を棄却し原告の全面敗訴となった。しかし判決理由の傍論で「イラクでの航空自衛隊の輸送業務は違憲」と述べ、平和愛好者と称する原告の市民団体と左翼マスコミを「勝訴判決に勝る実質勝訴」と欣喜雀躍させた。検察は傍論の上告はできず判決が確定し、判決とは無関係な傍論が最高裁の憲法判断を封じた。

㈥ 高浜原発三・四号機再稼働差し止め仮処分　関西電力・高浜原発三・四号機（福井県）は、平成二十七年二月に原子力規制委員会が「新安全基準」の合格を認定した。福井・京都など四府県の住民が福井地裁に「再稼働差し止めの仮処分」を申請し、地裁は「原発稼働は合理性を欠き安全性は確保できない。新基準の適合性を判断するまでもなく人格権を侵害する具体的危険が認められる」として再稼働を禁止した。しかし関電の仮処分の保全異議審査に対し、福井地裁の別の裁判官は十二月に「新安全基準は合理性がある」として仮処分を取り消し、高浜原発三・四号機は稼働に漕ぎ付けた。しかし二〇一六年三月、滋賀県住民が大津地裁に運転差し止めを訴え、地裁は関西電力の説明不足と原子力規制委員会の審査に疑義を呈し、既に再稼働した三・四号機の運転差し止め仮処分を決定した。関西電力は保全処分の異議と仮処分の執行停止を申立てたが六月に却下された。これらの裁判のぶれは「裁判官の独立性」によるが、世界最高レベルとされる「新安全基準」を無視する裁判官の判断は独善に過ぎる。

㈦ 司法試験漏洩事件　平成二十七年、明治大学法科大学院・青柳幸一教授（六十七才。司法試験・憲法分野の問題作成の考査委員主査）は、交際中の教え子の女性受験者に問題を教え、模範解答を添削・指導した。司法人の倫理崩壊を象徴的に物語る事案である。

二　教育における戦後レジーム

戦前の教員養成制度は、中等学校・高等学校・大学と、師範学校・高等師範学校・文理科大学の複線的学制が整備されていた。戦後、旧制師範学校は新制大学の教育学部、それ以上は教育大学又は学芸大学の新学制に一本化された。師範学校は学費が支給されたため優秀な学生が集まり、質の高い小・中学校の教員が養成されたが、戦後の新制大学教育学部は人気が無く、「デモ・シカ先生」

（教師にデモなるシカない）と呼ばれた時代が長く続き、教員の質が低下した。また占領政策で作られた教員組合は、共産党の指導の下で革命教育に熱中する左翼教職員組合が長く支配し、東京裁判で歪曲された国史と国家観、道徳や伝統文化を蔑視する自虐史観の教育が半世紀にわたり行われた。昭和二十七年に「日本教職員組合」（日教組）の中央委員会は、「教師の倫理綱領」として十項目の「あるべき教師像」を解説した冊子を全国の学校に配布した。その第八項には「教師は労働者である」、第九項「教師は生活権を守る」、第十項「教師は団結する」と謳い、マルクス、エンゲルス著の『共産党宣言』に倣った扇動文書であった。日教組は反戦・反安保・反勤評・反道徳教育等の政治闘争を活発に行い、「反体制・造反有理」を生徒達に教えた。

ミスター日教組と呼ばれた槇枝元文は、日教組委員長を昭和四十六年から十二年間務め、金日成北朝鮮国家主席を最も尊敬し、「金日成誕生六十周年（昭和四十七年）」には訪朝して北朝鮮の教育制度を絶賛し、平成三年には北朝鮮から「親善勲章第一級」を受けた。

日教組の組織率は昭和三十三年には八十六％を占めたが、過激な反政府活動や闘争路線の内部分裂で、同四十五年には約五十七％、以後漸減して平成二十六年には約二十五％に落ちた。しかし未だに日教組が活発な政治活動を続け、強い影響力を持つ県も少なくない。

「日教組」は昭和四十五年以降、「ゆとり教育」を提唱した。平成七年、自・社・さ連立の村山内閣が誕生し、文部省と協調路線に転換し、同八年、文部大臣の諮問機関・中央教育審議会の委員に日教組幹部が起用され、「ゆとり教育」の完全週休五日制、学習内容及び授業時数の削減、「総合的学習」の新設、絶対評価等が採用された。しかしその結果、生徒の基礎学力が低下したとされる。

第一次安倍内閣は、平成十八年、「教育基本法」を改正し、同二十年、「ゆとり教育」を見直した。また第二次安倍内閣は「教育再生」を唱え、道徳教育の強化、学習内容の充実、学制改革等を進めた。

現在の教育界は教師の質の低下による父兄と教員の悶着、精神障害の休職教員の激増、生徒の虐めや自殺、管理能力のない学校長や教育委員会等による事故が頻発している。これらは戦後の日教組主導の教育が育てた教員の力量不足が原因であり、無能教員とモンスター・ペアレントの再生産の連鎖を断ち切らなければ、我が国の衰亡は必至である。今日の我が国の人間劣化の根本原因は、「教師は革命の先頭に立つ労働者である」として「人格形成の教育」を怠り、政治闘争に明け暮れた左翼教組の民主教育の産物である。

三　民間の職業倫理の崩壊

近年、一流企業の不正が新聞紙上を賑わせる。

㈠　**東芝の不正経理**　創業百四十年を誇る「東芝」が組織的な不正経理で経営陣が告発された（平成二十七年）。平成二十年四月から六年半の不正水増し額は税引き前利益で千五百十八億円に達した。

㈡　**横浜市のマンション欠陥工事**　「三井住友建設」が設計・施工した横浜市都筑区のマンション団地（平成十九年完成）の一棟が、八十三本の基礎杭データ捏造の欠陥工事で傾いた（平成二十七年に発覚）。

㈢　**製薬会社の不正**　「化学及血清療法研究所」（熊本市）が昭和四十九年から国の承認とは異なる製法で血液製剤やワクチンを製造し、組織的に製造記録を偽造したことが、平成二十七年に発覚した。

㈣　**免震ゴムのデータ改竄**　「東洋ゴム工業」製造の免震ゴム・二千五十二基（平成十五年から二十三年に製造）が、組織的にデータを改竄されたことが発覚し、国交省の認可を取り消された（平成二十七年）。

㈤　**乗用車の燃費不正**　「三菱自動車」は平成二十五年以降に製造した軽自動車四車種六十二万五千台の燃費データを実際より良好に捏造し、国交省に届けて販売した（二〇一六年四月発覚）。国交省の確認試験では平均十一％も下回っていた。その後、同社の全二十車種で不正が判明した。自動車メーカー「スズキ」でも二十六車種、二百十四万台の燃費データ不正が発覚した。

曽ての「商人道」の「三方良し（売り手よし、買い手よし、世間よし）」は消え去り、儲けるためには捏造・欺瞞・隠蔽のなりふり構わぬ社会となった。

四　国家安全保障の戦後レジーム

国防の戦後レジームとしては、極端な反戦ムードの時代思潮と、政治家、評論家、マスコミの軍事無知、及び防衛官僚の誤った文民統制が指摘される。それらが沖縄・普天間基地の移転問題を混乱させ、日米関係の亀裂を生んだ（平成二十一年）。鳩山元首相は退任時に沖縄の米海兵隊のアジア・中近東にわたる任務や、地政学上の沖縄の位置づけと抑止力の意味を「知らなかった」と語った。そのような人物が自衛隊の最高指揮官として国防を指図したことは戦慄すべきことである。彼は後に「あの告白は方便だった」と弁解して国民の憫笑《びんしょう》をかったが、政治家には同類が少なくない。

「軍事の文民統制」とは、「国の軍事力の構築と発動を政治が主導する」ことである。しかしこの常識的な政治概念は、我が国では「軍隊は悪＝軍人の排除」となり、防衛省の内部部局（内局）の「文官専制」にすり替えられた。即ち内局が自衛隊の全予算と上級自衛官の人事権を握り、防衛相や政府への全ての報告等は内局を通じて行われ、自衛官の軍事専門家としての発言は一切封じられてきた。その結果、防衛問題に全く無知な歴代の無能大臣と、それに媚びる防衛官僚が様々な部隊運用に介入し、自衛隊を動かすのが我が国の文民統制の実態となった。

具体例を挙げれば、平成二十三年、野田内閣の一川保夫防衛相は就任記者会見で、得意気に「安全保障は素人だがこれが本当のシビリアンコントロールだ」と語り、三月後に大臣不適格言動で離任した。後任の田中直紀氏もひどい素人大臣であり、在任三月で問責決議を受けた。これらが防衛官僚跋扈《ばっこ》の遠因である。

また昭和四十年の三矢研究や、昭和五十三年の栗栖弘臣統合幕僚会議議長の超法規発言もその例である。前者は朝鮮半島で武力紛争が生じた際の我が国の防備態勢の兵力展開と、部隊運用に必要な関連法令の整備等の机上演習を行ったものであり、自衛隊が当然行うべき研究である。また後者は、栗栖統幕議長が「週刊ポスト」誌の取材に答えて、当時、ソ連が北方四島に建設中の基地から奇襲攻撃を行った場合、第一線の指揮官は首相の防衛出動命令を待つ余裕はなく、超法規的に行動せざるを得ないと述べたもので、極めて常識的な意見である。しかし国会、マスコミはこれらに轟々《ごうごう》たる非難を浴びせ、三矢研究の担当者は処罰され栗栖統幕議長は罷免された。

平成二十年には、田母神俊雄航空幕僚長が公益財団法人アパ日本再興財団「真の近現代史観」の第一回懸賞論文に応募し、論文「日本は侵略国であったか」で最優秀藤誠志賞を受賞した（同財団出版、『誇れる国、日本Ⅰ』所収）。しかし、その自虐史観批判の憂国正論のために引責・罷免された。更に田母神空幕長の前職の統合幕僚学校（自衛隊高級幹部の研修機関）では国史・国家観等の講義・講演は全て廃止された。

これらはいずれも危機的な国防の現状を憂うる自衛官の発言である。これに対し防衛省の政治家・官僚らは自らの怠慢を省みず、権力を嵩に発言者を処罰し自衛隊の課程教育から愛国心を抜き去り、事なかれ主義の役人に奉仕する無気力な自衛隊員を作ろうとしている。これこそ国の安全を害う元凶と言ってよい。

更に平成二十二年、防衛省は「自衛隊行事でのＯＢ・部外者の政治的発言の排除」の次官通達を発し、田母神元空幕長や佐藤正久自民党参議院議員（元一等陸佐・イラク復興支援隊長＝平成十六年）等の自衛隊ＯＢの講演会を、大臣直轄（北沢俊美防衛相＝民主党・菅内閣）の情報保全隊（防諜任務部隊）に監視させた。自衛隊ＯＢへの言論弾圧のこの通達は、野党自民党等の激しい批判を受けて撤回された。前述の栗栖発言や田母神論文は、個人的見解を述べたに過ぎないが、次官通達は全自衛隊を縛る公文書であり軽重は雲泥の差がある。この事件は任務に忠実な自衛官は簡単にクビにするが、己の職責は全く顧みない防衛官僚の増長慢の体質を示す。それは数百回の接待ゴルフで実刑を受けた守屋武昌次官と取巻き官僚の醜行にも現れた（平成十九年）。中国や北朝鮮の脅威よりも、頓珍漢な首相や防衛相、取り巻きの防衛官僚の方が、我が国の重大な脅威である。防衛省の歪んだ体質を改め、正しい文民統制と有事即応体制の確立が急がれる。

上述した組織環境の下では危機管理は等閑《なおざり》にされ、自衛隊の部隊運用基準も不備となり、多数の人命が失われ、或いは危険に曝《さら》された事例は少なくない。

その顕著な事例は阪神淡路大震災である。平成七年一月十七日、阪神地方を襲った激震は六千四百余人の人命を奪い、約二十五万戸の家屋を全半壊させた。この時、村山富市首相（社会党）は燃え上がる神戸市街をテレビで見物しつつ数時間を無為に過ごし、高知沖を航行中の米空母の救援申し出を拒絶し、社会党の反米宣伝の旗振りに廻った。また貝原俊民兵庫県知事は、選挙母体の社会党の面子にこだわり自衛隊への災害派遣要請を躊躇し、自衛隊からの再三の督促で四時間半後に漸く要請した。そのため関西の郷土連隊は、生きながら猛火に焼かれる数千人の市民を拱手傍観する不届きな事態を生じた。市民の生命よりも政党宣伝を優先する革新首長と、誤った文民統制の軍隊の無惨なる醜態である。この震災以前は「防災の日」の自衛隊との共同訓練さえも拒否する自治体が多かった。

その後、自衛隊の災害派遣の裁量権が拡大され、東日本大震災では迅速に出動したが、菅直人内閣（民主党）は十数個の有識者会議を立ち上げただけで行政組織は動かず、国の危機管理体制の不備を露呈した。

北朝鮮工作船事案（特殊工作員のゲリラ潜入、麻薬密輸・拉致等、能登半島沖＝平成十一年、奄美大島沖＝平成十三年）では、重武装の工作船対処の根拠法は「漁業法」と「関税法」しかなく、工作船の船体射撃は許されず、巡視船と交戦権のない護衛艦や哨戒機が工作船のロケットや機銃に射たれつつ渡りあった。

自衛隊のＰＫＯ活動は武器使用が緊急避難や正当防衛に限られ、最も重要な治安回復には手を出せない。「イラク支援特措法」による自衛隊のイラク派遣（平成十五～十八年）では、外国軍に前後を守られて医療と土木作業を行った。サマーワ近辺の治安が悪化した期間は、部隊は宿営地に逼塞《ひっそく》し、諸外国の新聞から「臆病者の自衛隊」と揶揄《やゆ》された。安倍内閣は「安保法制改革」（平成二十七年）でPKO部隊の武器使用の「駆けつけ警護」や「宿営地の共同警護」を認め、南スーダンPKO活動（平成二十三年から継続）の交代部隊に初めて新任務を下令の予定である（二〇一六年十一月）。

第四部　国家安全保障体制確立のための諸改革

『日本』、平成二十八年十二月号、二十六～三十三頁

前編の第三部では、我が国の安全保障の内的脅威である各界の戦後レジームの弊害を述べた。本編ではこれらを克服するための改革について考察する。

一　教育の再建と時代思潮の是正

前述した戦後レジームの根源は、大東亜戦争敗戦後のGHQの占領政策、就中《なかんづく》、米国模倣の民主制を強要した「日本国憲法」による国体の改変と、教育改造による国民の伝統的価値観の崩壊にある。これらが自虐史観の時代思潮を生み、今日の国民の劣化をもたらした。これを修復して国史と伝統文化に対する国民の尊敬と矜持を復活し、民族精神を再興することが全ての改革の出発点である（参考文献［1、3］参照）。それには国民の価値観・国家観を育み、職業倫理や愛国心を涵養する学校教育の再建が最も重要である。

㈠　**教育の再建**　GHQは我が国の永続的無力化のために米国式の民主教育理念を強要し、六・三・三・四年の学制変革を行った。これを我が国本来の教育理念に改革し、学校教育を再建することが必要である。

㊀　**小学校**　国史・道徳・国語教育を中心に、伝統的な日本民族の敬神・崇祖の習わしと先祖の流風・遺俗を丁寧に教え、正直と廉恥の念を育み、礼節と作法を心身に刻み込む人格形成の教育を行う。

㊁　**中学校**　各教科について基礎学力を養い、また多感

な年代の生徒に対し、古典の教育を通じて「日本の美意識と和の精神文化」の情操教育を行う。更に、道徳教育により「公」への奉仕の心を育む。

㊂ **高等学校**　義務教育を基礎に各教科の内容を高度化し、更に社会の問題への理解力と創造的志向を涵養し、そこから各自の自主的な自己実現の「志」を育み、社会人への進路選択を促す教育を行う。

㊃ **大学・大学院・専門学校**　大学は学術研究と高等教育（旧制高校相当の一般教養科目と専攻学科の専門科目）を行い、学生が「志」を社会で実践する基礎技術を学ばせる。専門学校はこれを補完し、各分野の基礎技術と資格取得の教育を行う。大学院は学術研究を発展させ研究者を養成する。近年、大学の研究が目先の成果を追う応用研究に偏り、基礎科学が軽視され、大学の研究機能の空洞化が問題視されている。

言うまでもないが上記の「志」とは、「一流企業に就職する」たぐいの卑小な願望ではなく、己の一生を意義づける「廉潔・清朗な生きざまの哲学」をいう。それは武士道精神に通じるが、学校教育の主眼は、国民に「伝統的な日本人の心」を育み、民族の精神基盤を涵養して「日本的な美的感覚と武士道精神」を持った「個」を確立することにある。それによって国民は職業人、更には国際人として自立することができ、社会のモラルが形成される。今日、我が国では不正な捏造・欺瞞・隠蔽が横行しているが、この国民の劣化は日教組主導の戦後教育が、「日本人の美的感覚と武士道精神」を抹殺したことによる。これを矯正し、国民の「志」を復活することが我が国の再生の道である。

安倍内閣は平成十八年に「教育基本法」を改正し、第二次政権では平成二十五年、その理念を反映した「教科書改革実行プラン」を策定し、教科書検定基準を厳格化した。これにより小中高校の教科書は改善され、「ゆとり教育」も改められた。教育の戦後レジームは漸次是正されつつあるが、戦後教育が破壊した国民の価値観、国家観、歴史観、愛国心、「公」への献身等を回復するには一層の教育改善が必要である。

㈡ **時代思潮の是正**　上述した教育改革により国民の価値観・国家観を育み、安逸な福祉社会願望と「日本国憲法」の妄想的平和主義の時代思潮を是正し、勤勉実直を貴ぶ堅実な社会を作ることが重要である。

㊀ **国民の愛国心の涵養**　先哲や先祖に対する尊敬と伝統文化の誇りが、健全な国家観を育み、愛国心を生む。偏狭なナショナリズムは厳に戒めなければならないが、国家安全保障の基盤は、国民の堅実な国家観に基づく愛

国心にある。特に生命を賭して国防の任に当たる兵士の献身や勇気・規律の源泉は、日本文化に対する敬愛から生れる愛国心にあり、その中核は国体の護持、皇室への忠誠心である（参考文献［10］）。精強な国防軍の建設には兵士の民族文化護持の堅い志が必要である。また兵役は国民の義務であり、青年の健全な国家観涵養の機会となる。

㈡　アジア情勢に関する国民の危機感の共有　第二部に前述した中国の脅威に対し、我が国は中国との経済関係を深めつつ、彼の覇権主義を抑制して安定的な戦略的互恵関係を築こうとしている。中国も表向きは互恵関係を唱えつつ、東シナ海では不法な海底資源開発、排他的経済水域の拡大、尖閣侵入、防空識別圏の設定等を強行した。また南シナ海では理不尽な領海設定、岩礁の埋め立て、軍事拠点建設等、国際仲裁裁判所の中国不法行為裁定判決（二〇一六年七月）を無視して海洋覇権の膨張路線を驀進している。中国の南シナ海の軍事拠点が完成すれば、南シナ海は中国の内海となり、我が国のライフラインは完全に中国に牛耳られ、独立の保持さえ危うくなる。

中国が「海軍近代化計画」の躍進後期（二〇一〇～二〇年）で目標とする第二列島線内の制海権の確立には、沖縄と台湾を支配し太平洋への出口の啓開が不可欠である。第二部一－㈤項に前述したとおり、中国の「琉球解放」の法律戦・与論戦は既に始まっており、また台湾を「国家の核心的利益」とし、「海洋発展戦略」にも「祖国統一」を掲げている。今後、台湾との関係を深め、経済的に台湾を支配し、「一国二制度」の詐術の下に台湾の併呑を図っている。

上述した中国の脅威の切迫に対し、我が国の危機感は非常に希薄である。安倍内閣は一連の「安保法制改革」（本編第四部四－㈤項に後述）を行ったが、野党は共同して「安保法制改革二法」を「戦争法」とし、根強く廃棄運動を続け、これに賛同する国民も多い。彼らは観念的平和論と「マッカーサー憲法」の護憲を唱え、アジア情勢の危機認識が全く欠落している。本来「安保法制改革」は憲法改正が望ましいが、それには長い準備期間を要し、その余裕はない。

現在の東アジアの危機的状況は、フィリピン上院の「米比基地協定」延長の否決と米国のアジア軽視（一九九一年の在比米海・空軍基地の撤退）、能天気な鳩山元首相の普天間基地移転発言による日米の亀裂等、東アジア各国と米国の対中政策の不一致に中国が乗じたものである。今日、日本の油断、フィリピンのドゥテルテ新大統領（二〇一六年六月末に就任）の親中路線への転換及び対米暴言と米比両国の軋《きし》み、ＡＳＥＡＮ諸国の対中姿勢の分裂等、中国に付けこむ隙を与えており、その海洋覇権の一層の拡大が強く懸念される。

二　憲法改正

憲法は国家の伝統的統治の理念に基づいて国の容《かたち》（国体）を宣言し、国家の法体系を規定する基本法である。我が国では飛鳥時代（六世紀）に天皇が国政を総攬する君主制が確立した。その統治原理は、昨今の政治溶解の原因である大衆迎合の民主主義を超克する民本主義と、貪欲な利己増殖の権利主義を克服する和（調和と謙譲）の精神である。それは聖徳太子の「十七条憲法」（推古天皇十二年＝六〇四年）に詳らかに諭されており、また明治維新の「五箇条御誓文」（明治元年＝一八六八年）にも「万機公論に決すべし」と宣べられている。更にこの「民本徳治の政《まつりごと》」に応える国民の心も国歌「君が代」に端的に謳われている。「マッカーサー憲法」はこの伝統の国柄を否定したが、これを改め憲法に皇室が国家の中核であることを明記し、天皇を元首とする立憲君主国・日本の統治の理念を宣言して、初めて国政の基盤が明確になる。

現憲法は前文で「平和を愛する諸国民の公正と信義に信頼して、われらの安全と生存を保持しようと決意した」と書き、第九条で戦力を放棄した。しかし現に世界の戦乱は絶えず、中国の海洋覇権強国の国策や北朝鮮の先軍政治が強行され、国際社会の競争場裡は弱肉強食の修羅場である。「日本国憲法」の看板の「主権在民、基本的人権、平和主義」は、米国模倣の民主制と妄想の平和主義を唱えて帝国陸海軍を解体し、我が国の永続的無力化を図ったGHQの宣伝文句に過ぎない（参考文献［1］）。これらは「国民の参政権、国是の民本主義（基本的人権の尊重）、戦力統制の国際平和主義」を条文に書けば済む。GHQがその意図を糊塗して荒唐無稽な虚文を連ねた「日本国憲法」を速やかに改正し、伝統的国体と統治の理念、国是の道義立国と民本主義の宣言、国家安全保障の国防軍建設と運用の国際平和主義等を明記する憲法とすべきである。

「日本国憲法」の主な改正点を要約すれば、①日本文化の源泉である「天皇を元首とする立憲君主国」の国体の宣言、②道義立国と民本主義の国是の明示、③「皇室典範」の独立性（政権の皇室会議への不介入）、④国防軍の建設と国民の兵役の義務、⑤戦力運用の国際平和主義、⑥非常事態条項、⑦政党から独立した良識の国会第二院の構成、⑧元号・国歌・国旗の明記、⑨憲法改正発議条件の緩和、等と考える（参考文献［1］）。

「皇室典範」は皇室の伝統に基づく家族法であり、皇室会議の構成員を皇族に限定し、憲法の規定や政権の関与を排除した独立の基本法とすべきである。平成二十八年八月、天皇陛下はビデオ放送で生前譲位のご意向を暗に示された。陛下のご高齢に鑑み、ご意思に副って、生前譲位や上皇の位置づけ、一時的な女帝の規定等を設け、長期的に安定した皇位継承を担保する根本的な「皇室典範」改正を急ぐ必要がある。

三　国内政治改革

我が国は中国や北朝鮮の脅威に加えて、経済の長期停滞化、産業の空洞化、莫大な国債残高、少子・高齢化社会やエネルギー問題等々の難問を抱えている。また国家財政が逼迫する中で、東日本大震災や熊本震災の痛手を癒しつつ、国際貢献、防衛力整備や国土強靭化を進めなければならない。そのためには安定した政権を樹立し、透明かつ先見的な国家の意思決定と確実な執行の政治機構が必要である。即ち政府は、経済政策、国家財政の健全化、安全保障と外交方針（特に対中国戦略）、教育再生と学術振興、治安の維持、資源・エネルギー政策、福祉の増進、少子高齢化・格差社会の対策等について、明確な永続的政策を示し、将来の多様な事態に対して総合的シナリオを描き、国歩の将来像を国民に提示することが重要である。

このためには与野党は党利党略の政治活動を改め、政府は防衛・外交・内政全般の長・中期の国家戦略を策定し、常時その進展を検証して改良する政策検証・評価機関を持つ必要がある。その中で軍事力の機能を正しく位置づけた国防の危機管理システムが造られる。それは不確実性と最適性を分析する体系的なＯＲ＆ＳＡ分析機能（内容は第一編第五節参照）を持ち、省益や利権団体から独立した公的機関が運用し、分析結果の概要を情報公開することが重要である。

四　外交と防衛戦略の改革

現代世界のパワー・バランスは、米国の退潮と新興国の勃興による多極化が明白であり、政治・経済・文化・人的交流等の全分野でグローバル化が進む。その中での我が国の外交・安全保障政策は、以下の課題への取り組みが特に重要であると考える。

㈠　**国連改革**　世界の平和を維持するには、国連の「第二次大戦戦勝国連合」の体質を根本的に改め、世界の紛争解決に迅速に対応できる機構に改造する必要がある。二〇一五年九月、安倍首相は安保理常任理事国入りを目指すインド、ブラジル、ドイツとニューヨークで四ヶ国首脳会談を開き、「一定の期限で安保理改革推進を目指す」との共同声明を発表した。また国連総会では「国連創設七十周年に当り、二十一世紀の現実に適合した安保理改革」を強調した演説を行った。今後の我が国外交の主題は、国連改革の実現にある。

㈡　アジアの地域安全保障　今日、中国の東シナ海・南シナ海の海洋覇権拡大や、北朝鮮の核ミサイル戦力化の脅威が急速に高まっている。これに対し我が国は、日米同盟を基軸に、韓国、台湾、ＡＳＥＡＮ諸国、豪州、インド等と連携を固め、地域安全保障確立の主軸となる積極的外交が必要である。即ち拡大ＡＳＥＡＮ会議等によりアジアの安全保障処理の制度化を進め、法的拘束力を持つ海洋秩序の行動規範の策定を推進し、更にＧ７、Ｇ20等を通じ、中国を世界秩序の戦略的互恵関係に誘導し、アジアの安全と安定を図る外交の展開が重要である。

㈢　国家安全保障　現代の戦争抑止のメカニズムは核抑止力であり、我が国は大東亜戦争敗戦後の占領の延長上でこれを全面的に米国に依存してきた。しかし我が国に対し中国や北朝鮮の核攻撃が予想される事態に、米国がサンフランシスコやニューヨーク壊滅のリスクを冒して「核の傘」を開くとは考え難い。同盟や国連の国際圧力は国家安全保障の補強策に過ぎない。

㈠　核兵器の共有　中国や北朝鮮の核恫喝の抑止に日米安保条約が有効に機能するには、米国の核の引き金に我が国が直接関与する「核兵器の共有」（註）が不可欠である。それには日米の信頼関係を深め、米国にとってかけ替えのない友邦の地位を確立し、「核兵器の共有」ができる条件（後述の遠距離打撃力の整備と「非核三原則」の撤廃、及び日米・海空軍の統合運用）を実現する必要がある。

註　核兵器の共有　ＮＡＴＯ加盟国で非核国のドイツ・オランダ・イタリア・ベルギーは、ＮＡＴＯの枠組みの中で核兵器の使用に決定力をもち、核兵器搭載可能な航空機等を保有し、米軍提供の核兵器を自国内に配備して訓練を行っている。

㈡　「自衛隊法」の改定　現「自衛隊法」は自衛隊の任務を列挙し、それ以外の行動を禁ずるポジティブ法である。これは危機事態での軍の即応性を阻害し、阪神淡路大震災や北朝鮮ミサイル発射では対処が遅れた。国防軍の任務行動は原則無制限とし、国際法及び人道上の禁止事項を規定する法律とすべきである。

㈣　防衛力整備　従来、我が国は全世界的視野に立った国益の防衛体制に無関心であった。今日のグローバルな世界では、我が国は戦後惰性で続けて来た本土防衛・近海警備の「専守防衛」の防衛政策から脱皮し、新たな防衛体制を構築する必要がある。

㈠ **グローバルな防衛力**　防衛力整備は平時と有事の隙間のない国防体制を確立し、大規模なＰＫＯ活動、全世界の邦人保護や対テロ対策、日本船舶の防護体制を準備する必要がある。更に国際テロやＰＫＯ活動の基盤造りと情報収集のために、海外公館の自衛官配置を大幅に増強し、外国軍との交流を深め、人脈・情報のネットワークを強化すべきである。

㈡ **新脅威への対応**　科学技術の進歩に伴う軍備の質的変化として、新たなサイバー空間の脅威や宇宙空間の防衛について早急に対応する必要があり、人材養成と友好国との連携を急ぐことが重要である。

㈢ **遠距離打撃力の整備**　我が国は「専守防衛」の建前上、遠距離打撃力（中・長距離ミサイルや爆撃機等）の装備を持っていない。しかし広域・高速化した現代戦では、敵対軍の戦力中枢に対する攻撃手段がないことは、軍備の致命的な欠陥であり、遠距離打撃力は不可欠である。日米安保条約の発動時は、日米ガイドラインにより遠距離攻撃は米軍が実施するが、米軍の出動前に我が国は壊滅的被害を蒙る可能性が高い。

また我が国はこれまで上述の「専守防衛」に加えて「非核三原則」を唱え、この点でも米軍と核兵器を共有できる体制ではない。この自縄自縛の危険な状態を改善する前段階として、中距離弾道ミサイルや巡航ミサイル、それらを搭載する原子力潜水艦等の遠距離打撃戦力を整備して防衛力の欠陥を除去し、虚妄の平和主義の時代思潮を改めて「非核三原則」を撤廃しなければならない。

㈤ **安倍内閣による安保法制改革**　平成二十四年末、安倍自民党総裁は第二次安倍政権発足の記者会見で、新内閣を「危機突破内閣」と位置づけ、以後、経済の長期停滞克服の規制緩和や財政政策、安保法制改革、教育再生、積極的外交等、旧弊打破の改革を矢継ぎ早に断行した。以下、安保法制改革についてまとめる。

㈠ **「安全保障会議」の改組等**　中国・北朝鮮の脅威の急速な拡大に対する政治の即応性を高めるために、「安全保障会議」（昭和六十一年）を「国家安全保障会議」に改組し、「国防の基本方針」（昭和三十二年）を改め「国家安全保障戦略」を策定した（平成二十五年）。

㈡ **「特定秘密保護法」の制定**　平成二十五年、従来の「防衛秘密保護法」（昭和二十九年）の適用対象（「日米相互防衛援助協定」の装備品）を拡げ、諸外国と国際テロ情報を共有できる「特定秘密保護法」を制定した。

㈢ **「武器輸出三原則」の改定**　従来、武器輸出や外国との共同開発は「武器輸出三原則」（昭和五十一年）で禁じられたが（米国除外）、平成二十六年、厳格な輸出管理の下で平和構築・人道目的の武器の外国への供与や共同開発・生産を認める「防衛装備移転三原則」に改めた。同年、「防衛生産・技術基盤戦略」を策定し、防衛技術の研究開発の民・学・官の連携を可能とした。また平成二十七年、防衛省の外局に防衛装備品の研究開発・調達・輸出を一元化した「防衛装備庁」を設置した。

㊃ 集団的自衛権行使の一部容認　歴代政府は「憲法第九条は集団的自衛権の行使を禁止する」としたが、平成二十六年七月、安倍内閣は「存立危機事態（註）での集団的自衛権の行使」を認める閣議決定を行った。

これまで「行使できない集団的自衛権」は、我が国の周辺事態対処やPKO活動への積極的な参加の重い足枷であった。安倍内閣の閣議決定に基づき次項の「平和安全法制整備法」及び「国際平和支援法」が制定された。これにより限定的ながら集団的自衛権の行使が可能となり、我が国の国防体制やPKO活動の法的基盤が著しく改善された（参考文献［9］参照）。

註　存立危機事態　我が国又は密接な関係がある他国への武力攻撃が生じ、我が国の存立が脅かされ、国民の生命、自由・幸福追求の権利が根底から覆される明白な危険がある事態。

㊄ 安保法制改革　平成二十七年十月、前述の二法が公布された。

前者の「平和安全法制整備法」は、「グレーゾーンの切れ目のない安全保障体制」を確立するために、自衛隊の任務に武器使用を認めた在外邦人の保護や地域を限定しない米軍の武器保護等を加え、重要影響事態（註）や存立危機事態の対処行動について、「自衛隊法」、「重要影響事態法」（「周辺事態法」を改名）、「船舶検査活動法」、「PKO協力法」等の十法案を改正する法律である。改正前の「自衛隊法」等は周辺事態の米軍への後方支援以外のグレーゾーンの規定はなかった。

後者の「国際平和支援法」は、国連総会又は安保理事会の決議で活動する外国軍隊に対し、戦闘への一体化を避けつつ非戦闘地域で行う自衛隊の補給・輸送・医療・建設等の活動を規定した。これにより自衛隊海外派遣の度毎の「特別措置法」が不要となった。

註　重要影響事態　日本への直接の武力攻撃は発生していないが、日本の平和と安全に重要な影響を与える事態。

㊅ 日米ガイドラインの改定　前述の安保法制改革を踏まえ、二〇一五年四月の日米外務・防衛閣僚協議で「日米防衛協力の指針（日米ガイドライン）」が見直され、十八年ぶりに改定された。合意文書では平時・グレーゾーン事態、重要影響事態、存立危機事態、日本有事の各事態における自衛隊と米軍の役割分担を定め、平時から切れ目のない協力・調整を行う「同盟調整メカニズ

ム」の設置、地域を限定しない米軍への後方支援の実施、他の同盟国や国際機関との協力、宇宙空間及びサイバー空間の安全についての協力等が盛り込まれた。今後、日米両軍は具体的な兵力運用計画の策定と、共同訓練による防衛力の錬成が重要である。

㈥ **その他**　公害防止・地球温暖化対策や漁業資源保護は、全世界が協力して取り組まなければならない緊急課題である。我が国は積極的にこれらに取り組み、その解決に指導的役割を果たす必要がある。

また二〇一六年夏、ケニアでアフリカ開発支援の「第六回アフリカ開発会議」が開かれ「ナイロビ宣言」が採択された。この会議は一九九三年に日本主導で始められたものであり、「ナイロビ宣言」では、従来の中国主導のアフリカ地下資源開発に対して、多角的経済活動の開発、社会安定化、医療環境の改善等の新たなアフリカ諸国の全般的社会開発が提案された。これらの期待に応えることは我が国の義務と言ってよい。

第五部　危機管理と防衛力整備の重点施策

『日本』、平成二十九年二月号、二十六～三十三頁

前回の第四部では戦後レジーム克服の所見を述べたが、今回は論点を防衛問題に絞り、防衛力の強化策について考察し、五部に亘った本論考を閉じる。

一　国防軍の建設と危機管理体制の確立

㈠ **国防軍の建設**　国家安全保障の軍事力は、平時には外敵侵略の抑止力となり、国益増進の国際活動（ＰＫＯ）や内外の災害救助等の実働力として働き、有事には外敵の侵略や実効支配を排除する戦力組織である。その根拠は憲法が宣言する国の容《かたち》（国体）と立国の理念にあり、民族文化の根源と国家・国民を護り、国権を維持して、「国の命」を実力で護るのが国防軍の任務である。

しかし大東亜戦争の敗戦後、占領軍は日本の永続的無力化を図り、我が国古来の国家統治の理念を否定し、米国模倣の民主制と妄想的平和主義に基づく戦力放棄の「日本国憲法」を強要した。それは我が国の伝統的国体

や、「和と仁の民本主義」の国是を無視し、我が国を永続的に米国に隷属させる策謀であった（参考文献［1］）。このことは連合国最高司令官を解任されて帰国したマッカーサーが、米上院軍事外交委員会で「日本国民は十二歳だ」と述べた証言（一九五一年五月）で明白である。この憲法は元首の規定を欠き、戦力を放棄し、非常事態の規定もない。それらは占領軍の任務であり、占領軍の統制下でのみ機能する「占領実施法」に過ぎない。我が国は独立後直ちにこれを破棄すべきであったが、その後も「奉持した」のは、戦後政治を主導した吉田茂首相と、それを支持した国民の怠慢である。今こそ「日本国憲法」を改正して「戦後レジーム」の内的脅威を是正することが急務である。

自民党は平成二十四年末の総選挙で、「日本を取り戻す」と宣言し、「自衛隊を国防軍とする憲法改正」をスローガンに掲げて民主党政権を倒し、政権交代を果した。しかしこまで、自民党を始め各政党や個人が発表した「憲法改正案」に、伝統的国体と立国の国是を明示したものは皆無であり、国防軍の理念が不明確である。また国防軍の任務行動は、「専守防衛」（被攻撃後の対処）や、存立危機事態での束縛、グレーゾーンの集団的自衛権行使の限定条件等を撤廃し、人道上の禁止事項と国際法の厳守を規定する以外、原則無制限とすべきである。現「自衛隊法」の如く任務行動を列挙し、それ以外は禁止する法律（ポジティブ・リスト法）は、危機事態における国防軍の即応性を阻害し、その「国家防衛任務」の本質を曖昧にする。

また言うまでもなく、「軍事の文民統制」は、政府・議会による「防衛力の造成（研究開発を含む）と、戦力行使の大義の決定」である。ゆえに厳密な軍事力の運用に関する法制と、危機管理の情報処理及び政策（戦略・戦術）の評価システムの整備が不可欠である。これによって初めて、平時には「武は矛止む」の抑止力が造られ、正々堂々と世界の平和構築に貢献するＰＫＯ活動が可能となり、また有事には祖国を死守する精強な国防軍が建設される。

戦後七十年間、所謂「夢想的平和主義者」やマスコミが「国民総平和ボケ」を煽《あお》り、空念仏に等しい反戦・反核・平和運動が国民的広がりとなった。それに媚びた政治家が安保法制や危機管理体制の整備を怠り、司法当局さえもマスコミの「自衛隊バッシング」に同調してきた。その中で「軍事の文民統制」は軍人（制服自衛官）の政治的発言の排除とされ、「防衛省の文官専制」にすり替えられた（第三部第四節参照）。旧憲法の統帥権の如く政府や議会が制御できない国防軍は不可であるが、安全保障問題の意思決定や政策評価から軍事専門家の軍人を排除する現法制は、「羹《あつもの》に懲りて膾《なます》を吹く」誤りであり、「文民統制」の履き違えである。正しい文民統制を確立し、危機管理に軍事力を適切に位置付けるシステムの整備が喫緊の重要事である。しかしながら「憲法改正」には長期間の準備を要し、その間、政府は「憲法解釈の変更」をもって現実に対処し、危機対処機能を高める必要がある。ゆえに安倍内閣の「安保法制整備」は適切な処置であり、それを「戦争法」と非難する野党は無責任である。

　次に国家安全保障の外交・防衛力を運用する総合的な指揮・情報システムについて考える。

㈡　危機管理の総合的指揮機構　中国が「海洋発展戦略」の躍進後期を完成し（二〇二〇年目標）、東シナ海・南シナ海を中国の内海化すれば、我が国のライフラインは断ち切られて中国の支配に屈する事態となる。それを防止する外交・防衛の国家戦略を早急に確立しなければならない。そのためには危機管理の迅速な政治決断を支える組織と、情報システム及び意思決定支援システムが不可欠である。

　自由主義陣営の我が国の外交・防衛の基本は、前述したとおり日米同盟を基軸に、韓国・台湾・ＡＳＥＡＮ・豪州及びインドの諸国と連携して地域の安全を図り、更には国際社会の平和維持活動に貢献して列国の信頼を高めることである。これまで「日米関係の深化」は歴代政府の基本国策とされてきたが、具体的な行動は乏しく、「湾岸戦争」では世界から「小切手外交」と非難された。しかもオバマ大統領が再任の就任演説（二〇一三年一月）で明言したように、「米国が単独では今日の世界の要求に応えられない」時代であり、同盟国の役割分担なしには世界秩序の維持は困難である。また次のトランプ新大統領も米軍の展開の再検討を述べた。この不透明な世界情勢の中で、我が国は「国益防護と世界の平和のために何を為すべきか」を具体的かつ迅速に意思決定する危機管理機構が必要である。

　上述の意思決定の仕組みは、従来の縦割り官僚機構が提出する案件を政府首脳が追認する機関では、情勢の変化に有効に対応できない。特に武力侵略に発展する恐れのあるグレーゾーン事態においては、迅速・柔軟な対応行動の意思決定を行う危機管理体制と、自衛隊の即応性の強化が重要である。

　平成二十五年、第二次安倍内閣は「安全保障会議（昭和六十一年）」を改組し、安全保障の司令塔に「国家安全保障会議」を設け、その執行機関として内閣官房に

「国家安全保障局」を置いた。この機関は各省庁の情報業務を統括的に調整し、これらに対する情報要求を行い、緊急時の政策提案や中・長期的な外交・安全保障の政策立案を行う組織である。しかし「国家安全保障局」には独立の情報部門はなく、各省庁からの情報を統括する組織であり、実質的には従来の各省庁の情報報告と政策提案の追認機関とほとんど変わらない。自律的に情報収集活動を行い、情報蓄積・分析・動態予測・情報追尾・行動代替案の創出・政策評価等の意思決定支援分析の機能を持つ機関でなければ、迅速かつ適確な対応を要する危機管理はできない。

㈢　**危機管理の意思決定支援の分析機能**　上述した意思決定支援の分析には、次に列挙する一連の情勢分析・評価機能を持つ専門的な情報機関の整備が必要である（参考文献［2］参照）。

㈠　**現状把握**　偵察衛星、自衛隊や海上保安庁・警察の哨戒・監視部隊の目標情報、同盟国からの情報等々を総合して、発生事態の現状を把握する。

㈡　**企図分析と将来予測**　前項から対象脅威の企図を推定し、将来の事態の変化を幅広く予測して複数の事態推移のシナリオを展開し、各シナリオの蓋然性を見積る。更に情報の追尾を強化する。

㈢　**代替案の展開**　前項の各予測シナリオに対し我が国の対応行動の代替案を列挙し、対処行動をシナリオの動きに組み込み、事態変化の予測モデルを作成する。それを用いて複数のシナリオや状況について、幅広い事態進行のシミュレーションを実施する。

㈣　**システム分析**　前項のシミュレーションから、対処行動の特性を示す複数の評価尺度を定量的に計出し、多変量解析、数量化理論、多目的計画法、階層分析法、動的計画法等のＯＲ＆ＳＡ（オペレーションズ・リサーチ＆システムズ・アナリシス）の手法（参考文献［4］参照）によるシステム分析を行う。

㈤　**不確実性確認分析と代替案の優劣評価**　前項の分析結果の有力案について、シミュレーションには反映されなかった非定量的要因の影響等を勘案しつつ不確実性の確認分析を実施する。不確実性の確認分析は、感度分析、状況変異分析、追従分析、優劣分岐分析等を行う（参考文献［5］参照）。その結果から対処行動代替案の優劣を評価し、推奨行動案の順位と特性を意思決定者に提示する。

危機管理には、上述した総合的かつ定量的なシステム分析を、常時・循環的に行うことが必要であり、これらの分析機能のない有識者会議は、無力であり有害でさえある（例えば東日本大震災の菅内閣の混乱）。特に危機管理は、政府の政策企画機能とは独立した統合的な情報収集機構と、情報評価及び政策の意思決定支援分析機関が必要である。

上述の危機管理の意思決定支援システムは、平時の中・長期の計画提案や研究開発に関する静的な政策分析にも活用される。また平時に実動を含む対抗演習を頻繁に実施して演練し、その訓練・演習データを追跡・蓄積し統計分析を行う。このような平時の計画分析や訓練・評価を通じて、危機管理の特性分析のモデルを改良する。また過去の実績や対抗演習のオペレーショナル・データを収集・集積して、信頼性の高いデータ・ベースを構築することが重要である。有事の動的な危機管理分析と、平時の危機対処計画の評価・訓練分析、及びデータ・ベースの整備は、三位一体でなければならない。

二　防衛力整備の重点施策

前述したOR&SAの情報分析・意思決定支援機能を持つ危機管理機構の基礎として、次に列挙する情報収集能力と、有事にその機能の発揮を確実にする抗堪性確保の防衛力が必要である。有事には敵対国は先ず我の情報・通信機能の破壊を図ることは明白であるので、前述の危機管理システムは、サイバー攻撃、電子攻撃、ミサイルやゲリラ攻撃等に対する強い抗堪性が不可欠である。

㈠　**広域監視・偵察能力と情報能力の整備**　人工衛星や無人偵察機による広域の監視・偵察能力を充実し、不測事態に備えた抗堪性のある監視体制の整備が必要である。周辺海域で重要影響事態の兆候を得た場合には、先ず海上保安庁による警備を強化し、更にそれを軍事力（自衛隊）でバックアップする。東シナ海での中国公船の頻繁な尖閣諸島領海の侵入を許している現状は、早急な改善を要する。そのために巡視船を大幅に増強し、更に海上保安庁と海上自衛隊の協力・統合運用体制を確立しなければならない。

上述の監視・偵察能力の整備に並行して、対象国の大規模な戦力展開や核兵器の発射準備を確認した場合には、その戦力中枢をピンポイントで先制的に無力化する遠離精密打撃戦力を整備する必要がある（第四部四－㈣項参照）。但しこの先制対処の戦力化には、憲法を改正して自衛隊法の緊急処置の任務規定を改める必要がある。

㈡　**ミサイル防衛・サイバー戦力の充実**　平成二十八年夏、男鹿半島沖への北朝鮮のノドン発射に対し、対ミサイル破壊措置命令が間に合わなかった。その反省から、以後、当該命令は常時発令（三ヶ月ごとに更新）とされた。

平成二十九年から高速巡航ミサイルも迎撃可能な改良

型地対空ミサイルの南西諸島配備を始め、更に射程三百粁《キロメートル》（現装備の約二倍）の新型地対艦ミサイルの開発を始めた（平成三十四年配備予定）。しかしこれらの専守防衛の防空装備は、飽和的ミサイル攻撃（おとり目標を含む多数のミサイル攻撃）の地域防空には全く無力である。また敵のミサイル攻撃には我の情報・通信網への電子戦やサイバー攻撃が必至である。ゆえにミサイル防衛には、イージス艦や防空ミサイルの装備に加えて、電子戦・サイバー戦能力を充実し、情報・通信ネットワークの抗堪性確保が不可欠である。

㈢ 南西諸島空域の制空権の確保　前項の機能の維持には、航空自衛隊・南西航空混成団の増強が必要である。更に南西諸島に緊急展開用の飛行場や垂直離着陸機の用地及び施設を準備し、また船舶等に対する防空警戒や重要船舶の上空制空の護衛戦闘機は、長時間の行動になるので空中給油機を早急に増強する必要がある。なおこのような航空自衛隊の任務行動の多様化に対処し、レーダー・サイトや飛行場の少ない東シナ海での効率的な航空部隊運用や離島への航空攻撃、及び中国の東シナ海の防空識別圏設定（二〇一三年十一月）に伴うスクランブル機の異常接近や接触事故防止等の対策が必要である。これらの研究のため航空自衛隊は幹部学校研究部を「航空研究センター」に改組し、シンクタンク機能を強化した（平成二十六年）。

㈣ 離島警備戦力の充実　海上保安庁は平成二十八年十月、宮古島海上保安署を海上保安部に格上げし、三十年度末までに人員・巡視船を四倍の二百人・十二隻体制に増強する予定である。しかし中国公船に対する捜査権はなく、公船や多数の漁船の不法な離島侵犯への対処には限界がある。また空挺・ヘリボーン・潜水艦等による特殊部隊の奇襲的上陸等への対処能力もない。従って南西諸島の主な離島に陸上防備兵力を配置して離島警備を強化し、中期防計画（平成二十五年）では平成三十年に三千人規模の陸自・水陸機動団の新編が予定されている。また防備兵力の離島展開のために平成二十八年から民間フェリー会社二社と年間輸送契約が結ばれた。しかし同年二月の北朝鮮のミサイル発射では、沖縄から石垣島・宮古島へのPAC部隊輸送が全日本海員組合の反対で実施できず、部隊展開が遅れた。民間の輸送力に依存した防衛計画は脆弱であり、部隊の急速展開能力（強襲揚陸艦やオスプレイ等）の大幅増強が不可欠である。また対空・対潜能力は航空・海上自衛隊で補完する態勢が必要である。

㈤ 対潜戦能力の向上　南西諸島を繋ぐ海底センサー網を敷設し、音響データ・ベースと処理システムが連動する対潜バリアーの構築が必要である。冷戦期の我が国の深海での対潜戦能力は世界一流であったが、浅い東シナ海では、センサー能力や戦術行動の様相が全く異なる。浅海域での対潜戦能力は未知数であり、早急な研究を要する。一方、外洋の深海対潜戦戦力の充実も重要であり、特に中国の原潜の追尾・監視には、攻撃型原潜の建造が不可欠である。

㈥　自衛隊の継戦能力の増強　これまでの自衛隊の防衛力整備計画は、正面兵力の整備を急ぐあまり、陸・海・空・三自衛隊いずれも継戦能力の不足が弱点とされる。軍備計画では所要の戦力を所望期間維持する整備・補給及び輸送能力が重要である。ゆえに燃料・弾薬・糧食の備蓄、緊急調達や修理・整備・緊急輸送能力等、総合的な均衡の取れた戦力を造成し、平時からの準備が必要である。現代の軍事行動は武器・弾薬・燃料の消耗が激しく、グレーゾーン事態は長期化する可能性が高い。最新鋭の装備も補給機能が不備では張り子の虎となる。特に輸送の困難な離島には前進配備の備蓄補給所を造る必要がある。

㈦　原子力関連施設の対テロ防備の充実　原子力発電所や原子力研究施設の警備は、警察と海上保安庁の担当であるが、潜水艦や空からのゲリラ攻撃、ミサイル攻撃等には自衛隊の対処が不可欠である。現代の多様化した脅威に対する原子力施設のテロ対策、及び防空・対潜防備等の強化を急ぐ必要がある。

平成二十五年末に第二次安倍内閣で改定された「平成二十六年度以降に係る防衛計画の大綱」及び「中期防衛力整備計画（平成二十六年度～三十年度）」には、上述した七項目の一部が計画されている。これらは陸・海・空各幕僚監部が各年度の「業務別計画」の予算に計上して実施されるが、防衛予算の増加は避けられない。それらの計画はＯＲ＆ＳＡによる徹底的合理化・最適化の「選択と集中」を行い、国防体制建設の透明性を確保することが重要である。

なお上述した防衛力を整備しても、現段階では「米国の核の傘」が必要である。近隣に「ならず者国家」や「力による現状変更」を強行する核保有国が存在する現状では、我が国は防衛的核武装をすべきであろうが、国連の「核兵器不拡散条約」や「包括的核実験禁止条約」を批准している我が国の核武装は、現実的な防衛政策ではない。しかし独立国家の基本的安全保障の抑止力を全面的に米国に依存する現状は、マッカーサーの占領体制と変わらない。本論考の第四部に前述したとおり、「日本国憲法」を改正して国防軍を建設し、国民の「核アレルギー」を克服して「非核三原則」や「専守防衛」を撤廃し、遠距離打撃力や原子力潜水艦を装備して米軍との「核兵器の共有」体制を作り、「戦争抑止力」を強化することが喫緊の重要事である。但し「核の共有」のハードルは高く、日米の信頼関係を更に深め、その上で慎重かつ高度な外交が必要である。我が国の防衛戦略の目標は、自立した国防体制を固め、米国と共に世界の秩序の安定に貢献する平和主義国を目指すことであると考える。

米国は二〇一六年秋の大統領選挙で、共和党のドナルド・トランプ新大統領を選んだ。新大統領は「外国を援けるよりも、強い米国を作る」と宣言し、同盟国の安全保障体制を揺さぶった。彼は選挙演説で「日米安保の日本タダ乗り論」を唱えたが、これは全くの事実誤認である。我が国は世界最高の負担率の米軍駐留費（五千二百五十億円、五十五％。平成二十七年度予算）を支出し、広大な基地を提供して米軍の極東及び東南アジアの戦略展開を支えている。日米共同でこの地域を守っていると言っても過言ではない。またトランプ氏は「日米安保条約」の片務性を非難したが、この条約は「日本の有事に即時・無条件に米軍が参戦する」軍事同盟ではなく、この非難も当たらない。「自分の国は自分で守れ」と言う彼の主張は至極当然であるが、一国では地域の安全を守れないことは、前述のオバマ演説のとおりである。日米関係を基軸として極東・東南アジア地域の安全を築くことが、日米両国の国益であり、我が国の防衛戦略の目標であると考える。

おわりに

自衛隊員は入隊に際し、「事に臨んでは危険を顧みず、身をもって（国防の）責務の完遂に努め、もって国民の負託にこたえる」ことを宣誓する。その献身は祖国の歴史や父祖が培った伝統文化、その中心にある皇室への尊崇の念に基づく深い愛国心に支えられる。この精神的な基盤による献身なしに、祖国防衛の軍隊は組織できない（参考文献［10］）。GHQと左翼教組の戦後教育はこの愛国心を育む基盤を破壊した。その民族的精神風土と道義の破壊こそが、GHQの占領政策の狙いであり、内外の左翼勢力の意図であった。夢想的平和主義と米国依存の時代思潮を改め、「日本国憲法」を改正して精強な国防軍を建設しなければならない。更に防衛省の真の文民統制と、国防の統合的な情報分析・意思決定支援機構を構築して、有事即応態勢を確立することが、安全保障問題の喫緊の課題である。

本論考中の論議は、具体性を欠く無責任な原則論との批判があるかも知れない。しかし原理・原則に立つ施策こそが、懸案問題の根本的解決をもたらすと信ずる。またそれらの所論は筆者の既刊の著作や論文の延長上にあり、参考文献に挙げた論文等と重なる記述も多い。読者に対しこの非礼を詫び、併せて所論の批正を乞う次第である。

参考文献

［1］飯田耕司「日本を取り戻す道 –「日本国憲法」の改正に関する私見」、水戸史学会誌『水戸史学』、第八十号、平成二十六年。

［2］飯田耕司「国防の危機管理システム（上、中、下）」、日本学協会誌『日本』、平成二十二年十二月号、平成二十三年一、二月号。

［3］飯田耕司「戦後レジームの原点 一〜五」、『日本』、平成二十七年一、二、三、五、六月号。

［4］飯田耕司『意思決定分析の理論』、三恵社、平成十七年。

［5］飯田耕司『国防の危機管理と軍事ＯＲ』、三恵社、平成二十三年。

［6］『防衛白書、平成二十八年版』、防衛省、『平成二十八年。

［7］『東アジア戦略概観 二〇〇二』〜『同 二〇一六』、防衛省・防衛研究所編、平成十三年〜二十八年。

［8］『防衛ハンドブック 二〇一六』、朝雲新聞社、平成二十八年。

［9］矢野義昭「平和安保法制の改正点と今後の課題―本当に「戦争法」なのか―」、『日本』、平成二十八年六月号。

［10］半藤一利『戦士の遺書―太平洋戦争に散った勇者たちの叫び』、文春文庫、平成九年。

後編　国家安全保障と軍事オペレーションズ・リサーチ活動

第五編　国防の危機管理システム—軍事ＯＲ研究のすすめ（上）

『日本』、平成二十二年十二月号、二十三～二十九頁

目　次

一　軍事ＯＲのテーマと研究の必要性

オペレーションズ・リサーチ（以下、ＯＲと略記）は今日では意思決定支援の科学的分析技法として広く認められている。しかしもともとの起源は軍事問題の野外科学の研究であり、ＯＲを字義に忠実に訳せば「作戦研究」となる。

ＯＲは第二次世界大戦勃発の直前（一九三五年）に、英国で対空レーダーの開発中に行われた運用研究に端を発し、レーダー単体から飛躍して早期警戒システムの開発に発展した研究から生まれた。大戦の緒戦にダンケルクで英軍を海に追い落とした独軍が、次に英本土上陸を企図して大規模な制空権獲得作戦をしかけたとき、ドーバー海峡の上空で戦われた熾烈な航空戦バトル・オブ・ブリテン（一九四〇年七月～十月）は、この早期警戒システムの働きによって英空軍が勝利し、独軍は英本土侵攻を断念した。その後、科学者を中心とする学際的な分析チームが実戦部隊の行ういろいろな作戦の問題を分析し解決した。またこの活動は米国に伝わり、大戦中、英・米両軍のＯＲ分析チームは、第一線で砲火に曝されつつデータを集め、作戦行動や兵器の運用法を科学的に分析し、軍の作戦効率を飛躍的に向上させることに貢献した。

軍事ＯＲの基礎的な三つの理論「捜索理論、射爆理論、交戦理論」の骨組みもこの時期に創られた。即ち大西洋の連合軍の輸送船団は、独海軍のデーニッツ少将（後に海軍総司令官、元帥、ヒットラーの遺命によりナチ政権

の最後の首相に就任）が指揮するＵ－ボート艦隊の猛烈な攻撃に曝されていたが、その船団護衛作戦や対潜水艦作戦のＯＲ分析は有名である。特に米海軍のＯＲグループによるＵ－ボート狩りの研究によって捜索理論が体系付けられ、後年、冷戦時代の対潜水艦戦の作戦準則の基礎となった。射爆理論についてはは確率論や統計学を援用して、いろいろな射爆問題が分析された。また交戦理論についても従来のモデルを大幅に改良し、更に確率論的モデルや双方的な交戦ゲームの理論モデルも研究された。

大戦後、ＯＲの研究は荒廃した産業の復興に応用され、理論・応用の両面で爆発的な発展を遂げた。各種計画の最適資源配分（数理計画法）、混雑現象の解析（待ち行列理論）、通信・物流の最適化（ネットワーク理論）、信頼性理論、スケジュール管理や在庫管理の理論等々、各種の社会システムや生産の効率化の理論が確立され、電子計算機の発達により急速に普及した。今日ではＯＲは軍事問題以外に、一般社会の各種のシステムの効率性（効用対リスク）の改善や意思決定問題の科学的な分析理論として、情報化時代のシステム科学の中心的な地位を占めている。その中で若干の理論は軍事的な作戦行動や戦闘プロセスを分析の対象とし、一般社会には見られない特殊な問題を扱う研究がある。これらは一般的なＯＲ理論と区別して、「軍事ＯＲ」と呼ばれている。

軍事問題に関するＯＲの理論研究や応用研究は、戦術レベルのミクロな理論と、更に高次の戦略問題や防衛政策のマクロな分析理論に大別される。前者は「軍事問題に固有の戦闘プロセスの特性分析や最適化」の理論研究であり、戦術ＯＲとも呼ばれる。その代表的な理論研究としては、「迅速な敵の探し方」を研究する捜索理論、「効率的な射撃や爆撃のやり方」を分析する射爆理論、及び「交戦状況の評価と勝利の条件」を研究テーマとする交戦理論の三分野が挙げられる。また後者の軍事戦略や国家安全保障政策等のマクロな問題は、国際政治学や国防経済学のテーマであり、武器体系等の複合的システムの分析評価は、ＯＲ＆ＳＡ（システムズ・アナリシス）の研究課題である。

防衛力整備計画や各種の軍事的な意思決定分析にも、一般的なＯＲ理論やシステム分析理論が適用される（むしろその方が多い）。しかし多くの軍事問題の研究においては、成果（作戦の成功の可能性や戦果）及びリスク（被害）の評価は、前者の狭義の軍事ＯＲの知識をもとに組み立てられる。従ってマクロな軍事問題のＯＲ＆ＳＡ分析の基礎として、ミクロな戦術ＯＲの知見が必要とされ、戦術ＯＲは広義の軍事ＯＲの基礎研究ということができる。

通常、マクロな戦略論は、時々刻々に変転する世界情勢とそれを観る論者の視座によって論点や論旨は様々に変化する。一方、戦術ＯＲの理論は戦闘行動や技術の原則を科学的に分析し、その底流にある不易の原理を究明する「戦闘の理学」である。また武力の衝突である戦闘では力学の運動法則に似た支配則が働くが、クラウゼヴィッツや孫子の兵法は、それを人間の叡智の結晶として哲学的歴史眼の明察によって紡ぎ出したものである。これに対して「戦闘の理学」の戦術ＯＲは、これを自然科学的アプローチで論理的なモデルに定式化して研究するのが特徴である。例えば、古来、人口に膾炙する「戦勝の鉄則」は、「兵力の優勢、集中、敵兵力の分断、先制、奇襲、及び統率（指揮官への信頼）と旺盛な士気」等であるが、戦術ＯＲの交戦理論ではこれらはモデルを通じて定量的に把握される。そのために現在では戦闘態様に応じて、榴弾砲や迫撃砲による盲撃ちの砲撃戦（地域制圧射撃）や照準発射のミサイル打撃戦等の様々な理論モデル、大規模な交戦シミュレーションの電算機モデル及びそれらのモデルの入力データを準備するための各種のデータ・ベースが開発されている。

筆者がいま軍事ＯＲ研究の必要性を痛感する理由は、我が国の国家安全保障体制の強化のためであり、その論点は次の三項にまとめられる。

①　我が国をとりまく軍事情勢の緊迫化
②　「戦後レジーム」の国家安全保障への弊害の深刻化
③　我が国の軍事ＯＲ研究の閉鎖性

上記の三項目は表面的には「戦闘の理学・軍事ＯＲ」の内容とは無関係である。しかしながら、我が国が現在直面する国家安全保障問題の政策分析には、ＯＲ＆ＳＡの機能が不可欠であり、その基礎には軍事ＯＲの知識が必須である。しかし後述するように我が国ではこれまで軍事ＯＲは禁忌の学問分野であり、これを開かれた「戦闘の理学」とし、国防に役立てるためには、上述の三項目の正確な知識と明確な認識が必要である。本稿ではこの三項目について整理した後に、我が国の国家安全保障体制を強化するための危機管理システムのＯＲ＆ＳＡ研究の構成について考察する。

二　我が国を取り巻く軍事情勢

今日、世界は武力紛争の坩堝《るつぼ》の中にある。アフガニスタンやイラクではテロリスト・ネットワークの解体を目的として、米国が主導し多くの国々が支援する非対称・非正規の戦争が進行中である。またインド洋・アラビア海では各国海軍が日夜ゲリラ船や海賊船の哨戒に駆け回っている。更にイランや北朝鮮の核とミサイルの開発、中国の不透明な軍備拡張、国際テロ組織アルカーイダの活動の活発化や大量破壊兵器（化学、生物、放射能、核、高性能爆薬など）のテロ集団への拡散の脅威等々、世界は戦乱の真っただ中にあると言っても過言ではない。

我が国をとりまく軍事情勢で特に注意すべき点は、中国が近年の爆発的な経済発展に支えられて、不透明かつ大規模な軍備拡張を続けていることである。米国防省は二〇一〇年二月に「四年ごとの国防計画見直し二〇一〇年版」を発表したが、中国の軍備拡張に対する強い懸念を表明した。中国のアジア・西太平洋海域における覇権の確立は着実に進んでいる。即ち中国海軍は新型の弾道ミサイル搭載の原子力潜水艦「晋級」を就役させ、海南島に大規模な海軍基地を建設した。また米空母群を中国近海から駆逐するために、洋上の艦船攻撃用の射程千五百km以上の地対艦弾道ミサイルを開発中であり、更に約六万トン級の通常動力型空母を中核とする二個空母戦闘群の建造を決定し、二〇二〇年頃には戦力化されると推定されている。二〇〇八年三月の米上院軍事委員会の公聴会において、太平洋軍司令長官キーティング海軍大将は、中国海軍の高官の一人が「我が国が空母群を戦力化した暁には、ハワ以西の太平洋を管理できる」と豪語したと証言した。

中国は一九九二年に「領海法」を制定して、尖閣諸島、台湾、南シナ海の南沙・西沙諸島等を含む広大な海域を自国の領海と宣言した。また人民解放軍がその「領海」を防衛すると称して、南沙諸島のサンゴ礁に軍事施設を建設して実効支配し、沿岸国との間でしばしば紛争を引き起こしている。また我が国周辺の排他的経済水域では、国際判例の中間線の等距離原則を無視し、沖縄トラフに至る広大な大陸棚海域の権益を主張して強引に海底資源の独占を図り、その横車を軍事力で押し通している。二〇〇五年に日中両国が係争中の白樺ガス田に、延べ五隻のミサイル駆逐艦を繰り出して恫喝し、隣接海域での我が国の試掘計画を吹き飛ばした。その後、ガス田問題は漸く協議に入ったが、我が国が求めた経済水域境界の四ガス田（白樺、樫、楠、翌檜）の共同開発に対して、中国は自国の海域内の先行開発の権利を主張して譲らず、「新たに中間線を挟む海域で共同開発を進める」という妥協案がまとまった。しかし中国のいう「共同開発」は、負担に応じて応分の分け前をとる国際ルールとは異なり、「東シナ海のガス田は中国のものであるから、その原則に基づき中国は必要な時に所要の量を採掘する。日本が欲しければ開発採掘の共同作業を許可してもよい」という意味である。その後中国は交渉を棚上げして開発を強行し、二〇〇九年冬には白樺のガス田施設を完成させた。

また中国は二〇一〇年春から「島嶼保護法」を施行し、国家海洋局（海洋管理を所掌）所属の監視船団（「海監」と略称）を、ガス田から尖閣諸島に至る日本の経済水域に張り付け、付近を航行する我が国の艦艇・巡視船及び米軍艦艇に対し示威行動を繰り返している。更に沖縄北西海域の我が国の経済水域内では、しばしば海上保安庁の海洋調査船に「海監」が接近し、「中国海域での調査の中止」を要求し、以後、執拗に付きまとって調査船の活動を監視した。同様の事件としては二〇〇九年に南シナ海で米海軍の音響観測艦が中国の五隻のトロール漁船に取り囲まれて調査を妨害され、音響特性の計測を断念して引き上げたことがある。また南シナ海では中国農業省所属の漁業監視船（海軍退役の中型駆逐艦）が、沿岸国の違法操業取り締まりの巡視船に対して威嚇発砲する事件も相継いでいる。後述する尖閣諸島の事案を含めて、これらの漁船群は中国海軍と一体のものであり、海軍力の充実に伴って中国沿岸の公海から日米及び東南アジア沿岸諸国の艦船を締め出し、制海を確保して各種の海洋権益を囲い込む意図が明白である。

二〇一〇年四月には中国の東海艦隊が台湾東方の第二列島線（小笠原諸島~グアム）の沖ノ鳥島近海に潜水艦二隻を含む軍艦十隻を繰り出し、半月余りの大規模な演習を実施した。そのとき警戒中の我が護衛艦に対してヘリコプターが再三異常接近し、挑発的妨害行動を行った。寧波の東海艦隊司令部は今後この種の訓練を常態化すると発表している。中国海軍が近海防備海軍から外洋海軍に脱皮した証である。

㈠　中国漁船の尖閣諸島領海侵犯・違法操業問題

このような海軍力の展開を背景に、二〇一〇年夏以後多数の中国漁船が尖閣諸島の日本領海内に侵入し、我が巡視船の警告を無視して傍若無人に操業した。九月にはその一隻が取り締まりを妨害しつつ逃げ回った挙句に、故意に二隻の我が巡視船に体当たりし、違法操業・公務執行妨害で船長が逮捕された。これに対して中国当局は非常識にも日曜日の真夜中に日本大使を呼び付け、「釣魚島と周辺の島は古くから中国の領土であり、日本は中国漁船に対する違法な妨害活動を止めよ」と厳重に抗議した。その後、予定された東シナ海のガス田開発の条約交渉や閣僚級以上の交流、国連総会における首脳会談等を一方的に中止した。また上海万博の青年交流の延期、日本向けの貿易検査の厳格化及びレアアースの輸出停止、フジタ社員四名の拘束、国連総会における温家宝首相の抗議演説等、急速に抗議行動をエスカレートさせ、北京の日本大使館や各地の領事館に対して頻繁にデモが行われた。この間、日本政府は「東シナ海に領土問題は存在しない。違法操業の漁船は国内法に従って粛々と処理する」と言明するのみで、中国に対して何らの抗議も行わず、証拠ビデオの公開等、国際世論への働きかけもなかった。那覇地検は延長拘留期限を待たずに「政治的配慮」を理由に中国の圧力に屈して船長を処分保留のまま釈放したが、「政治的配慮」は政府の差し金であることは明白である。その後、中国はこの事件に対する謝罪と賠償を要求した。この事案は単純な漁船の違法操業・領海侵犯事件ではなく、漁船を尖兵とした中国の領土拡大の野心の現れであり、「謝罪と賠償」の外交交渉自体が、尖閣諸島の中国の領有権を認める行為である。船長の釈放に当り、中国政府に対して謝罪と漁船の違法操業の取り締まり、巡視船の修理費請求等を行うのが当然であるのにそれを怠り、逆にこれらを要求される始末である。これまでにも南シナ海であったように、漁船保護の名目で武装監視船に護衛された違法漁船は今後さらに激増するであろうし、尖閣諸島の竹島化も十分に考えられる。このようにこの事件に対する政府の無為無策は、東シナ海の国益に重大な禍根を残し、しかもこの「粛々として尻尾を巻いた」日本政府の対応は、同様な中国の暴圧に苦しみ事態の成り行きを注視していた南シナ海沿岸の東南アジア諸国を失望させたことは疑いない。

(二) 中共軍の近代化

中国は国家戦略として宇宙開発に取り組み、独自に全地球測位システムの開発を進め、月探査衛星や有人衛星（二〇〇五）を打ち上げ、更に衛星攻撃兵器を開発して米国の偵察衛星へのレーザー照射（二〇〇六）や衛星撃墜実験（二〇〇七）を繰り返した。二〇一〇年初頭には地上配備型の弾道ミサイル迎撃システムの実験を行い、今後はミサイル早期警戒衛星の整備を急ぐ方針であると発表している。また航空戦力では「殲一〇」（米空軍のF16に匹敵）に続く次世代の戦闘機の開発を急ピッチで進めている。更にサイバー空間では日米英韓の政府機関の電算機システムに対して、中共軍筋のハッカー攻撃が頻繁に繰り返され脅威となっている。二〇一〇年三月、グーグルは検閲と組織的サイバー攻撃をめぐる「網絡壁（ネットクリフ）の戦」の末、拠点を中国本土から香港に移したが、これはこの問題の深刻さを物語っている。また「中国国防報」（二〇一〇年三月）によれば、中共軍の今後の拡充分野として次の四つを挙げていると報道された。

① 精密攻撃能力の強化に必要な情報化

② 遠方兵力投入能力

③　海空軍のハイテク兵器
④　ミサイル迎撃システム

これまで中国は過去十年間で軍事費を約四倍に伸ばした。ストックホルム国際平和研究所の二〇〇九年版年鑑によれば、二〇〇八年度の中国の軍事費は米国に次ぎ世界第二位の八兆三千億円（日本は第七位、四兆五千億円）であり、更に中国政府は二〇一〇年度は六兆七千億円と発表している。しかしこの数値以外に多額の軍事費が投入されていると見られ、二〇一〇年八月発表の米国防総省の「中国の軍事力と安全保障の進展に関する年次報告書」では、この年の軍事費は中国政府発表の約二倍、十二兆八千億円以上と推定している。これらの不透明な軍備拡張に対する我が国や米国の懸念表明に対して、中国は「正常な国防力建設に対する謂われなき中傷」と声高に反論している。しかし前述した中国海軍高官の発言、東シナ海や南沙諸島での軍事行動、従来の国連での諸活動等に見るとおり、中国は自国の国益の追求のためには国際法を無視し、他国の国益を侵害して一切妥協せず、武力行使をも躊躇しない国であり、その口上とは裏腹な軍備拡張による資源獲得の本音をさらけ出している。このように軍備を背景にアジアの覇権確立に驀進する中国の一連の動きに対して、我が国は防衛・外交の両面で厳重な警戒と確固とした対策が必要である。

更にソ連崩壊後の国際情勢は、冷戦時代に比して格段に複雑な様相を呈している。上述した中国の脅威に加えて、北朝鮮の核ミサイル配備及び韓国海軍との小競り合い、急ピッチで軍の制度改革と装備の近代化を進めるロシアの脅威、イスラムをはじめ宗教や民族問題が絡むテロや大量破壊兵器（核・生物・化学兵器）の拡散の危険、エネルギーや食糧・水・稀少金属等の資源獲得競争、地球温暖化の環境問題等々、多種多様な脅威や難問が山積している。我が国はこれらに対する体系的な対策が必要であり、その長期的国家戦略の構築にはＯＲ＆ＳＡの活用が不可欠である。

第五編　国防の危機管理システム―軍事ＯＲ研究のすすめ（中）

『日本』、平成二十三年一月号、二十六〜三十六頁

三　戦後レジームの国家安全保障への弊害

我が国はサンフランシスコ講和条約（一九五一年）の調印と同時に日米安全保障条約を締結し、それ以後、外国の軍事的脅威への対抗手段を米国に依存し、いわゆる「米国の核の傘」に守られてきた。このことが国民の国防意識を麻痺させ、防衛と危機管理の意思決定に関する独立国家としての基本的な機能と矜持を腐敗させてしまった。特に一九七〇年の日米安保条約の改定において自動継続に改められてからは、国家安全保障問題が国民的な政治課題として真剣に論議されることはなくなった。我が国はそれ以後、若泉敬元京都産業大学教授（佐藤栄作首相の密使として米国政府と沖縄返還を交渉した人物）がその著書（後述）の中で憂慮したとおり、「愚者の楽園」と化してしまった。

㈠　北朝鮮による拉致事件

それを最も象徴的に露呈したのが北朝鮮による拉致事件である。日本国内の各地から不法に拉致された多数の青少年が、北朝鮮の諜報機関で使役させられていることを確認しながら、その救出に手も足も出せず、加えて食料支援や原子力発電所の建設まで奉仕させられるていたらくである。北朝鮮の拉致行為は明白な我が国の主権の侵害であり、拉致された国民を取り戻すのが国の責務である。そのためにはゲリラ船の撃沈（これは一部行われた）や、拉致を支援した朝鮮総連の解散と資産没収及び幹部の拘束・取り調べ、並びにその指導下にある朝鮮学校の閉鎖、（今では手遅れだが）北朝鮮の不法活動の連絡船万景峰号の拿捕・抑留等の強い措置を採り、一日も早く拉致被害者を救出する方策を講じなければならない。言うまでもないが近代国家の要件は、国民、領土、主権にある。それらが無惨に踏みにじられながら、決然たる措置を執れない国はもはや主権国家とは言えない。このように北朝鮮の拉致事件は、大東亜戦争の敗北以降、現憲法を始めとする占領政策の残滓、いわゆる戦後レジー

ムの中で、我が国が国家としての基本的機能を失ってしまったことを白日の下に曝らした事案である。

(二) 戦後レジームの弊害

このような危機的状況をもたらした元凶は、極東軍事裁判が捏造した東京裁判史観（我が国の歴史を全否定するいわゆる自虐史観）と、日本の永続的な無力化を狙って占領軍が作ったいわゆる平和憲法とにある。米ソ冷戦時代に日本共産党や社会党の左翼勢力は、国際共産主義組織の指導の下でこれらを金科玉条とし、またマスコミ及び言論界はそのシンパの進歩的文化人で占められ、彼らの唱える非武装中立論や一国平和主義論が一世を風靡した。その結果、我が国では軍事を論ずることがタブーとなり、戦後半世紀に亘って非常事態対処の法制は空白のまま放置された。この状況は二〇〇三年の「武力攻撃事態法」及び翌年の「有事関連七法」の制定で漸く不測事態対処の概形が整えられた。

周知のとおり我が国の憲法は第九条で「戦力の放棄」を唱っており、自衛隊は「戦力なき軍隊」として「日陰者扱い」をされてきた。今日では国民の大多数が自衛隊を支持しているが、以前は隊員が市中で「税金泥棒」と罵られたことさえある。現に最近まで民主党の連立与党として政権の一翼を担った社民党は、二〇〇六年の党宣言で「自衛隊は明らかに違憲」と明記している。このように自衛隊は憲法上「国軍」とは認められず、種々の国内法や「特別措置法」で雁字搦めにされ、国際基準の軍隊にはほど遠い、強い束縛の下でしか運用できない組織になっている。その一例を挙げれば、阪神淡路大震災（一九九五年一月）では、自衛隊嫌いの貝原俊民兵庫県知事が自衛隊の災害派遣要請を躊躇したために、関西各地の郷土連隊は事態を傍観せざるを得ず、出動は四時間余も遅延した。軍隊の行動は有事即応が最も重要であるが、自衛隊にはそれが許されていない。そればかりか集団安全保障や核攻撃への先制対処の禁止、非核三原則、武器の輸出及び他国との共同開発の禁止、国際貢献の自衛隊の海外派遣条件や武器使用基準の不備等々、多くの問題で深刻な弊害を生じ、国家安全保障体制を著しく弱体化させている。しかも「戦後レジームからの脱却」を掲げた安倍内閣で成立した憲法改正の手続法（国民投票法、二〇〇七）は、その後、衆参両院で憲法審査会の発足が棚上げされ、現在まで三年余も国会自身の法律違反状態が続いている。

一方、我が国の学校教育は、左翼組織の指導の下で革命教育に熱中する日教組等の左翼教職員組合によって長く支配された。その間、東京裁判で歪曲された国史及び国家観と、道徳や伝統文化を蔑視する自虐史観の刷りこみ教育が半世紀に亘って続けられた。二〇〇六年の教育基本法の改正までは、愛国心はおろか国歌・国旗に対する儀礼さえも否定され、教育現場の左翼教師の間では現在もその抵抗が続いている。

自衛隊員は入隊に際して「事に臨んでは危険を顧みず、身をもって（国防の）責務の完遂に努め、もって国民の負託にこたえる」ことを宣誓する。その自らの生命を賭した献身を支えるものは、我が民族・郷土への深き愛情と、祖国の歴史や父祖によって培われた伝統文化及びその中心にある皇室に対する尊崇の念である。この精神的な基盤に基づく献身が無ければ、祖国防衛の軍隊は組織できない。左翼教組による戦後教育はこれを破壊したのである。今日、中国各地で事あるごとに頻発する過激な反日デモや日系店舗襲撃の暴動の温床は、江沢民以後の反日愛国教育にあるが、我が国の左翼教組による平和教育の内容は、中国の反日教育と同じである。この自虐史観の教育による民族的精神風土の荒廃と弊害は、はかり知れない。これこそが占領軍及び中ソに奉仕する国内の左翼勢力の意図であり、平和憲法の狙いであった。一刻も早くこれらの戦後教育のレジームを払拭し、日本民族の将来の基礎を固める真摯な活動を振興しなければならない。

(三) 自衛隊の中央組織の戦後レジーム

自衛隊における戦後レジームとしては、与野党の政治家や評論家及びマスコミ記者の軍事に関する無知や認識不足による誤ったシビリアン・コントロールが指摘される。それが専横な守屋武昌元次官のような汚職防衛官僚を生み、また沖縄の米海兵隊普天間基地の移転問題の混乱を惹起して（二〇〇九年）、日米関係の亀裂をもたらした。鳩山前首相のような軍事知識がほとんどなく、特にアジア・中東にわたる沖縄の米海兵隊の任務や展開、地政学上の沖縄の位置づけと抑止力の機能等について、自ら無知を告白するような男が首相となり、自衛隊の最高指揮官としてこの国の命運を左右する安全保障政策を指図したことは、実に戦慄すべきことである。そしてそれは鳩山前首相に限ったことではない。言うまでもないがシビリアン・コントロールという政治用語は、「国の軍事力の発動を政治が決定する」ことである。しかしこの常識的な政治概念は我が国では防衛省の内部部局（内局）の「文官による自衛官支配」にすり替えられている。即ち内局が自衛隊の全予算と上級自衛官の人事権を握り、その強権の下に自衛隊を動かすというのが、我が国のシビリアン・コントロールである。そのために防衛相や政府への全ての報告は内局を通じてなされる規定になっている。更に自衛官の軍事専門家としての社会的発言や研究は、内局によって一切封止され、自衛隊の現場を全く知らない役人や政治家が、事なかれ主義で様々な部隊運用に容喙するというのが実情である。新聞でよく叩かれる「情報や事故報告の遅延」も自衛隊の弛みではなく、内局でのタイム・ロスであることが多い。

㈣　シビリアン・コントロールの実態

自衛隊の中央官署（統合幕僚監部、陸・海・空各幕僚監部。これらの部署には概ね三年の任期で自衛官が配置される）の勤務経験がある自衛官の中には、「内局は総理官邸の顔色のみを窺うソ連・中共軍の政治将校団のような存在」とまで極言する者が少なくない。このような有事即応不能な軍隊組織は自由主義圏の諸国には存在せず、マッカーサー指示による警察予備隊創設以来の日本弱体化占領政策の残滓と言ってよい。

具体的に数例を挙げれば、古くは一九六五年の「三矢研究」や、一九七八年の栗栖弘臣統合幕僚会議議長（現在の統合幕僚長）の「超法規発言」がある。前者は朝鮮半島で武力紛争が発生した場合の防備態勢の兵力配備と、部隊運用に必要な関連法令の整備等の机上演習を行ったものであり、自衛隊として当然の研究である。また後者は当時ソ連が北方四島に軍事基地を建設中であり、そこから発動する奇襲攻撃があった場合、第一線の指揮官は首相の防衛出動命令を待つ閑はなく、超法規的に行動せざるを得ないと『週刊ポスト』誌のインタビューに答えたものである。これらは軍事専門家として必要な研究であり、また正当な意見であるが、国会・マスコミの轟々たる非難を浴びて、三矢研究の担当者は処罰され、栗栖統幕議長は罷免された。

最近の例では田母神俊雄空将（第二十九代航空幕僚長）の自虐史観を排する憂国正論の懸賞論文応募に対する引責・罷免（二〇〇八年十月）と、統合幕僚学校（自衛隊の高級幹部の研修機関）における国史・国家観等に関する講義・講演等の廃止がある。更に日米共同訓練において中沢剛一等陸佐（第六師団第四十四普通科連隊長）が行った「両国の信頼醸成の訓示」に対する譴責・更迭（二〇一〇年二月）と、その処罰に抗議した二名の中隊長（第十一旅団第二特科連隊）の懲罰等が挙げられる。これらは防衛省首脳の政治家や防衛官僚が、マスコミの「騒ぎ」を懼れて過剰反応したものであり、これらの指揮官の言動には何の落ち度もない。愛国心の涵養や自虐史観の払拭、現下の防衛問題に関する軍事常識に基づく正確な認識等について、部下の隊員を指導することは上級幹部の最重要な職務である。

上述の事案は、いずれも政治家や防衛官僚が国の安全保障に関して為すべきことを為さず、国防が危殆に瀕していることを憂えた自衛官が、警鐘を鳴らし、或いは非常識な政治家の妄言のために破綻に瀕する日米関係について部下の動揺を憂慮したための発言である。これに対して防衛省首脳の政治家・官僚達は、自らの怠慢を省みず、ただマスコミに媚び、その論評と総理官邸の叱責のみを懼れ、権力を嵩に自衛隊の課程教育や訓育・訓示から愛国心を抜き去り、唯々諾々として事なかれ主義の役人に奉仕する羊の如き無気力な自衛隊を造ろうとしている。彼らこそ国の安全を著しく害う者であると言ってよい。

前述したような度重なる内局による自衛官の言論圧殺は、物言えぬ全自衛隊員の激しい憤懣と政治不信を醸成し、士気の低下をきたし、組織の業務意欲の萎縮と無気力な官僚化の堕落が懸念される。このような防衛省の根幹組織に残る「内局文官による自衛隊の支配」の戦後レジームを撤廃し、歪んだ体質を根本から改革して、正しいシビリアン・コントロールと有事即応の防衛体制を確立することが焦眉の急である。

(五) 民主党政権の安全保障政策の問題点

更に政権が民主党に交代した二〇〇九年秋以後、北東アジアの脅威の増幅に反比例して国家安全保障体制は明らかに後退している。沖縄の普天間基地の移転計画の撤回とそれに伴う日米関係の亀裂、石破元防衛相の下で始められた防衛省機構改革の白紙還元、「防衛計画大綱」改定と「中期防衛力整備計画」の先送り、防衛予算の大幅削減、海上自衛隊のインド洋給油部隊の撤退、陸上自衛隊の離島配備計画の撤回、事業仕分けによる安価な外国製弾薬への調達変更（有事の緊急調達を配慮しない軍事音痴の表われである）等々、目を覆うばかりの惨状である。米海兵隊の基地移転問題では、米国は再三にわたり既定の辺野古地区への移転を要望し、また日米同盟強化のための安保条約の再定義を呼びかけている。しかし政権党の民主党の外交姿勢は親米よりも親中国であり、米国が重視する「アジアにおける同盟の強化」は、日米安保条約締結六十周年の節目の年に深い亀裂を生じた。普天間移転問題の混乱の原因は、当時の鳩山首相や民主党幹部が、日本の安全保障戦略、日米同盟戦略、対中国戦略及びそれらのアジアにおける位置付けについて、確固たる構想を持たずに安易に沖縄の負担軽減という国内の政策課題を優先させたことにある。国家安全保障は、現世代が将来に備えて応分の負担を負わなければ、子孫が酷烈なる犠牲を払わされることは歴史が証明している。また「戦術の失敗は戦略でカバーできるが、戦略の失敗は戦術では補えない」という鉄則を弁えず、戦略を無視して目先の政策に拘泥し、或いは選挙目当ての大衆迎合に走れば、日本の将来はまことに危うい。

一方、民主党政府の外交の取組みは、悉く目先を繕う事なかれ主義に終始している。例えば韓国の記念日に遠慮した防衛白書発表の繰り延べや金死刑囚招待のパーフォーマンス（二〇一〇年七月）、菅首相の韓国に対する謝罪の談話（同年八月）、無為無策な尖閣諸島の違法中国漁船の処理（同年九月）や中国に遠慮した現場ビデオの隠蔽等々である。そこには国際世論への働きかけや東南アジア諸国と協同する戦略は全く見られない。わが国の対中国外交は自民党政権のチャイナ・スクール主導の媚中外交の時代から、民主党の鳩山・菅内閣に至るまで、平和友好・友愛外交の掛け声だけで日中間の懸案が解消すると信じている。これは平和憲法に毒された戦略眼の欠落による幻想である。東シナ海のガス田や尖閣諸島の違法漁船問題、南シナ海の西・南沙諸島の中国の実効支配の行動等に見るとおり、中国は「友好も軍事恫喝も（戦争でさえも）、国際関係の一つの状態に過ぎず、国益追求の手段」としていることは明らかであり、これが世界の常識である。確固たる安全保障体制の裏付けなしに、友愛外交や戦略的互恵関係を説くことは無意味であり、甚だしく国益を害なう懼れがある。菅総理は二〇一〇年の自衛隊観閲式において、多様化する脅威への防衛態勢の整備と日米同盟の深化を訓示したが、防衛計画大綱や次期中期防計画での着実な実行を見守りたい。

更に民主党は日本国籍を持たない在日外国人党員・サポーターに党代表の選挙権を与え（政権党となった現在では外国人が日本の首相を選ぶことになる）、韓国民団に対する国政選挙活動への支援要請（二〇〇八年十二月）や、その見返りとして在日外国人に地方選挙の参政権を付与する法案を準備する等、我が国の安全の禍根となる不見識な策謀が多い。更に前の衆・参国政選挙に見たとおり、なりふり構わぬ空手形マニフェストの大衆迎合を行い、（在日外国人にまで支給する）子供手当や（反日教育を行う北朝鮮系の朝鮮学校をも含む）高校授業料無料化等々、理念なき政治が横行している。また労働組合への癒着体質（旧国鉄のＪＲ不採用職員への大盤振る舞いや北海道の教職員組合丸抱えの衆院選挙等）も目に余るものがある。

(六)　戦後レジームの克服

近代国家の要諦は、国際社会に対して国家主権を明確に主張することにあることは言うまでもない。そのためには政府及び与党が、国家安全保障、外交方針、経済政策、健全な国家財政の運営、治安の維持、産業資源や食料の確保、国民の健康・福祉の増進、特殊技術・工芸及び固有文化の伝承等々について、明確な永続的政策をもつことが不可欠である。国家が直面する将来の多様な事態に対して、総合的シナリオを描き国家戦略を構築することが政治家の最大の責務である。大衆に迎合しその場凌ぎの対策を繋ぎ合わせても、我が国の将来を切り開く国家戦略は生まれず、国運の発展も望めない。以下、少し長くなるが、これに関して若泉教授の著書『他策ナカリシヲ信ゼムト欲ス』（文芸春秋社、一九九四年刊）の次の文章を引用する。

敗戦と占領以来、米国軍隊がそのまま居座る形で今日までいわば惰性で維持されてきた日米安保条約を中核とする日米友好協力関係を、国際社会の現状と展望のなかで徹底的に再検討し、長期的かつ基本的な両国それぞれの利益と理念に基づいて再定義することは不可避であり、双方にとって望ましくかつ有意義なことであろう。…その作業の大前提として私はまず日本人が毅然とした自主独立の精神を以て日本の理念と国家利益を普遍的な言葉と気概をもって米国はもとより、アジアと全世界に提示することから始めなければならないと信じている。（英語版（二〇〇二年）の序文。『正論』二〇〇六年九月号）

この書物は著者が行った沖縄返還（一九七二年）の日米の極秘交渉と、「核持ち込みの密約」を初めて公表したものとして注目されている。右の引用は、沖縄返還の交換条件として米国が求めた米軍基地の安定的無期限使用を再検討し、我が国の真の独立を果たすことを願って書かれたと思われる。しかしながらこの文章は転換期を迎えた今日のアジアの危機的状況の中で、我が国が今こそ真剣に、対米、対中、対アジアの長期的国家戦略を確立すべきことを警告した、現時点の日本に対する警鐘であると言えよう。そこでは中国の強硬姿勢や米国の尖閣支援が問題ではない。問われていることは、日本国民の自覚と決意のみである。

更に我が国の国家財政は近年危機的状況に陥り、また少子化による人的資源の枯渇、急速な高齢化も社会の活力を失わせている。従って政策コストの削減と人的資源を含むあらゆる資源の有効活用が強く求められる。行政の効率化や将来計画の費用対効果の向上は、広義のＯＲ＆ＳＡ分析によって初めて可能であり、この機能の組織的な充実を急がなければならない。そのためには安倍内閣が設置した国家安全保障会議や、鳩山内閣で閣議決定した国家戦略局のような組織が必要であろう。そしてそれは単なる空手形マニフェストの作文や時局当面の対策の提言機関ではなく、長期的な国家戦略計画の策定を支援できるOR&SA機能（後述）をもった組織とする必要がある。

以上、本節では戦後レジームの国防上の弊害について整理したが、我が国の将来はこれらを克服する次の三つの改革の成否にかかっている。

第一．現憲法を改正して自衛隊を国軍として位置づけ、集団的自衛権や防衛的先制対処行動、国連の平和維持活動への参加等の束縛を撤廃し、積極的に世界平和に貢献できる体制を確立すること。更にそれに基づいて防衛省設置法を改正し、現在の歪んだ文官支配の自衛隊中央組織を改編し、真の文民統制と有事即応態勢の自衛隊組織を確立すること。（なお憲法改正については、日本文化の根幹は皇室にあり国家存立の基盤であることを鮮明にするために、現憲法の曖昧な「象徴天皇」の政体を改め、天皇を国家元首とする立憲君主国として我が国の国体を明確にすることが最も重要である。その他、国会の構成等、多くの問題点があるが、ここでは本稿のテーマの国防の基本問題に関する事項を述べるにとどめる。）

第二．国民教育を再構築し、自虐史観を払拭して祖国の歴史と伝統文化に対する尊敬と国民の誇りを復活し、祖国についての精神的基盤を確立すること。

第三．各政党は選挙目当ての政策や政治活動を改め、防衛・外交・内政の全般にわたる長期的な国家戦略を策定する体制の確立に努めること。

(七) 国防体制の整備

右に述べた戦後レジームの改革を実施した上で、我が国の安全保障体制としては、次に列挙する防衛装備を整備する必要があると考える。

① 衛星や無人偵察機による広域監視・偵察能力を大幅に強化し、不測事態に備えた万全の監視体制を整備すること。

② 対象国のミサイル発射準備等を確認した場合には、その戦力中枢をピン・ポイントで先制的に無力化できる十分な精密打撃力を装備すること。（敵の飽和的ミサイル攻撃（防空ミサイルの対処能力を越えた多数の攻撃）に対しては、現在の専制防御の防空システムはほとんど無力である。）

③ 沖縄を中心とする制空権確保の空軍戦力を充実し、南西航路帯を含む空域の防空を確実にすること。

④ 浅海域の東シナ海で有効な対潜水艦監視センサー網を開発し、九州・沖縄・台湾・フィリッピンを結ぶ南西列島線の対潜水艦バリアーを整備すること。

⑤　対潜水艦戦能力としては、南西・南東航路帯海域における対潜水艦広域哨戒能力、東シナ海の浅海域対潜水艦戦能力、及び対象国の原子力潜水艦を追尾し監視できる攻撃型原子力潜水艦を装備すること。

⑥　薩南諸島、沖縄諸島、尖閣諸島の主な離島に陸上防備兵力を配備すること。

⑦　電子戦・サイバー戦能力を充実し、衛星及び情報・通信ネットワーク・システムの防護を強化すること。

⑧　平時における海上警察・警備能力（海上保安庁所管）を大幅に増強すること。

以上、素人考えの私見を列記したが、上述の自立した国防力を整備して、はじめて若泉教授の説く「日本の理念と国家利益を普遍的な言葉と気概をもって全世界に提示する」外交が可能になる。またこれらのかなり重厚な防衛力を装備した場合であっても、中国や北朝鮮の核の脅威に備える抑止力として「米国の核の傘」が必要である。我が国の自主的な核武装については、将来的に、高度の外交と国民の核アレルギー緩和の忍耐強い説得によって国際間及び国内の大きな混乱を惹起しない環境下で、防衛的な核戦力を持つべきであると考える。

上述した自主防衛力の効率的な装備計画を策定するには、本編（上）の一項に前述したＯＲ＆ＳＡの機能が必要である。またこれらの国防力を整備できたとしても、それらを有効に運用するためには、対象脅威の動態分析の情報処理・意思決定支援システムが不可欠である。次節以下では、ＯＲ＆ＳＡによる国防の危機管理システムの内容を考察する。

四　我が国の軍事ＯＲ研究の現状

我が国では大東亜戦争の敗北以後、軍事アレルギーが猖獗を極めて左翼偏向の情緒的な非武装中立の平和論が横行し、戦いを考えること自体がタブーとなった。交戦を考えなければ将来の不測事態に対処する国家安全保障のシナリオは描けない。このように戦争・軍事のトラウマに囚われている精神構造こそ「構造改革」が必要であり、その改革の第一歩として安全保障分野の軍事ＯＲ研究の閉鎖性を打破しなければならない。

軍事ＯＲの理論研究は、その誕生以来今日まで、欧米では大学や各種の研究所において継続して活発な研究活動が続けられている。またＯＲの学術誌には頻繁に軍事ＯＲの論文が発表され、多数の専門書が出版されている。一方、我が国では一九五七年に日本ＯＲ学会が発足して以後五十年間、学会では軍事ＯＲの研究は行われなかった。米国では広義の一般的なＯＲ研究の「米国ＯＲ学会」（会員約九千二百名）の他に、軍事問題に特化された「米国軍事ＯＲ学会」が活発に活動し、会員数は約三千名といわれる。因みに日本ＯＲ学会の正会員は二千名弱（二〇一〇年二月）である。これらを比較すれば米国の一般社会の軍事ＯＲに対する関心の高さと、研究普及の底辺の広さが知られる。

また現代のＯＲは端的にいえば「各種のシステム分析技法に支えられた合理的な意思決定分析の科学」である。一般社会では意思決定分析の科学化が広く浸透し、いろいろな意思決定支援システムが活発に稼働して各種の生産活動や経済活動の効率を著しく向上させている。ＯＲ＆ＳＡ分析が、将来の各種の不確実性を含む事業計画の策定や、資源制約下の効果的な政策案の構築に役立つことは、その発展の歴史がこれを明示している。また軍事面においてもＩＴ分野の進歩によるＣ４Ｉシステム（指揮・管制・通信・電算機・情報システム）等の装備体系の発達は、従来の陸・海・空の戦場を宇宙やサイバー空間にまで拡大している。更にこれらの技術の進歩が、軍事行動の教義・戦術、軍事意思決定の在り方、更には軍の編成や組織をも変革する「戦場の革命」を促し、各種の軍事面の革命的変化が急速に進行した。諸外国では軍事ＯＲの理論研究の成果を反映した軍事シミュレーションや軍事的な意思決定分析ツールのモデリング・シミュレーション・システムが多用される時代となった。

このような世界の軍事関係のソフト技術の研究の進展に対して、我が国ではこれまで軍事ＯＲの理論研究は「禁忌の研究分野」であった。そのことは設立以来半世紀を越えた日本ＯＲ学会の論文誌に、軍事ＯＲの理論研究（例えば射爆問題や交戦理論モデル等）の論文発表が一編も無いことに表われている。僅かに民間でも応用性のある捜索理論や機会目標の最適資源配分の論文が、軍事色（対潜水艦捜索やミサイル戦の射弾配分）を隠して自衛隊関係者によって時々発表されたに過ぎない。そして防衛省・自衛隊関係の有志を中心とする「防衛と安全」研究部会が、三年間の期限付きでＯＲ学会の中に発足したのは、学会発足後五十年を経た二〇〇八年春であり、二〇一〇年の春期研究発表会ではじめて「警備と危機管理」（しかしここには何故か「防衛」の字句はない）のセッションが置かれて、上記の研究部会のメンバーの口頭発表があった。但しこのセッションは以後継続されず、秋季研究発表会では他のセッションに吸収された。

これに対して陸・海・空三自衛隊では、日本ＯＲ学会設立の三年前（一九五四年）からＯＲ担当の部署が設けられ、米・英軍の第二次大戦中のＯＲ活動の研究が始められた。過ぐる大戦の惨憺たる敗北の基本的な原因が、旧軍の組織的な合理性・科学性の欠如にあることを認めて、ＯＲの研究に取り組んでいった先輩達の熱き思いが感じられる。その後、中期防衛力整備計画の分析評価や部隊運用等にＯＲ＆ＳＡを適用した応用研究が進められてきた。その間、分析担当の組織は逐次整備され、ＯＲ要員の教育もそれなりに努力されてきたが、しかし半世紀を経た今日でも、現代の情報化時代に対応できる態勢はほとんどできていない。また防空戦闘統制システムやミサイル装備に関する情報処理システムは、米国の模倣に終始して防衛秘密の強固な壁の中にある。情報化時代の今日、学術レベルの軍事ＯＲ研究さえも社会から隔離されて、自衛隊内に限定されている異常事態を、識者ですらも気付いていないのが現状である。この軍事アレルギーの後遺症の根本原因は、国民の国防への無関心にあるが、このように国家社会の存立の基盤である国家安全保障のシステム造りや基礎的な学術研究が、一部の特殊な部門に密閉されていることは、我が国の安全保障体制にとって危険なことである。国の防衛体制の強靭さは、決して常備兵力の多寡や装備の性能の優劣にあるのではない。軍備が戦争抑止の機能を果たすのは、それが国民の断固たる国家防衛の意思の表明であるからである。現在の我が国のように防衛に関する国民の関心が薄く、政治家にも国際政治上の軍事力の認識がすこぶる希薄なことは、我が国の防衛基盤の最大の弱点であり、自衛隊を如何に近代兵器で装備しようとも、その弱点を補うことはできない。それを改善するには先ず自虐史観による教育を改め、民族の歴史や文化に対する尊崇の念を高め、国民の健全な国家観を確立することによって、国家安全保障に関する関心を喚起しなければならない。その上で防衛体制の骨格作りの出発点として軍事ＯＲ研究を普及し、そこではじめて国防の危機管理システム（後述）の構築を担当するＯＲ＆ＳＡの専門家の養成が可能になる。そのためにもこれまで防衛省・自衛隊の中に密封されてきたこの分野の研究や知識を、広く我が国の社会全体で共有し、官・民・学の三者が協働して防衛の情報処理の人材の育成に努め、組織と技術を洗練してシステム創造力を高めることが必要である。

第五編　国防の危機管理システム―軍事ＯＲ研究のすすめ（下）

『日本』、平成二十三年二月号、十八～二十八頁

五　防衛の危機管理システムの構成

本節では将来の不測事態や防衛施策の意思決定を支援する危機管理システムの構成について考察する。

今日の我が国の国家安全保障環境の特徴は、核の脅威に対する抑止力に加えて、陸海空の在来型の局地戦、ミサイル防衛、ゲリラ潜入や他国による経済水域内の海底資源不法調査の阻止、テロ防止、更には衛星や通信ネットワークの防護等に至る多様な脅威に対処し、またＩＴ技術革命によるネットワーク中心の戦闘から市街ゲリラ戦まで、様々な態様の交戦に備えなければならないことである。現状では核の抑止力は日米安保条約による「米国の核の傘」に依存しつつ、それ以外の脅威に対しては万全の自衛力を持たなければならない。ここでＯＲ＆ＳＡが担う役割は、不測事態の情報処理・意思決定支援の動的な分析と、将来の効率的な防衛施策の計画策定の静的な分析評価の二つのシステム（以下、両者をまとめて危機管理システムと呼ぶ）に大別される。最初に前者の動的な危機管理システムのＯＲ＆ＳＡ分析（動態分析）の機能について述べる。

㈠　危機管理の動態分析の意思決定支援システム

我が国の防衛体制を確立するには、先ず周辺の各国の軍事行動及び領海・領空・離島への侵犯や各種の不法行為を監視し、テロや諜報活動等の防衛情報の収集・処理を行い、対抗措置の意思決定分析を支援する危機管理の動態分析システムを構築することが重要である。この危機管理システムをＯＲ＆ＳＡ分析の観点から整理すれば、以下の機能を有する階層的なシステムに整理される。（以下、対象事態を目標と書く。）

① 目標に関する異なる情報源や媒体の情報を統合して、目標の実体を識別する「目標識別分析機能」

② 同一目標と識別した時系列情報を結合して、目標の動静や行動パターン、事態の進展等を把握する「目標行動分析機能」

③　将来の目標の可能行動や脅威の強度の変化を予測する「目標予測機能」
④　上記の②、③項の分析結果を総合して目標の企図を精査・分析し、それに我が方の防護対象の状況や環境条件を加味して、事態の推移を総合的に評価する「連続情勢見積機能」
⑤　対処行動に使用できる防衛資源を把握し、実行可能な代替案を列挙して、その効果とリスクを評価する「対処行動の効果対リスク分析機能」
⑥　対処行動の所要資源を有効活用し最適化する「最適計画作成機能」
⑦　対処行動の経過をフォローして事後分析を行い、対処行動の計画諸元やその基礎となった各種の見積りの妥当性を追跡・監視し、行動計画の時間管理（ＰＥＲＴ・ＣＰＭ）を行う「追従事後分析機能」
⑧　対処行動の戦術転換や終結時期を分析する「行動転換分析機能」

上述した意思決定支援の分析評価の内容は、対象問題や状況に応じて千差万別であるが、これら一連の分析は危機管理の意思決定に不可欠である。これらの情報分析は確率論及び統計学に基づく多変量解析や数量化理論、時系列分析等の予測手法やシミュレーション、数理計画法等のＯＲ理論、統計的決定理論等々を総合的に駆使した、ＯＲ＆ＳＡの科学的分析によって実現される。そこでは軍事ＯＲの理論が必須の知識となる。

○　動態分析のＯＲ＆ＳＡの役割

前述したとおり軍事ＯＲは「戦闘の理学」であり、これまで多くの問題を解決し戦闘の効率を飛躍的に向上させた実績は高く評価されている。ただし理論的な分析は交戦する両軍の合理的な行動を前提として、その枠組みの中で効率性を追求する。しかし言うまでもなく人間の闘争は「合理性」で全てを把握できるほど単純なものではない。古くから我が国で広く流布している「非理法権天（非は理に勝たず、理は法に勝たず、法は権に勝たず、権は天道に勝たず）」の法諺は、人間行動の規範として「理」が支配する決定原理を低く位置づけている。また「無理が通れば道理引っ込む」や「長いものには巻かれろ」の俚諺では、現実はしばしば「理は非に勝たず」と説いている。また一見すれば不合理な行動（奇策）によって相手の意表を衝き突破口を開くのが、古来、名将の戦法であり、今日の自爆テロやゲリラ戦等の非対称・非正規な戦争は、むしろそれが主である。故に合理性の枠組みは軍事ＯＲの特徴であると同時に、その限界を示すものである。そして軍事作戦の意思決定は、合理を越えた叡智と、豊かな想像力による独創的発想の深慮遠謀、及び迷いのない断固たる決断を要する世界である。

一方、古今東西の人間の闘争の歴史は、情報不足による指揮官の独断、思い込みによる情勢判断の誤りや将来の状況変化の見通しの甘さ、情報伝達の遅延、虚（又は誤）情報による混乱等によって、優勢軍が勝利の機会を逸して敗北した多くの事例を教えている。このことは指揮官の意思決定の基盤として、情報の完全性と、各種不確実性や偏った独断の陥穽の克服が、健全な軍事的意思決定にとって極めて重要であることを示している。そのために複雑な生起事象を整理し、状況要因の影響と将来の推移の不確実性を補完するのが、前述した八つの情報処理と分析の機能である。またこのような「情報分析の土壌」を整えることが幕僚の補佐機能であり、そのための道具が上述の危機管理システムである。それによって指揮官は作戦構想に深慮遠謀と確信に満ちた果敢な決断を行うことができる。この危機管理システムには周到に準備された情報ネットワークと、OR&SA分析のソフトウエアが必要であり、ここに軍事ORの役割がある。

しかし現在の陸・海・空自衛隊では、上記の危機管理のソフトウエアは整備されておらず、そのシステムの構築と維持・管理に必要な軍事ORの知識に精通した多数の専門家の準備もない。またそのシステムの運用には自衛隊の幹部教育の内容を根本的に改める必要がある。

上述した動態分析システムの構築は、有事法制やテロ対処、大量破壊兵器の拡散防止対策の危機管理体制整備の一環の緊急課題である。また意思決定の考え方や危機管理のあり方は、その国の歴史や伝統、価値観の思想・哲学に深く根ざした固有の文化によって育まれるものであり、他国のシステムの移植では全く役に立たない。嘗て海上自衛隊は米国の対潜水艦戦訓練データの収集処理システムを導入し、二十年余に亘り厖大な労力と資金を投入したが、ほとんど役に立たなかった苦い経験がある。データ・システムでさえもこの有様であり、危機管理システムは、歴史と伝統を踏まえ、国情に即して民族の叡智を反映することが重要である。そのために有事法制やそのシステムの整備の一環として、国民的な創意を結集しなければならない。

(二)　軍事OR&SAによる防衛施策の分析評価

前節では軍事的な不測事態の動的なOR分析の危機管理システムの内容を考察したが、次に将来の防衛施策の計画策定のための静的なOR&SAの分析評価機能について述べる。一般的なOR理論には各種のシステムの効率化や諸々の将来計画の代替案に関する費用対効果の分析機能があることは前述したとおりである。防衛問題に関するこの種のＯＲ＆ＳＡの役割は、防衛関連諸計画のコスト削減と資源及びエネルギーの有効活用を図る上で、今後ますます重要となり、各種の防衛施策の設計の中核的役割を担うことは明らかである。それに応えられる態勢を速やかに整備する必要がある。

この分析機能は検討対象の政策について、イ 目的・理念の正当性、ロ 全般計画の方針（戦略）の合理性、ハ 実行手順（戦術）の適合性・効率性、を評価し、その波及効果を含めて計画全体の整合的な妥当性を検討するものである。これに必要な分析機能は次の三つに大別される。

① 将来の国家安全保障環境や対象脅威に関する予測機能。これには国際情勢、軍事情勢、世界経済及び国内の経済・財政の動向、技術革新の進展状況等について広範な予測と判断が要求される。（この機能は前述した動態の危機管理システムの八項目中の①項～④項に対応する。）

② 政策目的を達成する複数の代替案の効果対リスク分析並びに最適候補案の評価（同、⑤、⑥項）

③ 事態推移の追従分析と行動の修正又は転換に関する代替案の分析（同、⑦、⑧項）

右に述べた分析の手法や内容は対象となる問題によって千差万別であるが、これら一連の分析によって「システムの各種の要因の影響と将来の状況推移の不確実性を補完し、効率的な計画の意思決定を支援する」機能が実現される。

○ 不確実性の確認分析

ここで防衛施策の静的なＯＲ＆ＳＡ分析において特に留意すべきことは、検討対象が将来の各国の国際関係や政治情勢、経済の動向、技術革新の進展等の多種多様な不確実性を含み、それらの変動に対処できる計画を構築しなければならないことである。このためには以下に述べる「不確実性の確認分析」と呼ばれる分析を丁寧に実施し、変動要因の影響を十分に考慮した上で、代替案の効果対リスク（コスト）の特性を評価することが極めて重要である。

① 状況変異分析　評価モデルの論理設計や入力値の前提の違いによる分析結果の変動を調べる分析。

② 感度分析　評価に用いられた標準的な入力データが変動した場合の出力結果の変化を調べる分析。

③ 優劣分岐分析　複数の有力案の優劣が逆転する状況や環境条件について調べる分析。

④ ハンディキャップ分析　標準的な見積や予測に基づく第一有力案には不利で、かつ次善案には有利な状況

設定を与えて、結論を再評価する分析。

防衛・外交の国家安全保障の戦略策定は、将来の国の命運に関わる問題であり、利権の絡んだ政治勢力や業界団体の圧力、省庁の縄張り争い等による容喙が聊かでも入り込んではならない。これを防止するには、防衛政策等の立案や防衛力整備計画の検討に際して、上述した各種の「不確実性の確認分析」を徹底的に行うことが必要である。（これは動態分析のＯＲ＆ＳＡ分析においても同様である。）またこれらの不確実性分析を通じて、代替案の欠陥が摘出され、それを補備する方策を考えることによって、更に有効な施策案が創出されることもＯＲ＆ＳＡ分析の重要な機能である。従来の予算獲得の説明資料によく見られたような、これらの不確実性の確認分析を欠いた、とおり一遍の定量分析は、百害あって一利なしである。それはこの手法は使い方を誤れば、「詐欺師の片棒担ぎ」に利用される危険性があるからである。

(三)　ＯＲ＆ＳＡ分析のもつ陥穽

前述したとおりＯＲ＆ＳＡ分析は各種の社会現象や人間行動をモデルによって定量化するのが特徴である。しかしその定量化自体に大きな落とし穴があることを厳しく認識しておく必要がある。言うまでもないが、判断基準となる評価尺度の値はモデルの前提や入力データによって大きく変化する。例えば二〇一〇年一〇月に発表された環太平洋戦略的経済連携協定（ＴＰＰ）に参加した場合の日本経済への影響の政府試算は、各省庁の立場を反映して評価が大きく異なり、世間を驚かせた。内閣府は国内総生産で三・二兆円のプラス効果、農水省は農業関連で一一・六兆円の損失、経産省は産業界全体で一〇・五兆円の利益という数値を算出し、ＴＰＰへの参加の是非を巡って調整が難航した。この例は定量的見積や評価は分析者の視点によって全く異なり、貿易立国の日本の将来に関わるような事案に対しても（農水省の如く狭い前提に立てば）どのような評価値でも作り出せることを示している。定量的な見積り値や評価は、常にこのような危険を内包していることを厳しく認識しておく必要がある。

従来、当初の予算取得の説明段階の定量的な費用対効果分析では、十分に採算がとれる分析値が示されたにも拘らず、完成後の実際のシステムの運用では毎年厖大な赤字の累積を重ねている事業や施設の例は枚挙にいとまがない。例えば全国に胡麻塩の胡麻のように散在する地方空港、閑散として利用者の少ない何本もの本四架橋、狐狸の遊び場と化した過疎地の立派な高速道路、独立行政法人や特別会計の事業で雨後の筍のように造られた箱物、公益法人の豪華な保養施設等である。これらは全て願望的な甘い経済動向見積、都合のよい将来環境条件の設定、水増した入力データ、不利な条件の隠蔽、有効な複数代替案の無視等、関係業界や利権団体の圧力によって定量評価を作為的に操作し、科学的な定量分析に名を借りて詐欺的分析を行った結果である。前述した「不確実性の確認分析」はこれらの不埒な作為的定量分析を防止するために不可欠であり、この種の「定量評価の陥穽を回避する仕組み」を持たないＯＲ＆ＳＡ分析は、行うべきでない。

上述のような事例は我が国のみならず米国でも頻発し、議会や米国ＯＲ学会を巻き込む騒動になった事例がいくつかある。例えば二〇世紀初頭に誕生した「工場の生産管理の科学的管理法」（テーラー・システムと呼ばれ、現在では工場管理の基本である）は、当初は大いにもてはやされ大流行した。しかしその後専門知識のない分析屋（当時「山師」と悪評された）が横行して生産現場を混乱に陥れ、また作業標準化の時間管理を労働強化と見た労働組合が激しく反対した。彼らは議会を動かして激論の末に、合理化に逆らって「テーラー・システム禁止法（一九一七年）」を成立させた（第二次大戦後（一九四七年）まで施行）。

また冷戦時代（一九六九年）には「ソ連の大陸間弾道ミサイルの攻撃に対する防空ミサイル・システム（セーフガードⅠ）の有効性の評価」について、米上院の特別委員会で証言した二人のＯＲ＆ＳＡ専門家の評価値が大きく食い違って議論が沸騰し、挙句の果てに「システム分析の科学性」が疑問視される事態となった。これに対して米国ＯＲ学会は、学会長を委員長とする特別委員会を発足させ、一年半を掛けて審議し、「分析専門家の倫理」をＯＲ学会誌の特別号に「ＯＲガイドライン」として発表した（一九七一年）。

更にマクナマラ国防長官は高騰する国防予算を厳しく査定し圧縮するために、一九六二年からＯＲ＆ＳＡによって主要兵器システムの企画・研究開発・配備・運用の全ライフ・サイクルの費用対効果分析を行い、事業計画やシステムの採択を決定する予算策定方式（ＰＰＢＳ）を採用した。このシステムは一九六八年度からは米国連邦政府の全省庁の予算策定方式として適用されたが、「紙屑生産予算方式」と酷評されるほど不人気であり、一九七一年には早くも挫折した。

米国はこのような多くの試練を経てＯＲ＆ＳＡ分析理論体系とそれを運用するデータ・システムや組織を整備し、また分析に従事する技術者の「専門家の倫理」を鍛えて、今日の政策分析の意思決定支援システムを作り上げてきた。我々はこれらを「他山の石」として、「日本の危機管理の意思決定支援システム」を創り出さなければならない。

以上、本節では軍事的な危機管理システムの構築について述べた。これらの動態分析や政策分析のＯＲ＆ＳＡには各分野の多数の専門家が必要であり、また扱う問題の内容や性質上、防衛省・自衛隊のみではこれらの体系的な分析は不可能である。官・民・学の横断的・組織的な取り組みが必要である。一方、これらは所詮、情報処理・分析の道具に過ぎず、分析結果に基づいて情勢を判断し、如何に行動するかを決断するのは指揮官であることは言うまでもない。そしてそこでは卓越した判断力とリーダーシップが要求される。「友愛」を説いて外患を招き入れ、国防に献身する自衛隊の「暴力装置」の上に能天気に胡座をかき、また国際場裡では「無言を実行」して国難を増幅する輩が政府首脳であっては、如何なる危機管理システムも機能しない。国家の危機管理には、上述した危機管理システムを整備し、日常これを駆使して警戒を怠らず、かつ意思決定の要路に「人物」を得ることが最も肝要である。

六　軍事ＯＲ研究のすすめ

国家間の国益のせめぎ合いの結果生ずる紛争や脅威は、国内外のいろいろな勢力の情報戦・宣伝戦を通じて、政治的圧力、経済競争、世論形成等、あらゆる局面で相互に関連し複雑な様相を呈する。そして軍事力はその国益追求の背景にあり、最終的な手段として武力の恫喝や行使が行われる。今さら言うまでもないが、それに対抗する軍事的な防衛組織は、それだけで独立して国防の任務を達成することはできない。政治体制、外交力、産業や資源調達の構造、経済の状況、社会の世論形成等の健全な国防体制があって、はじめて軍事的な国防システムが機能する。大切なことはそれらの総合的な国防力を造り上げることである。

中共軍は二〇〇三年に改定した「軍政治工作条例」において、「三戦（法律戦、世論戦、心理戦）を実施し、敵軍の瓦解を図る」ことを重視していると言われる。即ち軍事力の充実を背景に、自国の「核心的利益」と称して国際法を無視した独善的な「領海法」や「島嶼保護法」を制定し（「法律戦」の発動）、発生する国際紛争に関する情報や国内の言論を操作して国民の反日デモや日貨排斥・店舗襲撃の「世論戦」を誘導し、それをバネに外交活動を通じて相手をゆさぶり、その対抗意思を粉砕する「心理戦」を展開する。そして次に武装監視船やミサイル駆逐艦等の出番となるのが彼らの定番のシナリオである。これらは既に南沙諸島、白樺ガス田や尖閣諸島で繰り返されてきたとおりである。また尖閣騒動の折に中国各地に頻発した反日デモで掲げられたプラカードの「琉球解放！」に見るとおり、沖縄侵略の世論戦も既に開始されている。これに対して我が国は政治・外交・経済・社会及び軍事のあらゆる面で備える必要がある。そのためには将来の国のあるべき姿をしっかりと見据えた上で、対米、対中、対アジアの国家戦略を確立し、国防の危機管理システムを整備して、常時、厳重な監視を怠らず、有事即応の体制を早急に固めなければならない。先般の尖閣騒動のように無為無策で中国の出方を見守り、その暴圧に「粛々と身をすくめ」、証拠ビデオの公開さえも躊躇する、ひ弱な外交姿勢では、尖閣諸島はおろか全南西諸島の島々が中国の餌食となる事態も必至である。

またそれは東シナ海に限ったことではない。「日本甘し」と見たロシアのメドベージェフ大統領は、尖閣騒動に便乗して北方四島の不法占拠を固定化する動きを強めた。即ち二〇一〇年九月末に突如北京を訪れ、「中ロ両国は大戦の結果と教訓について非常に近い立場にある」という滑稽かつ理不尽な共同声明を発表した。極東経営のパートナーとして、頼りにならない日本を見限り、威勢のよい中国に乗り換えたということであろう。ロシア大統領はその帰途に我が北方領土の視察を企て、このときは悪天候のために渡島を諦めたが、ひと月後、改めて国後島を訪れて北方四島のロシア実効支配を世界に印象付けた。この国の火事場泥棒根性は今に始まったことではないが、「好餌は逃すべからず」は弱肉強食の国際政治の鉄則である。鳩山内閣が軽率に火を付けた普天間騒動が、日米の亀裂を生み、これを好機として中国が尖閣騒動を起こした。（中国は嘗てフィリッピンのスービックとクラーク基地から米軍が撤退（一九九二年）した際にも、南沙諸島の実効支配を大幅に広げた。）また尖閣騒動がロシアを元気付けて北方四島に飛び火したことは明らかである。周知のとおり我が国の平和憲法の前文には、「平和を愛する諸国民の公正と信義に信頼して、われらの安全と生存を保持しようと決意した」とある。しかしこれらの中ソの動きや北朝鮮の拉致事件に見るとおり、「諸国民の公正と信義」は頓珍漢な妄想に過ぎないことは明白である。このような荒唐無稽な虚文を連ねた憲法をわが民族の基本法として児孫に遺してはならない。第二次大戦以後、一国平和主義を唱えて国防を軽視した我が国は、ここで決意を新たにして世界の現実と向き合い、奮起して足元を固めなければ将来の国運はまことに危うい。

数年前のことであるが、藤原正彦元お茶の水女子大学教授の著書「国家の品格」（新潮新書）が、国の行末を憂い昨今のふしだらな世の風潮を戒める書として識者の注目を集めた。それによれば日本国民が国柄を見失って「国家の品格」を喪失したのは、欧米の「論理と合理主義」を盲信し、「本来、科学技術の領域でのみ有効な論理や合理を、広く人間社会に適用してしまった」ことによるものであり、国家の品格を回復するには「日本的な美的感覚と武士道精神」の復活が緊急の課題であると論じている。この書物の論旨には筆者も全く同感であり、日本文化を支えるバックボーンの「美的感覚と武士道精神」を活性化する以外に、日本の未来はないと確信する者である。この観点からすれば、前述したＯＲ＆ＳＡによる「意思決定の合理性」の追求の如き手法は、さしずめ世を惑わす西洋眩術として厳重に指弾されるべきであろう。

しかしながら嘗て飛鳥の昔、仏教文化の挑戦を受けた我が国は、それ以来、千数百年をかけて無数の高僧・聖が命と引き換えに厳しい修行と瞑想沈思を重ね、その末に漸く日本人の精神世界の一角に「日本の仏」を据えた。また儒教文化の挑戦に対しても、その政治哲学の根幹である「易姓革命」の思想を骨抜きにして、平安時代には既に孟子を排斥し、江戸期には崎門学派や水戸学派の如き「勤皇の儒学」を造り上げた。それに比べて幕末・維新の西洋文明の挑戦から今日まで僅かに百五十余年、その間我々は西欧文明の本質の何ほどを日本文化の血肉としたであろうか。そして今や我が国は一党独裁の中国や北朝鮮のように、情報操作と言論統制により人間理性の働きを抑圧し、精神的鎖国によって西洋文化の挑戦を回避する道を採れないことは明らかである。そうであるならば「日本的な美的感覚と武士道精神」を以て「欧米の論理と合理精神」を止揚し、融合して克服する以外に道はないであろう。

西洋文明の挑戦を受けた当初、幕末・明治の先覚者達はこのことを深く認識し、「器械文明を西洋に採り、和魂は我に存す」と宣言して「和魂洋才」の道を説いた。西洋文化の合理主義も日本の武士道も、等しく人間の理性の発現である。そして我が国でも「合理《ことわり》の観念」は古くから人々の日常を支配し、前述の「非理法権天」の古諺に見るとおり、「合理」は「御法度」に次ぐものとして人々が重んじてきた規範である。この重層構造の決定基準の「合理」は決して舶来のものではなく、「和（秩序ある万物の調和）に通底する道理の体系」を求めるものである。それは欧米のようにモデルを通じて定量的にものの原理を追求する自然科学の方法ではないが、しかし欧米の新しい方法論を学ぶことは、日本文化にとって忌むべきことではない。

ここで改めて「和魂洋才」を強調した上で、ＯＲ＆ＳＡは「意思決定の哲学」ではなく、「将来の各種の不確実性を補完する技法」であり、意思決定における「独全や思い込み」を防止する技術的安全弁であることを確認しておく。従ってこれまでの日本の「道理の骨組み」を変えるものではないと筆者は考える。このように見れば「意思決定分析の理論」の研究は、（藤原教授が排除する）西欧の合理主義への追随ではなく、西洋文明を超克し「日本の合理主義」による「日本的意思決定の論理」を構築する創造的な作業である。そしてそれを果たしたときに、日本文化は更に豊饒になると筆者は確信する。

本稿において、欧米文化の合理主義のエキスとも言うべき「意思決定分析の科学」のＯＲ研究を推奨し、ＯＲ＆ＳＡの応用による国防の危機管理システムの構築を提言する理由はここにある。

○　軍事ＯＲの学習の手引き

前述したとおり軍事ＯＲは技術革新の情報化時代の防衛システム造りには不可欠の基礎技術である。しかしながら我が国では最近まで禁忌の学問分野であり、邦書の専門書や解説書は皆無である。この状況を改善するために、筆者は近年、次の『軍事ＯＲシリーズ』を執筆し、ネット出版社の三恵社から上梓した。

①『軍事ＯＲ入門』
②『軍事ＯＲの理論』
③『意思決定分析の理論』
④『捜索理論』
⑤『捜索の情報蓄積の理論』

これらの五冊の『軍事ＯＲシリーズ』は、インターネット書店（アマゾン、ビーケーワン等）で入手できる。これらの概要は、以下のとおりである。

第一冊目の書物①は、軍事ＯＲの全般を平易に解説した入門書である。そこでは軍事ＯＲの理論研究と応用研究の概要、英米及び日本の軍事的なＯＲ活動の発展の歴史を述べ、次いで捜索理論、射爆理論、交戦理論の研究の枠組みを概説した。ＯＲは応用数学の一種であるが、入門書のこの書物では意図的に数学モデルの記述を避けたので、数式は全く出てこない。

第二冊②は前著①と同じ領域をカバーしているが、その内容は「軍事ＯＲの理論編」として特徴付けられる。この書物は軍事ＯＲ研究の必要性を述べ、次いで軍事Ｏ

R全般を概説した後に、捜索・射爆・交戦理論の三つの理論研究の数理モデルを詳しく解説している。

上述した二書はいずれも「戦術ＯＲ」に関する書物であるが、第三冊③は一般的な広義のＯＲ理論の解説書である。この書物の狙いは軍事的な意思決定分析に利用できる理論モデルを幅広く取り上げて概説し、それらの軍事的応用を解説することである。このテキストでは次に列記する理論について、数学モデルに踏み込んで基礎的事項を概説している。

・確率論と統計学及びファジィ理論の基礎
・応用統計学の多変量解析と数量化理論
・問題の構造分析モデル（システム要因の階層構造化法、システムの要因関係の強さを定量化するデマテール法、決定の木と逐次決定法）
・選好の理論（効用関数、統計的決定理論の決定基準）
・ＯＲの各種の理論モデル（線形計画法、非線形計画法、動的計画法、変分法、階層分析法、ゲーム理論、マルコフ連鎖、待ち行列理論、ネットワーク分析）

右に列記した数理モデルを十五章に分けて概説し、例題には多くの軍事応用の数値例を取り上げている。

第四冊目の書物④は戦術ＯＲの捜索理論について、十二章に亘って捜索オペレーションの数学モデルを詳述したものである。この書物には前掲②の捜索理論の章よりも更に詳しい説明がある。

第五冊目⑤は、軍事捜索の中から特に対潜水艦捜索を取り上げ、その作戦の基本となる目標分布推定の理論に焦点を絞って論述し、また併せて統計的意思決定理論の初歩的な理論を解説したものである。対潜捜索問題の実際的な分析例が多数示されている。

おわりに

筆者は前述した『軍事ＯＲシリーズ』の五冊の書物を以ってこの分野の理論研究を解説し、軍事ＯＲをこれまでの「禁忌の学問」から「開かれた科学」に解き放つことを企図した。これらはこの分野の理論の研究を志す学徒には、手頃な学習の手引きとなろう。これらの書物によって過去の研究の蓄積を習得した後に、更に一歩を進めてこの分野の次の展開を切り拓いて欲しい。軍事ＯＲは一般の理・工学の研究とは異なり、国防の基礎を養う学術であり、研究活動を更に活性化する必要がある。またこれらの書物がこの分野の基本的な知識を広く社会に普及し、国防に関する国民の関心を呼び起こして、我が国の安全保障体制の基盤を固めることに役立てば、なお一層の慶びである。

第六編　戦闘を科学的に分析する　軍事ORの理論、『OR大研究』

『エコノミスト増刊号』、毎日新聞社、平成二十二年三月、八十〜八十五頁

二〇〇九年十二月に、北海道千歳市の陸上自衛隊千歳駐屯地で、日米共同方面隊指揮所演習が行われました。指揮所とは野戦部隊を指揮する司令部のことで、コンピュータを使って戦闘のシミュレーションを行うのが指揮所演習です。

昔は、地図を広げて、その上で駒を動かして、作戦を練っていたので、図上演習、あるいは兵棋演習と呼ばれていました。たとえば図の中で、敵の艦隊と遭遇して戦闘が始まったとします。そこでサイコロを振って、こちらが何隻、あちらが何隻撃沈された、という新しい状況を作り出す。じゃあ、次はどうするかを幕僚たちが考えて、手当てする。これが図上演習です。

これだとせいぜい数回しか、繰り返せませんが、コンピュータを使えば、何千回も乱数を発生させて、いろんな状況を作ることができる。陸上自衛隊のADHOC室(「ADHOC」は「臨機応変」の意)という部署は、演習のためのソフトを作っています。最近では、ゲリラ戦や市街地でのゲリラ捜索などの戦術について、ADHOC室が分析を行っています。

先ほどの日米共同の指揮所演習では、仮想敵国による陸上侵攻やミサイル、テロ攻撃を想定して、日米両司令部の指揮官たちが指揮系統の調整を図る訓練だったと報じられました。このような部隊の運用の仕方、いわば作戦、戦術をORの手法で研究するのが、部隊ORです。さまざまな戦闘状況に応じて、ORの手法で戦術や、兵器の最適な運用方法を考えたりする役割を負っています。

これに対して、新しい戦闘機、艦船などの兵力にどのような能力が求められるか、費用対効果はどの程度かなどを分析して何が最適な機種かを検討するのが兵力整備関係の行政ORです。

私は、もともと民間の造船会社で船舶の設計をしていたんですが、軍艦の設計をしてみたいと思い、一九六四年に海上自衛隊に入隊しました。ところが、短期のつもりでORの勉強会に参加したところ面白くて、そのまま

ORの世界に深く入り込んでいったわけです。艦艇の装備品の実験を担当する実用実験隊でOR要員を二年間務め、防衛大学校理工学研究科のOR課程で二年間勉強した後、海上幕僚監部の防衛課分析室に所属しました。そこで第四次防衛力整備計画などの評価をする、行政ORの仕事をしていました。

その後、海上自衛隊航空部隊の最上級の司令部である航空集団司令部の解析評価室で、OR班の班長を三年務めました。ここで用いられる部隊ORは、情報がどんどん入ってくる中で、その情報を評価しながら、次の手をどう打つかを考える、ダイナミックなORでした。

図1に防衛省のOR組織を示しています。陸・海・空の各自衛隊にバラバラに設置されていた兵力整備関係のORの部署を防衛省内に一元化しようという改革案がありましたが、政権交代によって白紙に戻りました。

軍事アレルギーで日本の研究は限定的

日本では、軍事アレルギーが蔓延しているせいか、軍事ORはほとんど目に付かない状況になっています。「日本OR学会」で、特に軍事関係の発表がダメということではありませんが、論文を出しても査読する人がそもそもいないため、残念ながら系統的な研究がなされていません。

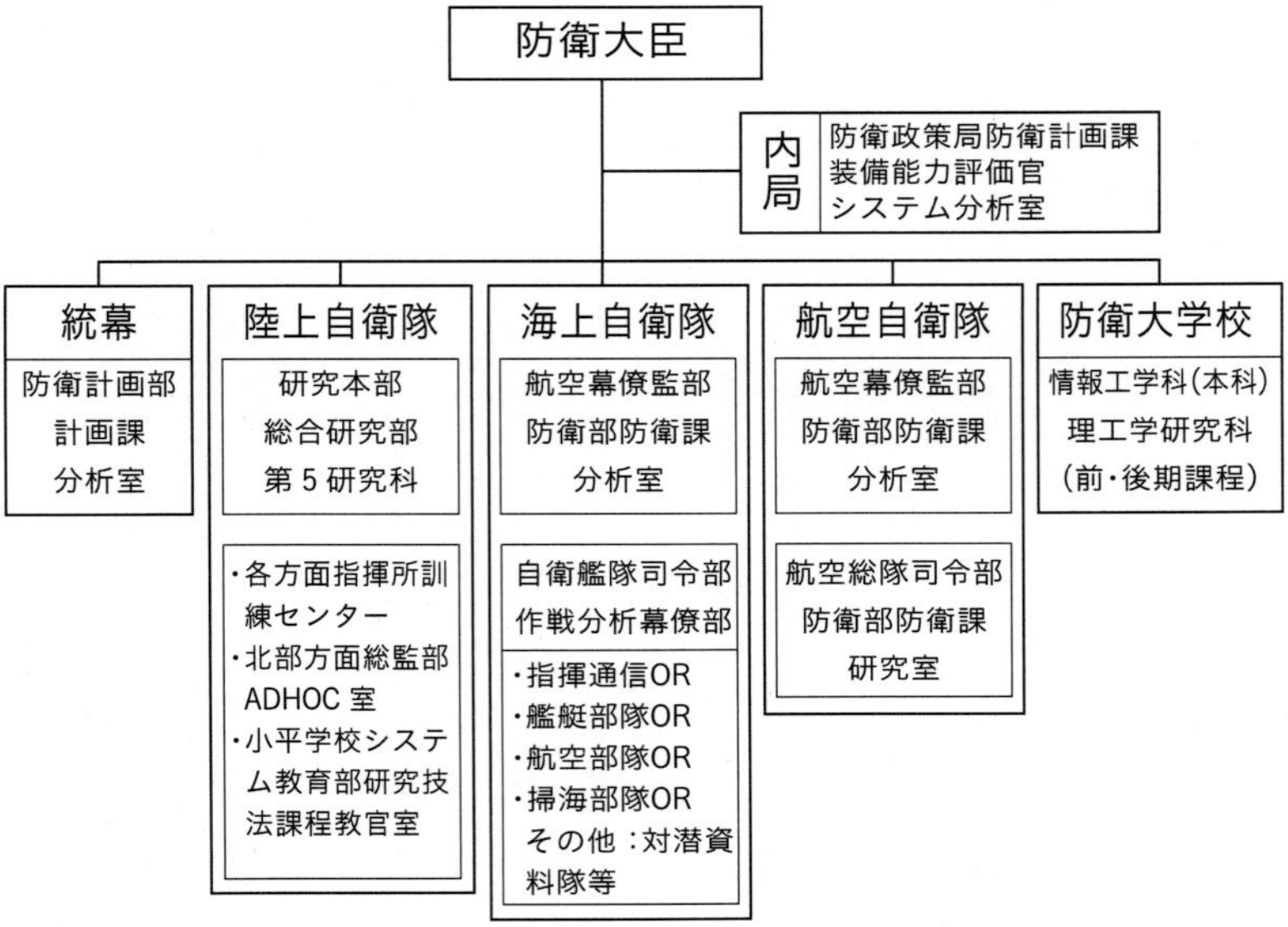

図1．防衛省の組織（2009年8月現在）

一方、欧米では大学で軍関係の委託研究がされることもよくありますし、論文もたくさん発表されています。

しかし、日本の軍事ORの歴史は非常に古いんです。防衛庁の前身である保安庁時代の一九五三年、技術研究所に数理解析班が設置されましたが、これが日本の軍事ORの嚆矢です。その一年後、一九五四年に防衛庁、陸・海・空の三自衛隊が発足したとき陸幕・空幕にOR組織が発足しました。これは日本OR学会の設立に四年先立ちます。それから少し遅れて一九五六年に海幕にOR班が発足しました。大戦の惨憺たる敗戦の原因が、旧軍の組織的な合理性・科学性の欠如にあったという反省のもと、科学的な合理精神を組織運営の中心にとらえようとORの研究に熱心に取り組んだのだと思います。

戦術的な問題の軍事ORの代表的な研究テーマは、三つあります。「敵の迅速な探し方」を追究する捜索理論、「効率的な射撃や爆撃のやり方」を追究する射爆理論、それから「交戦状況の評価と勝利の条件」を追究する交戦理論です。

海の忍者　潜水艦狩りの科学・捜索理論

捜索理論は、第二次大戦中、米海軍のORグループが、ドイツのUボートを見つけ出し攻撃する、潜水艦狩りの研究から生まれました。それが戦後、四十数年にわたる米ソ冷戦時代、弾道ミサイルを搭載する原子力潜水艦の捜索問題として発展してきました。広大な海の中を、隠密裡に行動する高性能潜水艦を捜索し、追尾し、監視する、いわば「深海の鬼ごっこ」が米ソの間でくり広げられましたが、その捜索システムを理論的に支えていたのが捜索理論です。

えさを探し、ねぐらを探す、あるいは紛失物を探すなど、「もの探し」は人類の出現以来、繰り返されてきた身近な行動です。目標の見つかりそうな所をうまく探せばいいわけですが、これがよく考えると非常に難しい。

まず目標とはそもそも何なのか。潜水艦を捜索する場合、直接、巨鯨のような黒い艦体を探すわけではありません。捜索の目標となるのは、潜望鏡が引く小さな航跡であったり、雑音に紛れた、ソナー・レシーバーのかすかなエコーだったりします。この場合、捜索対象は「目標」そのものではなく、それが発する信号です。したがって、これらいろんな信号の特徴の理解が不可欠です。

さまざまな捜索センサーから、こうした信号を得て、情報を総合して、たとえば「捜索は開始すべきか否か」「どこをどれだけ探すべきか」「どのような順序で探すべきか」「いつまで探すべきか」といった捜索計画の最適化を目指す。ここに数理計画法などのＯＲ手法を適用します。

有名な例は、一九六八年五月下旬のスコーピオン号の捜索です。アメリカ海軍の原子力潜水艦スコーピオン号は、地中海方面で訓練を終えて帰投中、太平洋のど真ん中あたり、アゾレス群島南方約二百五十浬の地点からの定時報告を最後に消息を絶ちました。この捜索のために召集されたＯＲの専門家たちによる「目標分布推定」をコンピュータを使って予測したところ、気持ちが悪いほど、どんぴしゃで当たって、スコーピオン号の残骸が見つかったんです。

冷戦終結で、深海の死闘はしばらく途絶えましたが、最近、中国海軍が驚異的な増強を図っていることもり、間もなくそれが再開されようとしています。捜索理論は軍事的な捜索問題だけでなく、危険物やテロ爆発物の探索、麻薬などの密輸の摘発、システムの故障の探知、有害重金属の検出、電算機プログラムのデバッグなど、一般的な物探しにも役立ちます。捜索理論のこれからの発展が望まれます。

目標を効率的に撃破する射撃爆撃理論

軍事ＯＲの中でも、特に射爆理論は、一般社会では見られない特殊なテーマと言えるでしょう。目標を効率的に撃破するために、目標位置の不確実性や観測誤差、武器の種類による固有の特性など、射撃・爆撃に伴う確率的な変動要因を考慮して、最適な射爆計画を立てるのがこの理論の課題です。

射爆理論が、敵に対する一方的な射撃・爆撃の効率化を目指すのに対して、交戦理論では、味方と敵、両軍の兵力の変化や、勝利のための条件、交戦時間などを式で表し、最適な兵力配分などを分析します。

兵力損耗過程のモデル・交戦理論

交戦理論で代表的なモデルが、ランチェスター・モデルと呼ばれるものです。ランチェスターは一八六八年、イギリスのロンドン生まれ。一八九六年に自動車製造会社を起こし、多くの自動車を設計・製作しました。自動車技術者ではありましたが、少年時代から飛行機に興味を持っていて、一九〇七年に「Aerial Flight」、一九一六年に「Aircraft in Warfare」という二冊の本を残しました。二冊目の本で、ランチェスターは飛行機が将来の主力兵器になると予測しました。当時まだ飛行機はようやく離陸するようになったばかりのころです。驚くべきことに彼は、航空機同士の消耗戦で、どのように兵力が変化していくかについてまで考察し、一次則、二次則と呼ばれる関係式を記しました。単位時間あたりの兵力損耗過程を表した、連立の微分方程式です。このモデルは、第二次大戦中、米海軍のORグループの研究者たちが発掘して、戦闘の分析に適用しました。

一次則は、地域砲撃といって、両軍が互いに、狙いを定めず、やみくもに撃ち合うような交戦をうまく説明することができます。それに対して二次則は、両軍が互いに狙い撃ちをしている場合によく成り立ちます。戦い方によって、兵力の損耗の仕方が変わってくるわけです。

太平洋戦争末期の硫黄島の戦いでは、栗林忠通中将の率いる部隊がアメリカ海兵隊と死闘を繰り広げ、栗林兵団が壊滅しました。この戦闘については、日米の兵力の損耗課程のデータがかなり細かく残っていて、ランチェスターの二次則によく合うとされています。またグアム島の日米両軍の兵力損耗過程や太平洋の島嶼戦についても分析されています。一次則、二次則を組み合わせる混合則もあります。これは、ゲリラ戦のように、正規軍に対して奇襲的な攻撃がある場合のモデルです。

ランチェスターのモデルは、交戦関係ばかりではなく、軍拡競争を分析するモデルとしても応用されています。イギリスの気象学の大家であるリチャードソン（一八八一〜一九五三年）は、気象学の研究をする一方、軍拡競争が戦争に発展する過程の研究にも取り組みました。各国が、どれくらいの国防予算で、どう軍事力を高めていくかによって、それぞれの国は軍備を競争しながら安定するか、競争の途中で片方が諦めるか、あるいは戦争にまで発展してしまうか、というようにいろんなケースがあり得ます。微分方程式の初期条件によって、解が収束して安定したり、解のひとつがゼロになって片方の国が軍拡競争を諦めたり、解が発散して戦争になったり、いろんな情勢を分析できます。リチャードソンは第一次大戦に至るまでの、ヨーロッパ列国の連合の仕方がランチェスターのモデルで非常にうまく説明されることを示しました。

冷戦の終結は、いわば旧ソ連が軍拡競争を諦めてしまった例かもしれません。

根底にある原則を科学的に分析

古来、孫子の兵法やクラゼヴィッツの戦争論などで戦闘の原則が語られてきました。それに対して、軍事ORは、数学的なモデルを使って、戦闘の根底にある原則を科学的に分析するものだと私は考えています。

ただし、軍事ORは敵味方の合理的な行動を前提に、理論が組み立てられていますが、実際の戦争は合理的であるとは限りません。自爆テロのようにある意味、非合理な行動によって突破口を開く、というのが戦いの本質でもある。だから、ＯＲによってすべて片づくとは決して言えません。

しかし、どんな戦闘モデルを考える上でも、ＯＲがベースになると思います。最近の軍事技術の進歩によって、武器の能力が飛躍的に向上して、戦術が様変わりし、「戦場の革命」（Revolution of Military Affairs）と呼ばれているくらいです。今後は、こうした高度情報化時代の兵器の進歩と、それによる戦術の変化を踏まえて、軍事ＯＲを充実させていく必要があると思います。

第七編　海上自衛隊のOR&SA活動の概要

『月刊ロジスティック・ビジネス』、国際ロジスティクス学会「SOLE」日本支部、平成二十七年六月号、九十八〜一〇一頁

在庫管理や配送ルートの最適化技法として利用されているオペレーションズ・リサーチ（OR）は、ロジスティクスと同様に軍事の世界からスタートしている。わが国の自衛隊もその発足当初から組織的にORの研究に取り組み、各種の意思決定に利用してきた。その概要を軍事ORのスペシャリストとして知られる飯田耕司氏（防衛大学校情報工学科元教授、元一等海佐、大阪大学工学博士）が解説する。（編集部）

オペレーションズ・リサーチ（OR）は一九三五年、英国で対空レーダーの開発中に偶然に誕生した。爆撃機に対する運用試験において、開発チームは孤立した対空レーダーではその優れた目標探知機能を防空戦に生かせないことに気付いた。そこでレーダー開発は、防空戦闘機群・高射砲群・対空レーダー網を一体化して運用する早期警戒網の開発へと飛躍し、防空システムを完成させた。

この防空システムは第二次世界大戦の緒戦に、ドイツ軍が英本土上陸の前段作戦として実施した制空権獲得作戦（バトル・オブ・ブリテン、一九四〇年七〜十月）において威力を発揮し、英空軍を勝利に導き、ドイツ軍の英本土上陸作戦を断念させた。さらに大戦中、英・米軍では海・空軍の第一線の司令部に科学者を配置し、戦場のフィールド・サイエンスとして部隊の各種の作戦活動を分析・改善し、OR活動の有効性を実証した。

第二次大戦の終結後、ORの考え方は軍の作戦研究のみならず、民間の経済活動の効率化に広く応用された。またそれに伴って理論研究が爆発的に進み、各種事業の最適資源配分の数理計画法、混雑問題の待ち行列理論、ネットワーク理論（最大流量問題、最速経路問題）やPERT・CPM（日程計画）、在庫管理など、多くのOR理論が確立された。ORの理論研究は、対象問題の性質や内容に応じて、いろいろな理論研究が行われている。表1はその主な理論研究を挙げたものである。

更に社会システムの規模の拡大や複雑化、電算機や衛星通信の飛躍的な進歩に伴い、体系的なシステム分析

（ＳＡ＝Systems Analysis）の研究が進み、意思決定問題の不確実性分析、行動計画の評価と最適化の理論、およびデータ・システムの構築や管理、等の研究が著しく進歩し、各種の意思決定支援システムが開発された。

防衛庁（二〇〇七年に防衛省に昇格）のＯＲ活動は、自衛隊の発足と同時期に中央の陸・海・空各幕僚監部で始まった（陸・空幕＝一九五四年、海幕＝一九五六年）。当初は数人の要員による米軍の第二次大戦中の軍事ＯＲの調査研究や、部隊の基本戦術に関する研究が主であったが、一九六〇年代後半からＯＲ部門の要員を増員し、海上自衛隊では第四次防衛力整備計画（一九七二～一九七六年）以後、海幕防衛課分析班で防衛力整備のＯＲ＆ＳＡ分析が組織的に行われるようになった。

わが国の防衛問題のＯＲ＆ＳＡ活動は、中期防衛力整備計画（中期防計画と略称。原則として五年ごとに更新）や、各年度の防衛計画（年防）及び防衛予算の概算要求に関連する分析・評価（政策ＯＲと呼ぶ）と、実施部隊の兵力運用や戦術などの分析（部隊ＯＲ）とに大別される。海上自衛隊では政策ＯＲは海幕防衛課分析班（一九八五年に分析室に昇格）が担当し、部隊ＯＲは自衛艦隊司令部以下の実施部隊が行っている。

表１．対象問題の不確実性の性質とＯＲの分析理論

項　目	分析の内容	OR 理論の名称
基礎理論	不確実性の定量化	確率論（測度、頻度、主観）、ファジイ理論
対象の複雑性	問題の要因と構造分析	KJ 法、階層化法、デマテール法、決定の木
	システム要因の関連性	多変量解析法、数量化理論
選好の複雑性	システム評価、決定基準	効用理論、統計的決定理論
計画の最適性	資源配分や行動計画の最適化	数理計画法（線形、非線形、整数）、変分法
		動的計画法、システム分析の循環手順
評価の多様性	複数の評価尺度問題	多目的計画法、階層分析法、包絡分析法
	競争者の不確実性	ゲーム理論、決闘モデル、先制モデル
システムの複雑性	システム状態の確率特性	確率過程、マルコフ連鎖、待ち行列理論
	双方的相互作用	捜索理論、射爆理論、交戦理論
	ネットワークの複雑性	ネットワーク理論、日程計画（PERT、CPM）
	管理問題（確率変動の制御）	品質管理、信頼性理論、在庫管理

出典：各種資料より著者作成

第一節　海上自衛隊の兵力整備のシステム分析

これまでの防衛力整備は、一九五七年に閣議決定された「国防の基本方針」と統合幕僚監部の「長・中期見積り」に基づき、基盤的防衛力整備（第一～四次防）が行われ、一九七六年以後は原則として五年ごとに更新される「防衛大綱」の別表の三自衛隊・基幹部隊構成と主要装備に基づいて中期防計画が作られ、毎年度の業務別計画によって予算要求が行われてきた。

ここで新装備を導入する中期防計画の兵力整備案の検討問題を例に取れば、政策ＯＲの分析は次のような手順で行われる。

① 複数の新装備代替案の単体性能を調査し評価する。

② 新装備部隊の基本戦術行動の奏効率（行動目的の達成確率。例えば対象目標を発見・接敵・撃破する確率など）を評価する。

③ 各種規模の脅威の侵攻シナリオを想定し、それに対する各代替案の総合的防衛能力をシミュレーションや軍事ＯＲモデルで算定する。

④ 戦闘資材や兵力の維持・運用のライフ・サイクル・コストを見積る。

⑤ 前述の③と④を踏まえ、複数の代替案の効果と所要経費の費用対効果を比較して、効率的な装備の質と量を求める。

上述した手順の一連の分析により、新装備の代替案の性能と費用効率が定量的に評価され、防衛予算の規模や将来の技術動向との整合性を勘案しながら、中期防計画が策定される。なお防衛省の政策評価の根拠法規は参考文献［1］のとおりである。

第二節　海上自衛隊の部隊ＯＲ

前節の政策ＯＲに対して、海上自衛隊の部隊ＯＲは一九六〇年代初頭に実用実験隊（艦艇装備品の実験部隊）および第五十一航空隊（海自航空機の装備品の実験部隊）が開隊され、運用試験（制式化後の装備品の運用法の試験）にＯＲ要員が配置されて開始された。さらに一九七五年に全国ネットの自衛艦隊指揮支援システム（ＳＦシステムと略称）が稼働し、部隊運用のＯＲ活動が活発化した。

部隊ＯＲ活動は、上級司令部における動態情勢分析（脅威評価の情報分析と部隊運用の兵力投入の意思決定支援）及び実動部隊レベルの最適戦術分析、並びに実動対抗演習の戦術データ収集・分析の三つに大別される。部隊ＯＲの組織は少人数の配置が多くたびたび改編されたが、以下では自衛艦隊司令部、艦艇部隊および航空部隊に分けて部隊ＯＲ活動の概要を述べる（参考文献［2］、［3］の第九章参照）。

一　自衛艦隊司令部

一九七八年に自衛艦隊司令部に運用解析室が発足し、二〇〇五年に改編されて作戦分析幕僚部が置かれた。自衛艦隊隷下の部隊ＯＲは、開発隊群（二〇〇二年編成）の指揮通信開発隊、艦艇開発隊、同実験部、掃海業務支援隊および航空プログラム開発隊、五十一空調査研究隊、海洋業務群の対潜資料隊などに、部隊運用および研究開発支援のＯＲ要員が配置され部隊ＯＲを実施した。

(一)　ＳＦシステム

一九七五年に全国の各地方総監部、護衛艦隊司令部、航空集団（空団と略称）司令部および各航空群司令部を結ぶネットワーク・システムとしてＳＦシステムが稼働した（プログラム業務隊が管理）。空団司令部解析評価室のＯＲ班は、ＳＦシステムの端末利用の応用プログラムとして部隊ＯＲのモデルを開発し、実動訓練において各航空群端末をつないで活発な部隊ＯＲ活動を行った（本節三-(二)項に後述）。

これらの応用プログラムは、その後大幅に改良されて、一九九九年のＳＦシステムの更新時には、海上作戦部隊指揮管制支援システム（略称：ＭＯＦシステム＝Maritime Operation Force System）として、対潜戦の情勢判断支援、洋上の捜索・救難、機雷掃海計画、潜水艦救難などの動的評価プログラムが整備され、また基本戦術のシミュレーション・モデルとして、対潜通峡阻止戦、対水上打撃戦、対潜航空機戦術、対潜ヘリコプター戦術等の戦術評価のシミュレーション・モデルが開発された。

さらに艦艇、対潜哨戒機、ヘリコプターの実動演習オペレーショナル・データ（オペ・データと略称）の収集・統計処理プログラムや、潜水艦オペ・データ収集・処理プログラムなどが整備され、全国の部隊端末から利用する体制がつくられた。

(二)　対潜戦オペ・データシステム

海上自衛隊は米海軍の対潜訓練データ収集・処理システムを導入した。大規模な対抗演習の終了後、交戦経過の再構成作業（演習中の両軍の行動記録から合戦図を作り、全ての生起事象の時間・位置を確認する作業。リコン作業と略称）を実施し、生起事象を確認した後、電算機に入力して統計処理するシステムを作った。

このシステムの導入・開発は一九七三年頃から海幕防衛課分析班が推進し、その後一九七八年に自衛艦隊司令部に運用解析室が発足して開発・運用・維持に当り、これによって戦術行動や各種センサーの探知能力データが収集された。このシステムは当初、データを人力で入力したため作業の負担が大きく、これを軽減するために自動リコン・システムが導入された。その後、卓上型電算機の簡易リコン・システム（ミニ・リコン・システムと呼ばれた）に切り替えられたが、十分な量のデータが集まらず、実用的な対潜戦オペ・データのデータ・ベースの構築はできなかった。

㈢　WIN‐ORシステム

自衛艦隊司令部の運用解析室は、一九八〇年以降、艦艇部隊の戦術OR能力の向上のために、各種の対潜戦の状況に対応した戦術評価モデルを開発し、各護衛隊群司令座乗の護衛艦にミニコンを搭載して部隊ORのソフトウエア環境を整備した。このシステムはその後も充実が図られ、詳細なモデル説明書も各部隊に配布されたが、これらの応用プログラムが戦術分析に活用されたとは言い難く、艦上で部隊ORを実施するには乗り組みの幹部自衛官に対する十分なOR教育が必要である。

二　艦艇部隊

㈠　実用実験隊

一九六〇年に艦艇装備品の実用試験（装備品の制式化のための性能確認試験）および運用試験（制式化後の装備品の運用法の試験）の担当部隊として実用実験隊が開隊され、運用試験担当科にOR要員が配置された。実用実験隊はその後改編され、艦艇開発隊・装備実験部となった。

㈡　運用開発隊

一九七八年に艦艇装備品の企画研究や戦術運用のOR研究を担当する部隊として運用開発隊が新編され、艦艇装備品の企画・評価研究や艦艇部隊（潜水艦、掃海部隊を含む）の戦術評価モデルの開発などを活発に推進した。運用開発隊は二〇〇二年に編成替えとなり、開発隊群の艦艇開発隊となった。

㈢　掃海部隊

掃海部隊は「演習は野外実験である」という意識が古くから根付いており、オペ・データの収集と分析が行われてきた。特にベトナム戦争後、米海軍の掃海戦術が一変し、各種の掃海要表が全面的に改訂されたことに伴い、海上自衛隊でもその理論的背景を究明するOR研究が活発に行われた。これらの成果はプログラム業務隊でプログラム化され、SFシステムで利用された。

また一九八〇年ごろから掃海ヘリコプター部隊で掃海戦術のOR研究が行われ、パソコンによる対機雷戦プログラムが開発された。さらに一九九七年にはプログラム業務隊に「掃海システム部門」が設けられ、英国製の艦載掃海システムの維持・改修が行われた。技術研究本部で実施した研究試作に基づき「将来の掃海艇用戦術情報処理システム」の研究が行われ、次期掃海艇搭載の掃海システム開発の基礎がつくられた。

また二〇〇〇年に掃海艇のオペ・データの収集分析および戦術支援モデルの開発を任務とする掃海業務支援隊が掃海隊群隷下に新編された。プログラム業務隊は二〇〇二年に解隊され、掃海システムの研究開発業務は艦艇開発隊に引き継がれた。

(四)　潜水艦部隊

一九七八年に第二潜水隊群司令部に解析評価幕僚が置かれ、潜水艦オペ・データ収集・処理プログラムを開発した。このグループは二年後に新編の潜水艦隊司令部に移り、潜水艦オペ・データ収集・処理プログラムにより潜水艦部隊独自でリコン作業を行い、オペ・データを収集する態勢を造った。またオペ・データや理論モデルに基づき、潜水艦の被探知回避の研究や戦術評価モデルの開発が行われた。その他、潜水艦の沈没事故発生時の捜索救難活動に備えて、深海の海底救難捜索支援の情報処理モデルも開発された。

三　海上航空部隊

(一)　第五十一航空隊

航空機装備品の実用試験・運用試験の担当部隊として一九六一年に開隊された。一九六六年に海上航空の主力対潜哨戒機Ｐ２Ｖ‐７を大幅に改造してＰ２‐Ｊとして制式化した時に、五十一空で運用試験を実施したが、このときマルコフ連鎖モデルを応用してＰ２‐Ｊの総合的対潜戦能力の評価を実施した。また一九六五～一九八五年にかけて、五十一空研究指導隊のオペ・データ班を中心に対潜オペ・データの収集・統計分析が熱心に行われた。対抗演習時の赤・青両軍の行動図、潜水艦の行動記録などを基に手作業でリコン作業を実施して、航空機搭載センサーの距離対探知率データや潜水艦の行動態様分析をまとめ、『オペ・データ集』として発刊し全航空部隊に配布した。部隊の戦術行動に密着したこれらの貴重なデータ集やＯＲ分析の報告書は、約六十冊に上り、各部隊で利用された。

(二)　空団司令部

一九七五年夏、空団司令部の解析評価室にＯＲ要員が配置された。ＳＦシステムの稼働と新対潜哨戒機Ｐ‐３Ｃの導入直前の時期であり、「対潜戦の科学化」をモットーに活発な航空部隊の部隊ＯＲ活動が行われた。特に対潜戦の兵力運用の動態情報分析のプログラムを開発し、空団司令部のＯＲ班と五十一空研究指導隊が連繋して、大規模実動演習では全国の航空群司令部を結ぶＳＦシステムのネットワークによる指揮支援の部隊ＯＲを行った。

このモデル（ＡＳＷＩＴＡ・ASW Information and Target Analysis Program）は、演習開始時点の目標行動見積り（複数の目標可能行動シナリオ）に対して、その後の探知情報、非探知捜索の状況を逐次反映して当初の見積りを事後確率で修正し、各海域や護衛船団に対する目標の脅威度を定量的に評価する対潜戦指揮支援プログラムであり、次の機能を持っていた（参考文献［４］の第11・２節参照）。

① 指揮官又は作戦幕僚の主観的目標可能行動見積（目標シナリオと推定確度）と、客観的探知情報の整合性をとる（ベイズ確率で補正）。
② 各種の信頼性の異なる目標探知情報（被攻撃事象、艦艇のソナー探知、哨戒機の目視やレーダー探知、ソノブイのコンタクト情報）を評価に反映。
③ 目標の逃避行動の見積をトラックの進行に反映。
④ 各部隊による非探知捜索の効果（目標不在確率）を反映。
⑤ 探知情報のない目標の脅威もシナリオとして考慮。
⑥ 評価尺度として多種類（目標可能行動、護衛船団への攻撃可能性、航路帯や航路収束点海域の目標存在確率、目標哨区の可能性、探知目標の拡散分布、任務の重要性の重み付け（任務特性コード）によるメッシュ海域の総合脅威度、の六種類）の脅威を定量的に提示。

このモデルの入力データの担当は、目標可能行動見積と任務特性コードの指定は作戦幕僚、探知情報評価と類別信頼度は情報幕僚、非探知捜索データは運用幕僚とし、その他のオペ・データは五十一空オペ・データ班の支援を受けた。海演や空団企画の応用訓練等の期間中八時と十八時の作戦会報時にそれぞれ十二時および二十四時のＡＳＷＩＴＡの出力マップを作戦会議室のスクリーンに掲示し、空団の兵力投入の重点海域、護衛船団防護の前程哨戒の強化、危険海域避航等の意思決定の参考に供され、隷下部隊に通知された。このモデルはＭＯＦシステムに引き継がれた。

その他、航空部隊におけるＳＦシステムの初期の部隊ＯＲに関する主な応用プログラムは次のとおりである。

① 海中音波の伝搬損失から目標の距離対探知確率を計算し、対潜哨戒機のパッシブ・ソノブイの探知パター

ンから目標分布を推定するプログラム（参考文献［4］の第4・2節参照）。

② 対潜哨戒機、ヘリコプターおよび艦艇による対潜戦の協同捜索の戦術評価シミュレーション・モデル。

③ 一様分布の目標に対する固定翼対潜哨戒機による捜索の初探知確率の評価モデル。海中の音波伝搬損失計算、ソナー方程式の計算モデルと連動し、パッシブ広域捜索計画の分析に用いられた。初探知ブイを指定すれば目標分布も出力された。

④ 固定翼対潜機のレーダー捜索とパッシブ・ソノブイによる広域捜索を、併行的又は間欠的に行う複合捜索の評価モデル。このモデルはアクテイブなレーダー捜索による目標の制圧効果により、パッシブ・ソノブイのコバート捜索の探知効率を上げるギャンビット戦術の評価に用いられた。

さらに空団司令部のＯＲ班は、各種の戦術研究会や対抗演習の事前・事後の研究会等で問題になった事項のＯＲ分析を行い、初期の二年間で二十三編に上る分析報告書を全航空部隊に配布した。空団司令部の解析評価室は、81年に音響業務支援隊の基幹要員として移され、空団司令部のＯＲ活動は間もなく終息した。

おわりに

本稿では海上自衛隊のＯＲ＆ＳＡの活動状況を概説した。これらの記述は約二十年前頃までのことであり若干旧聞に属するが、上述したとおり海上自衛隊ではこれまで中央（海幕）および実施部隊にＯＲ要員を配置し、兵力整備のＳＡのみならず、部隊運用の科学的な戦術分析の部隊ＯＲ活動にも熱心に取り組んできた。しかし部隊運用の科学化は道半ばであり、幹部自衛官に対する一層のＯＲ教育の充実と、組織の体質改善を図る必要があると思われる（参考文献［3］の第9・4節）。

参考文献

［1］防衛関連の政策評価の法規類。
①『行政機関が行う政策の評価に関する法律』、二〇〇一年。
②『防衛省における政策評価に関する基本計画』、防衛省（庁）、二〇〇三、二〇〇六、二〇一一、二〇一四年。
③『防衛省政策評価実施要領』、防衛省（庁）、二〇〇一年より毎年更新。
［2］飯田耕司『軍事ＯＲの彰往考来』、『波涛』（海上自衛隊幹部学校機関誌、隔月発刊）、前編、通巻一六〇号、

二〇〇二年五月。同後編、通巻一六一号、同年七月。
［3］飯田耕司『国防の危機管理と軍事ＯＲ』、三恵社、二〇一一年。
［4］飯田耕司『捜索の情報蓄積の理論』、三恵社、二〇〇七年。

第八編　海上航空部隊の部隊ＯＲ活動について

『海上自衛隊・苦心の足跡』、第七巻、公益財団法人　水交会、平成二十九年二月、五六六～五七一頁

オペレーションズ・リサーチ（ＯＲ）は、一九三五年、英国で対空レーダーの開発中に誕生した。孤立した対空レーダーはその優れた目標探知機能を防空戦にほとんど生かせないことが運用試験で明らかになり、レーダー開発は防空戦闘機群・高射砲群・対空レーダー網を一体化して運用する早期警戒網の開発へと飛躍し、その結果、防空システムが完成した。このシステムは第二次世界大戦の緒戦にドイツ軍が英本土上陸の前段作戦として実施した制空権獲得作戦（一九四〇年七～十月。Battle of Britain）で威力を発揮し、英空軍を勝利に導きドイツ軍の英本土上陸作戦を断念させた。更に大戦中、英・米軍では海・空軍の第一線の司令部に科学者を配置し、戦場のフィールド・サイエンスとして部隊の各種の作戦活動を分析・改善し、ＯＲ分析の有効性を実証した。

第二次大戦後、ＯＲは軍の作戦研究のみならず、民間の経済活動の効率化に広く応用された。それに伴って理論研究が爆発的に進み、各種事業の最適資源配分の数理計画法、混雑問題の待ち行列理論、ネットワーク理論、日程計画法、在庫管理理論等、多くのＯＲ理論が確立された。更に社会システムの規模の拡大・複雑化、電算機や衛星通信の飛躍的な進歩に伴い、体系的なシステム分析（ＳＡ・Systems Analysis）の研究が進み、意思決定問題の不確実性分析、行動計画の評価と最適化の理論及びデータ・システムの構築や管理等の研究が著しく進歩した。その結果各種の意思決定支援システムが開発され、今日のＣ４ＩＲＳシステムや人工知能の時代を迎えた。

一　海上自衛隊のＯＲ＆ＳＡ活動

我が国の防衛問題のＯＲ＆ＳＡ活動は、中期防計画や各年度の防衛計画（年防）及び防衛予算の概算要求の分析・評価（以下「政策ＯＲ」）と、実施部隊の部隊運用・作戦支援及び戦術分析（以下「部隊ＯＲ」）、並びにオペレーショナル・データ（以下「オペ・データ」）分析に大別される。海上自衛隊では政策ＯＲは海幕防衛課

分析班（一九八五年に分析室に昇格）が担当し、部隊OR及びオペ・データ分析は自衛艦隊司令部以下の実施部隊が行っている。

防衛庁のOR活動は、自衛隊の発足と同時期に陸・海・空各幕僚監部で始まった（陸・空幕・一九五四年、海幕・一九五六年）。当初は、米軍の第二次大戦中の軍事ORの調査研究や部隊の基本戦術の研究が主であったが、一九六〇年代後半からOR部門の要員を増員し、海上自衛隊では四次防計画（一九七二～一九七六年）以後、海幕防衛課分析班で防衛力整備のOR&SA分析が行われるようになった。防衛力整備は、一九五七年に閣議決定された「国防の基本方針」と統合幕僚監部の「長・中期見積」に基づき、基盤的防衛力整備（一～四次防）が行われ、一九七六年以後は「防衛大綱」の別表の三自衛隊・基幹部隊構成と主要装備（原則五年毎に更新）により中期防計画が作られ、毎年度の業務別計画の予算要求でもOR&SA分析が行われた。根拠法規は、参考文献［1］～［3］のとおりである。

以下では、海上航空部隊の部隊ORと作戦支援モルの開発　について述べる。

二　海上航空部隊の部隊OR活動

(一)　第五十一航空隊（以下「51空」）の部隊OR

51空は、航空機装備品の実用試験・運用試験の担当部隊として一九六一年に開隊された。一九六六年に海上航空の主力対潜哨戒機P2V-7を大幅に改造してP-2Jとして制式化した時に、51空で運用試験を行い、P-2Jの総合的対潜戦能力の評価を実施したが、この時、確率的に生起する事象によりシステムの状態が推移するプロセスの分析理論（ORの「マルコフ連鎖モデル」）を応用して分析を行った。また一九六五～一九八五年にかけて、51空の研究指導隊オペ・データ班を中心に対潜オペ・データの収集・統計分析が熱心に行われた。対抗演習時の赤・青両軍の行動記録を基に合戦図を再構成し、航空機搭載センサーの距離対探知率データや潜水艦の行動態様分析をまとめ、『オペ・データ集』として発刊し全航空部隊に配布した。部隊の戦術行動に密着したこれらの貴重なデータ集や部隊OR分析の報告書は、約六十通に上り各部隊で利用された。

(二)　航空集団（以下「空団」）解析評価室の部隊OR活動及び作戦支援モデルの開発

筆者は、一九七五年八月に海幕分析班から空団司令部の解析評価室に転勤し、一九七八年三月まで海上航空部隊の部隊ORの業務に従事した。解析評価室の本来の業務は、対潜航空機の低周波音波・ソノブイ（ジェジベル）の探知データを解析して、データ・ベースを作成する音響解析業務である。しかし、当時は全国の各基地を結ぶＳＦシステム（HITAC-8700）が稼働し始め、また近代化された新対潜哨戒機　Ｐ３Ｃの導入直前の時期であり、矢板康二空団司令官、青野壮幕僚長の指導で「対潜戦の科学化」をモットーに活発な航空部隊のＯＲ活動が行われた。着任して約一年後には空団司令部内の組織改編で解析評価幕僚とＯＲ幕僚が設けられ、それぞれ解析評価室長・田中準三二佐とＯＲ班長・飯田三佐が兼務した。解析評価室は音響解析班、電算機班、ＯＲ班からなり、当初ＯＲ班は筆者一人、半年後に防大研究科を修了した福楽勳二尉（防大十五期）が加わり、電算機班の廣瀬徹治二尉、梅澤徹二曹が助けてくれた。ＯＲ班は無指向性ジェジベル・ブイの探知データによる目標位置局限プログラム（ＣＯＤＡＰ）や、対潜戦連続情勢見積支援プログラム（ＡＳＷＩＴＡ）、その他の戦術評価モデルを開発してＳＦシステムの応用プログラムに登録し、大規模演習時にはＳＦシステムのネットワークで全国の航空基地を結び、51空研究指導隊と連繫して実動演習の中で動態ＯＲ分析を行った［４］。当時、空団ＯＲ班が開発し活用された部隊ＯＲのモデルは以下のとおりである。

① ＣＯＤＡＰモデル（Contact Data Analysis Program）

このモデルの開発は、筆者が一九七五年夏に下総航空基地の51空で行われた対潜低周波パッシブ・ソノブイ広域捜索戦術（ジェジベル戦術）研究会の図演を見学したときに始まる。当時、ジェジベル捜索で複数のブイが探知した場合、戦術航空士が探知ブイを中心に音波収束帯の三〇、六〇、九〇浬の円を描き、多数の交点の中から信号の強さ等を勘案して一ヵ所を目標のＲＯＰ（Region of Probability）に選び、アクティブ捜索に移行していた。この目標位置局限法は確実性に欠け、目標から数十浬離れた地域をＲＯＰとするミスが頻繁に起った。筆者はこれを見て、

Ⓐ 音波伝播損失曲線（音源エネルギーが伝播経路上で拡散・散乱・吸収又は海面や海底での反射等により減衰する度合。米海軍のソフト）からソナー方程式で距離対探知率を求め、連続的なデータ処理を行えば目標位置の推定精度を向上できる。

Ⓑ 非探知ブイは探知ブイと同じ目標位置情報をもっているのでこれを積極的に活用する。

Ⓒ ブイのモニター・ログの時系列から目標分布の濃縮状況をマップに出力し、それを見てＲＯＰの位置を決定する。

Ⓓ　目標分布の濃縮度が不十分ならばパッシブ捜索を継続し、前探知時点の目標分布を初期分布として次の探知時に上記の計算を重ねて情報蓄積を行えば、目標位置局限が加速され確実性が増す、等の一連の処理による改善策を考え付いた。

これを解析評価室の音響解析用ミニコン（YHP-2100S）でテストしてよい結果を得たので、SFシステムのプログラムを作成した。司令官は、このソフトの機上搭載を指示されたが計算機の能力上不可能であり、哨戒機が帰投後各航空群のSFシステム端末で処理することとされた。51空研究指導隊が検証作業や各航空群・音響解析班（アスキャック班）のモデル運用の指導を担当し部隊の実動訓練で活用された。このモデルは、無指向性のジェジベルが指向性を持つダイファーに換装されるまで頻繁に用いられた。

②　ＡＳＷＩＴＡモデル（ASW Information and Target Analysis Program）

筆者は、一九七五年の海演において、航空対潜戦の重点捜索海域設定のために、作戦幕僚による目標潜水艦の企図分析（主観的見積）と、信頼度が異なる作戦中の各種の目標情報（客観的データ）を整合的に処理して、目標分布を求めるＪＥＦＩＴＡモデル（Jezebel Field Target Analysis Program）を解析評価室のミニコンを用いて試作し、空団司令部内の作戦会報で数回報告した。このモデルは、複数の目標可能行動見積に基づくシナリオ・トラックと、各種の目標探知情報から始まる探知トラックを乱数で発生させ（各情報ごとに約百本）、確度に応じたウエイトを載せて動かしながら、以後、探知情報や非探知事象が発生する都度、トラック位置と情報地点の離隔距離を求め、距離対探知率曲線からトラックの確率を逆算（ベイズの事後確率という）してウエイトを更新する情報処理プログラムである。任意に指定した評価時刻で六〇×六〇浬の各メッシュ内のトラック・ウエイトを積算し、次の四種類の目標脅威をマップ上に十字形で図示した。①目標企図見積確率（ＡＣＴ）、②護衛船団への攻撃可能確率（ＣＯＶ）、③探知目標の拡散確率（ＰＲＯ）、④指揮官の当該海域の兵力運用方針（任務特性コードという）に従い、上記の①～③の各脅威度に重みを付けて積算した総合脅威度（ＴＯＬ）である。任務特性コードには、航路収束点・航路帯等の重要海域哨戒重視（ＡＣＴに重み付け）、防護船舶の前程哨戒重視（ＣＯＶに加重）、探知目標の掃討重視（ＰＲＯに加重）等が用いられた。海演終了後の再構成作業の結果ともよく適合し事後研究会でもその機能の有効性が評価された。これを受けて翌年更にモデルを改良し、出力データに航路帯等の目標潜在確率（ＬＡＮ）、目標哨区存在確率（ＴＥＺ）を追加して6種の出力とした（俗称雪印モデル）。また出力マップを見て捜索計画（捜索領域、兵力、捜索パターン、作戦時間）等を入力すれば、シナリオ・トラック及び探知トラックに対する目標探知確率を評価する機能も追加された。その後、プログラム業務隊の支援を得てＳＦシステムの応用プログラムに登録し（この時点でＡＳＷＩＴＡと改名）、52海演（一九七七年度。甲海演）から空団の作戦指揮支援に活用された。

このＡＳＷＩＴＡモデルは、

Ⓐ　指揮官又は作戦幕僚による主観的見積の目標可能行動見積（目標シナリオとその推定確度）と、客観的な探知情報の整合性をとる（ベイズの事後確率の補正）。

Ⓑ　信頼性の異なる各種の目標探知情報（被攻撃事象、艦艇のソナー探知、哨戒機の目視やレーダー探知、ソノブイの探知）等の時刻、位置、類別信頼度、位置誤差分散を前項①の評価に反映。

Ⓒ　各部隊の非探知捜索の効果（目標が不在か又は非探知の確率）を①の評価に反映。

Ⓓ　オペ・データに基づく目標の逃避速度、哨戒速度、スノーケル間隔等を目標トラックの進行に反映。

Ⓔ　探知情報のない目標の脅威も見積シナリオで補完。

Ⓕ　性質の異なる6種類の脅威度を定量的に提示する等の機能に特徴がある。

このモデルの運用はＯＲ幕僚が担当し、目標可能行動見積と任務特性コードの指定は作戦幕僚、探知情報評価と類別信頼度は情報幕僚、非探知捜索は運用幕僚の担当で入力データを準備し、オペ・データは51空オペ・データ班の支援を受けた。

海演や空団企画の応用訓練等では、演習期間中八時と十八時の作戦会報時にそれぞれ十二時及び二十四時のＡＳＷＩＴＡの出力マップを作戦会議室のスクリーンに掲示し、空団の兵力投入の重点海域設定、護衛船団防護の前程哨戒の強化、危険海域避航等の意思決定の参考に供した。またＡＳＷＩＴＡの出力は隷下部隊にもテレファックスで通報された。

上述したとおり、ＡＳＷＩＴＡモデルは全航空部隊に対し、

ⓐ　空団司令部の目標可能行動見積や各海域の任務特性コードを提示し、作戦の意思統一を図る。

ⓑ　全国部隊の対潜戦の探知・非探知オペレーションの情報共有。

ⓒ　目標可能行動の主観的見積と探知情報やオペ・デー

タ等の客観的データの異種情報の融合。

ⓓ 探知・非探知情報を活用したベイズの事後確率補正による情報蓄積。

ⓔ 捜索計画の評価の統一、等を一元的に管理する機能をもっていた。

一九九九年、ＳＦシステムは、ＭＯＦシステム（Maritime Operation Force System）に更新されたが、ＡＳＷＩＴＡも引き継がれた。

空団司令部のＯＲ班は、戦術研究会、応用訓練や海演の事前・事後の研究会等で問題になった事項について、各種戦術のＯＲ分析を行い、二年間で約三十通のＴＡＧ・ＲＥＰ（Tactical Analysis Group Report）を全航空部隊に配布して、部隊ＯＲの普及に努めた。№1～№23までを分類・整理したものが参考文献［5］である。また、このＯＲ分析のために以下の戦術解析のシミュレーション・モデルが開発された。これらは、ＣＯＤＡＰやＡＳＷＩＴＡのように探知・非探知情報の状況に対応する兵力運用支援の動的モデルではなく、各種状況下の標準的戦術の静的シミュレーション・モデルである。

③ ＡＳＪＥＰモデル（Anti-Submarine Jezebel Operation Evaluation Program）

一様分布の目標に対する広域捜索の初探知確率の評価モデルであり、海中の音波伝播損失及びソナー方程式の計算プログラムと連動し、ジェジベルの広域捜索計画の分析に用いられた。初探知ブイを指定すれば目標分布も出力された（ＣＯＤＡＰ機能）。

④ ＳＥＡＴＡＣモデル（Search and Attack Model）

艦艇・固定翼機・ヘリコプターによる局地的協同対潜戦シミュレーションである（単機種の戦術評価も可能）。このモデルは、艦艇部隊でも使用されたが、航空部隊では主に複数のヘリコプターのデイタム捜索や固定翼機によるアクテイブ・ソノブイ捜索時の捜索パターンの評価に用いられ、ＴＡＧ・ＲＥＰで報告された［5］。

⑤ ＰＡＣＴＩＶＥモデル（Passive-Active Search Simulation Model）

固定翼対潜機のレーダー捜索（目標側は逆探可能）とジェジベルのパッシブ広域捜索を、隣接する2地域で併行的又は間欠的に実施する複合捜索の評価モデルである。このモデルは、アクティブなレーダー捜索による目標の制圧効果により、ジェジベルの隠密捜索の探知効率を上げる欺瞞戦術の評価に用いられた。

上述のモデルは、その後改良されＭＯＦシステムには十本の応用プログラムが登録された。なお同時期の海上自衛隊の全般的なＯＲ活動は文献［6］に概説されている。

三　往時を回顧して

初期のＳＦシステムは、主に通信情報の状況表示システムであり、全国ネットとは云うものの、応用プログラムの端末使用はほとんど考慮されていなかった。端末は、伝送速度二百ビット／秒のデータ・タイプライターしかなく、今日のスマホにも遠く及ばない能力であった。空団端末は、全国規模の52海演のＡＳＷＩＴＡ運用に備えてミニコンHITAC-10とＸＹプロッターが増強されたが、一回のＡＳＷＩＴＡの出力には数時間を要した。乱数を用いるシミュレーションによるシステムの特性評価は、結果の信頼性を確保するために数千回以上の試行が普通であるが、ＡＳＷＩＴＡの各トラックは約百回しか乱数を振れなかった。ＡＳＷＩＴＡは、当時の計算機の能力に比して余りに贅沢な機能を盛り込み過ぎており、このモデルの誕生は二十〜三十年早過ぎたと思う。

現代は、Ｃ４ＩＳＲシステムや人工知能の時代である。

水上目標の脅威やミサイル等への対処は、偵察衛星の情報が利用できるが、対潜戦では音響センサーが主であり、主観的な目標可能行動見積による未探知脅威への対処と、捜索・監視活動で得た客観的な各種情報（非探知情報を含む）と主観的な見積の確率的な合成、及び時間をかけた情報蓄積（事後確率補正）等の情報処理が不可欠である。一九七七年という早い時期に貧弱な全国ネットで運用されたＡＳＷＩＴＡモデルは、既にこれらの機能を備えており、入出力を現在のコンピュータやデバイスの能力に合わせて改造すれば、現在の対潜戦の情報処理モデルとして十分通用すると考える。ＡＳＷＩＴＡがこのように先駆的な機能をもっていたことは、海自の対潜戦能力の高さを示すと言ってよいであろう。

ＣＯＤＡＰやＡＳＷＩＴＡモデルの開発は、数学モデルの定式化を空団ＯＲ班で行い、音響解析用のミニコンで基本的な構造を確認した後、詳細な計算手順の流れ図を書き、プログラム作成は外注した。ＡＳＷＩＴＡは、訓練演習費が途中で底をつき監理幕僚から「もう予算はない」と厳しく申し渡された。海幕分析班に計算費の応援を頼み込んだが断られ、仕方なく司令官に「今年（一九七七年）の海演（52海演）のＡＳＷＩＴＡ適用は来年に延期したい」と申し出た。数日後、海幕に出張中の司令官から「直ぐに雪印の説明資料を持って経理部長の部屋に来い」との電話があり、厚木から駆けつけたが、既に司令官は帰られた後であった。海幕経理部長は、「話は矢板の殿様から散々に聞かされたからもういい。要求は、空団の監理幕僚を通じて出せ」と指示された。このようにしてASWITAは52海演に間に合ったが、司令官までも金策に巻き込んだことはすこぶる恐縮した。

空団OR班の二年半の勤務は、数学モデルの定式化、外注費の工面、計算機モデルの仕様書作り、プログラムのデバッグ・検収、モデル解説書作成、研究会のOHP作り等々、非常に多忙な日々の連続であった。しかし当時、少人数でしかも驚くほど短期間に多くの新しい「対潜戦の科学化」の試みを実施できたことは、先見的な上司の理解と指導、解析評価室の同僚及び51空や各航空群アスキャック班の隊員の協力の賜物と深く感謝している。

意思決定は、あくまでも主観的な判断であり、その不確実性領域を縮小することがOR分析の機能である。当時、これを部隊に定着させるために、筆者は、戦術研究会、演習の事前・事後の研究会、各航空群基地での説明会等で部隊ORの考え方やモデルの解説に努め、各モデルの機能解説書、端末の操作手順書、基準入力データ集等の説明書やTAG・REP 等々を整備して部隊に配布したが、ほとんど読まれなかったと思う。筆者は、海上自衛隊はもっと基礎的なレベルでOR教育を徹底して行う必要があると痛感し、空団勤務以後は二十五年間（この内十一年半は制限定年後の再雇用）にわたり防衛大学校のOR教官として軍事ORの教育・研究に従事し、年間約五〇時間以上の海自第一・二・四術科学校のOR教務にも協力した。しかし、我が国では軍事ORは「禁忌の学問」であり、気が付けば邦書の軍事ORのテキストや専門書は皆無の惨状であった。この「歪んだ知の世界」の構造は、「軍隊は悪者」の「自虐史観」と同根である。筆者は、防衛大学校を定年退官後、我が国のこの「知の世界の歪み」を矯正し、「軍事OR」の社会的認知を確立する一助として、『軍事ORシリーズ』の執筆に専念し下記の著書［7～13］をネット出版で上梓《じょうし》した。本水交会の会員諸氏もこれらを繙《ひもと》いて「作戦の意思決定支援の軍事OR」の知識を更に深めて頂きたい。軍事ORやシステム分析は、現代の情報化時代の軍人には常識的な素養であると思う。

参考文献

［1］『行政機関が行う政策の評価に関する法律』、二〇〇一年。

［2］防衛省における政策評価に関する基本計画」、防衛省（庁）、二〇〇三、二〇〇六、二〇一一、二〇一四年。

［3］『防衛省政策評価実施要領』、防衛省（庁）、二〇〇一年より毎年更新。

［4］飯田耕司・福楽勲、『ASW作戦情報処理・戦術解析

のためのシミュレーション・モデルについて』、空団司令部、一九七七。
〔5〕飯田耕司・福楽勲『戦術オペレーションズ・リサーチ事例集・第1集（ＴＡＧ・ＲＥＰ №1～23）』、空団司令部、一九七七。
〔6〕本多明正・ほか『海上防衛とオペレーションズ・リサーチ』、海幕防衛課分析班、一九七九。
〔7〕飯田耕司『国家安全保障の基本問題』、三恵社、二〇一三。
〔8〕飯田耕司『国防の危機管理と軍事ＯＲ』、三恵社、二〇一一。
〔9〕飯田耕司『改訂 軍事ＯＲ入門』、三恵社、初版二〇〇四、改定版二〇〇八。
〔10〕飯田耕司『改訂 軍事ＯＲ理論』、三恵社、初版二〇〇五、改訂版二〇一〇。
〔11〕飯田耕司・宝崎隆祐、『三訂 捜索理論』、三恵社、初版飯田単著、二〇〇三、三訂版二〇〇七。
〔12〕飯田耕司『捜索の情報蓄積の理論』、三恵社、二〇〇七。
〔13〕飯田耕司『意思決定分析の理論』、三恵社、二〇〇六

第九編　軍事ＯＲの温故知新

退官記念講演における配布資料、防衛大学校、平成十五年三月、一～三十頁
（海上自衛隊 幹部学校、『波涛』、第一六〇、一六一号（平成十五年）を補筆）

はじめに

この小論では、軍事オペレーションズ・リサーチＭＯＲ（Military Operations Research。以下、軍事ＯＲと書く）の誕生と成長の歴史を述べ、引続いて第二次大戦後のＯＲの爆発的な発展とその後の米軍や防衛庁のＯＲ活動の歴史を概観する。次いで今日のこの分野の理論研究（但しここでは「戦闘モデル」の理論研究を取り上げる。軍事戦略や安全保障機構、政治・軍事意思決定等に関する理論研究に焦点を当てれば、また別の軍事ＯＲ理論の体系が浮かび上ってくるであろう）と、応用研究の内容をサーベイし、最後に自衛隊のＯＲ活動の現状と問題点を考察する。情報革命の波が奔濤しつつある今日、この展望を通じて自衛隊の軍事ＯＲ活動の現状の陥葬を確認し、将来の活路を探りたいと思う。

第一節　軍事ＯＲの歴史

第一・一節　第二次世界大戦中のＯＲ活動

一　英国におけるＯＲの誕生

ＯＲは、軍の作戦分析として誕生したことは周知のとおりである。第二次世界大戦勃発の直前（一九三五）、殺人光線開発の検討をテーマとして英国の航空省内に設けられた諮問委員会・防空委員会がその誕生の母体となった。委員長の王立理工学大学学長Ｈ・Ｔ・ティザード（一八八五～一九五九）博士は、国立物理学研究所電波部長Ｒ・Ａ・ワトソン・ワット博士の示唆により、当初の殺人光線開発を放棄して対空レーダーの開発に取り組み、大戦の開戦直前に早期警戒レーダー網を完成させた（一九三九）。このシステムは一九四〇年八月～十月に英本土上空で戦われた織烈な航空戦（Battle of Britain）で威力を発揮して英空軍を勝利に導き、独軍の英本土上陸作戦を挫く偉功を立てた。そのシステム開発の戦力化段階で実施した運用研究からＯＲ活動が誕生し

た［1］。また同時期、防空委員会の委員の一人Ｐ・Ｍ・Ｓ・ブラケット（一八九七～一九七四）博士は、英陸軍対空防衛隊司令官Ｆ・パイル大将からロンドンの高射砲陣地の配置と照準用レーダーの用法の相談を受け、科学者十一名（物理学者三、生理学者三、数学者二、天文学者、測量士、将校各一名）の学際的な分析チームを編成して研究し、撃墜率を五倍に向上させる驚異的な成果を挙げた。このチームはその後、軍の各部門の戦術改良の要請に応えて、データを集めて分析し、改善案を討議して提案し、それまで軍人の聖域とされていた戦術・兵力運用の問題にも科学者の分析が有効なことを立証してＯＲを定着させた。対潜爆雷の深度調定、爆撃機による対潜哨戒、レーダーによる対潜哨戒、哨戒機の塗装、輸送船団の規模と護衛艦数の決定、爆撃効果の評価等々の諸問題について、驚嘆すべき数多くの成果を挙げた。兵士達は彼らの活躍を称賛し、この分析チームをプラケット・サーカスと呼んで歓迎した。このＯＲ誕生の背景にはティザード博士やブラケット博士の卓越した識見と人脈が強く影響している。即ちティザード博士は物理学の学究ながら科学技術研究庁の長官を務め（一九二七～一九三〇）、学・官・政界に広い人脈をもつ実力者であり、また第一次世界大戦では陸軍航空隊の中佐として空軍十字賞を受けた軍歴の持ち主である。更に一九四〇年夏には科学技術使節団長として米国に渡り、米国の工業力を英国の兵器廠として働かせる強固な軍事技術協定の締結に成功した。このことが如何に英国の困難を救い、連合軍の勝利に寄与したかは量り知れない。一方、ブラケット　博士は歴代提督の家系に生まれ、海軍兵学校に進み正規の青年海軍士官として第一次世界大戦を戦った。大戦後、ケンブリッジ大学に留学して原子物理学の権威Ｅ・ラザフォード博士の指導を受けて学問の道に進み、当時はマンチェスター大学の物理学の教授であった。一九四八年には「原子核及び宇宙線の研究」でノーベル物理学賞を受けた俊秀である。これらの識見豊かなリーダー達とその人脈によって軍人と科学者の間の信頼関係が育くまれ、ＯＲが生み出される土壌が培われたことは疑う余地がない。また当時のＯＲ分析は、従来の通説や当事者の常識を安易に盲信せず、実際のデータを幅広く集め、それから現実の実態を読み取り、改善案を柔軟に考えていくという、何の変哲もない素朴な科学的態度が頑固に堅持されているのが特徴である。そこには今日のＯＲの精緻な数学技法の萌芽は片鱗も見出されず、科学精神のむき出しな躍動を見るのみであり、荒削りな野外科学と言ってよい。ＯＲはそのような野外科学として誕生し、第二次大戦中の英軍の中に定着した［1、5、25、37］。

二　米国におけるＯＲの組織化

米軍ではブラケット・チームの活躍に触発されて海軍の対潜戦部隊の司令部にＡＳＷＯＲＧ（Antisubmarine Warfare Operations Research Group）が置かれ（一九四二・四）、また陸軍航空部隊（Army Air Corps）の司令部ではＯＲ分析チーム・ＯＡＳ（Operations Analysis Section）が活動を開始した（一九四二・九）。これより数年前に戦米国では争遂行に不可欠な軍事技術の開発研究に州立・私立の大学及び民間研究所の科学者の力を結集するために、委託研究の契約業務を支援し研究管理を行う機関として、国家防衛研究委員会・ＮＤＲＣ（The National Defense Research Committee）が発足しており（一九四〇・七）、この機関がこれらの軍の司令部内のＯＲグループの編成を支援した。またＮＤＲＣの応用数学班ＡＭＰ（Applied Mathematic Panel）は、軍のＯＲ分析のニーズを受けて全国の大学・研究所の科学者達を動員し、戦術問題のＯＲ分析を実施した。更にこれらの活動とは独立に、米海軍武器研究所ＮＯＬ（Naval Ordnance Laboratory）では戦略的機雷のＯＲ分析が行われたが、以下にこれらのＯＲ活動を概説する。

(一)　国家防衛研究委員会・ＮＤＲＣ（The National Defense Research Committee）

米国では有力な大学・研究所はほとんど私・州立のものであり、これらに所属する科学者や研究施設を軍の要求に従って軍事技術の研究開発に従事させるには、委託研究の契約が必要である。一九四〇年、欧州戦線が危機的状況に陥り、米国も参戦の準備態勢に入るが、ＮＤＲＣは戦争の遂行に不可欠な軍事技術の研究開発に全国の科学者達を結集する態勢を確立するために設置された機関である。このＮＤＲＣの設立に際しては当時カーネギー・ワシントン研究所長のＶ・ブッシュ、マサチューセッツ工科大学学長のＫ・Ｔ・コンプトン、ハーバード大学総長のＪ・Ｂ・コナント、ベル電話研究所長で全米科学学会議長でもあったＦ・Ｂ・ジュエット等が参画し、初代委員長にブッシュが就任した。科学技術行政に経験豊かなこれらの人々は、ＮＤＲＣが緊急時に有効に機能するには、それが諮問機関ではなく、政府の執行機関でなければならないと主張し、実現させた。更にＮＤＲＣは一九四一年に医学部門（この部門は大戦中に異例の短期間で抗生物質ペニシリシを開発して数十万のＧＩの生命を救った）を加えて、科学研究開発局ＯＳＲＤ（Office of Scientific Research and Development）に改組され、ＯＳＲＤ局長にはブッシュが、またＮＤＲＣ委員長にはコナントが就任した。

ＮＤＲＣは次の二つの任務と権限をもつ政府機関として活動した。

① 研究契約機関と協力して、ＯＳＲＤの長に対して戦争の遂行手段の研究計画に関する勧告を行うこと。

② 研究契約機関が行う科学技術研究活動を管理すること。

ＮＤＲＣの組織は当初、Ⓐ装甲・武器（Armor and Ordnance）、Ⓑ爆弾・燃料・ガス&化学問題（Bombs, Fuels, Gases & Chemical Problems）、Ⓒ通信・輸送（Communication and Transportation）、Ⓓ探知・制御装置（Detection, Controls and Instruments）、Ⓔ特許・発明品（Patent and Inventions））の五課で構成されたが、一九四二年秋には大幅に拡充され、第一課・弾道研究以下、十九課二班二委員会に再編成された（表1参照）。

この中の応用数学班ＡＭＰ（Applied Mathematic Panel）が、大戦中の米陸海軍のＯＲ活動を支援し、全国の大学等へのＯＲ関係の委託研究の研究管理を担当した。このＡＭＰが大戦中に扱った委託研究は約二百件に上り、その内の約半数は軍の要求による委託研究、残りの半数がＮＤＲＣの他課からの要請による研究であった。それらは応用数学の古典的な応用問題や数値計算等の基礎的なものから、Ｂ－29の爆撃編隊の大きさ、爆撃高度、爆撃法、単機文は編隊飛行時の防御火網の分布の研究等、実戦的なＯＲ研究まで種々様々であったという。

上述したように米国の大学・研究所の科学者達の力は、ＮＤＲＣにより全国的な規模で組織化され、軍事技術の研究開発体制が整備されていく。その一環としてＯＲ活

表１．NDRCの課の構成

課	担　当	課	担　当
1	弾道研究	12	輸送
2	衝撃爆発効果	13	電気通信
3	ロケット兵器	14	レーダー
4	兵器付属装置	15	無線調整
5	新型ミサイル	16	光学・迷彩
6	水中戦	17	物理学
7	射撃管制	18	兵器治金学
8	爆薬	19	その他
9	化学	班	応用数学
10	吸収剤·エアロゾル	〃	応用心理学
11	化学技術		

動もＡＭＰを通じて軌道に乗っていった。この点、米国におけるＯＲ活動は全国規模の組織立った活動として推進され、先見的な科学者のＯＲチームを中心とする英国のＯＲ活動とは、全く対照的な展開であったと言えよう。

以上は米国における大学、研究所レベルのＯＲ研究の進展の経緯であるが、軍の組織の中においてもＯＲ活動は着実に発展していった。次にこれを概観する。

(二)　米陸軍航空部隊のＯＲ活動

米陸軍航空部隊（Army Air Corps）におけるＯＲ活動は、一九四二年九月、プラケット・チームの活躍を目の当りにした在英第八航空軍司令官スパッツ大将の要請により、その司令部にＯＡＳ（Operations Analysis Section）が置かれたことに始まる。このグループは専門分析者四十八名を擁して活発なＯＲ分析を行った。例えば爆撃編隊の縮小と全弾倉からの一斉投弾により爆撃精度を飛躍的（四倍）に向上させた事例が著名である。同年十月、米陸軍航空部隊の総司令官Ｈ・Ｈ・アーノルド大将は、全航空軍司令官に対して各司令部の幕僚部にＯＲ分析部門ＯＡＳを置くことを勧告した。その勧告に従って各航空軍司令部に逐次十数名のＯＲグループが配置されていった。分析者の人選及び教育はＮＤＲＣが全面的に支援した。また一九四二年十二月、各部隊のＯＡＳの研究管理と支援のための中央組織として、ワシントンの陸軍航空幕僚部内にＯＡＤ（Operations Analysis Division）が設置された。一九四五年八月の大戦終結時には航空部隊のＯＡＳは二十六チーム、約四百名（うち有資格分析者（学位取得者）百七十五名）にのぼる陣容に成長していた（大戦中の有資格分析者は延べ二百四十五名）。その他、アバディーン弾道試験場で行われた航空機の残存性に関する各種兵器の効果分析や爆撃パターンの研究も著名である。しかし大戦中の米陸軍の組織的なＯＲ活動は航空部隊関係に限定され、地上軍ではＯＲ活動は見られなかった。

(三)　米海軍のＯＲ活動

第二次大戦中、米海軍のＯＲ活動の中心として活躍するグループは、一九四二年にＡＳＷＯＲＧ（Antisubmarine Warfare Operations Research Group）として創設された機関である。このグループは、英国のプラケット・チームの活躍に触発された米海軍の大西洋艦隊対潜部隊指揮官Ｗ・Ｄ・ベーカー大佐（後に少将）が、科学的な対潜戦のドクトリンの確立のために科学者の協力を要請し、ＮＤＲＣが編成を支援して、一九四二年四月、ＭＩＴの物理学者Ｐ・Ｍ・モース博士を長とする七名のグループとして発足した。一九四三年七月にはこのＡＳＷＯＲＧは四十四名に増強され、大西洋全域の対潜戦部隊の指揮権を有する第十艦隊司令部（指揮官キング大将。艦隊をもたない組織管理上の司令部）に編入された。更にＡＳＷＯＲＧは一九四四年十月には対潜戦以外のＯＲ分析にも関与するために、船団の組織、航路選定、戦術・訓練・装備の全般に責任を有する合衆国艦隊司令部に移され、ＯＲＧ（Operations Research Group）と改名された。ＡＳＷＯＲＧ及びＯＲＧは、世界各地に展開している米海軍部隊の司令部に数名の科学者を常駐させ、第一線部隊が直面している戦術問題の発掘とデータの収集、戦術案の試行や結果の追跡を行い、問題の分析や解決策の検討はワシントンの本部やＮＤＲＣのＡＭＰを通じて委託研究する態勢をとった。専従分析者の約四十％は第一線司令部に配置されたという。このように作戦・運用の現場と分析グループとを直結したＯＲ組織の態勢が堅持されていたことは、米海軍のＯＲに対する基本的な姿勢を示すものであり、注目すべき点である。またＯＲＧのサブ・グループとして、ＳＯＲＧ（Submarine ORG. 潜水艦司令部（一九四三））、ＡｉｒＯＲＧ（太平洋艦隊航空部隊（一九四五））、ＡＡＯＲＧ（Antiaircraft ORG. 太平洋鑑隊司令部。このグループは、一九四五年、太平洋艦隊司令部に特別防衛部が置かれた際に増強され、名称をＳｐｅｃＯＲＧ（Special Defense ORG）と改めた）、Ｐｈｉｂ・ＯＲＧ（Amphibious ORG：両用戦司令部）等が設置されていった。このようにサブ・グループが整備された時点では、合衆国艦隊司令部のＯＲＧはＯＲセンターとして機能し、全般的な管理業務と理論的研究の支援、及びＯＲ分析結果やデータの配布の情報中枢となった。ここで扱われたＯＲの技術報告、軍事情報・戦闘報告等は、平均的な月で千六百通に上ったという。大戦終結時にはＯＲＧは八十名の要員を擁するＯＲ活動の中核に成長していた。このように第二次大戦中の米海軍のＯＲ活動は、「第一線司令部のＯＲ要員～各タイプ司令部のＯＲＧ～合衆国艦隊司令部のＯＲＧ～ＮＤＲＣ（ＡＭＰ）～大学・研究所の科学者」の円滑な連携の下に実施された。ＯＲＧの大戦中のＯＲ分析は、戦後間もなく次の三つの書物にまとめられた。

① Morse, P.M. and Kimball, G.E. Methods of Operations Research, OEG Rep. No. 54, 1946. 邦訳・中原勲平『オペレーションズ・リサーチの方法』、日科技連出版、一九五四。

② Koopman, B.0. Search and Screening, OEG Rep. No. 56, 1946. 邦訳・佐藤喜代蔵『捜索と直衛の理論』、海自一術校。

③　Sternhell, C.M. and Thorndike, A.M., A Survey of Anti-Submarine Warfare in World War II, OEG Rep. No.51, 1946.
　邦訳・筑土龍夫『第二次大戦中の対潜戦闘』、海自一術校。

これらの書物は軍事ＯＲの古典的な名著として今日でも価値を失っていない。このことは『Search and Screening』が、一九八〇年にクープマン博士自身により改訂増補されたことにも表われている。上記の著作②、③は秘文書であったために民間人の眼には触れなかったが、モース&キンボール両博士の著作①は普通文書として発刊されて多くの読者を惹き付け、ＯＲに関する最初のテキストとしてＯＲの普及と定着に大いに貢献した。

米海軍には、第二次大戦中、上述のＯＲＧの他に海軍武器研究所ＮＯＬ（Naval Ordnance Laboratory）で戦略的な機雷敷設戦のＯＲ研究を実施したＥ・Ａ・ジョンソンを中心とするグループがある。このグループは当初、ジョンソンが主催する私的なセミナー・グループとして発足したが、後に、一九四二年三月、ＮＯＬの機雷戦のＯＲグループとして組織化された。ジョンソンは後に海軍中佐として太平洋艦隊司令部に勤務し、ニミッツ提督の信頼を得て、この研究に基づいて日本の機雷封鎖作戦・飢餓作戦（Operation Starvation）を企画した［５］。この作戦は機雷の火薬の炸填や内機の調定等、機雷の準備は海軍が担当し、日本への敷設はテニアンを基地とする陸軍航空部隊のＢ－29の爆撃戦隊（第三一三爆撃隊群）が実鏥するという任務分担の下に、一九四五年三月二十一日～八月十五日の間、延べ千六百十四機のＢ－29を投入して行われた。少数機の編隊で夜間低高度で侵入し、レーダー照準で関門海峡を中心に、日本海側は、仙崎、浜田、境、宮津、舞鶴、敦賀、七尾、伏木、新湯、酒田の各港湾、瀬戸内海は周防灘、伊予灘、広島湾、安芸灘、備讃瀬戸、備後灘、播磨灘、和泉灘にわたり、一万二千五十三個の機雷を敷設した。これに対して帝国海軍は所在の掃海部隊で懸命の掃海を実施したが、各地で甚大な船舶被害を生じ、西日本・日本海の沿岸航路及び内海航路はほとんど封鎖された。因みに戦後、海上自衛隊が掃海作業を継続したが、平成八年三月（業務掃海の終結）までの処分機雷数は六千百九十個、掃海面積は三万二千三十八・六平方キロメートルであった。

以上、米国の第二次大戦中のＯＲ活動を概説したが、上述したとおり米国ではＯＲ活動が軍の組織として確立され、またそれがＮＤＲＣを通じて全国の大学、研究所につながる全国的活動として組織化されたことが特徴である。なお上述したＯＲ誕生と発展の歴史については、岸尚元防衛大学校教授の詳細な論考［17～24］がある。

第一・二節　大戦後のＯＲの発展

一　ＯＲの爆発的発展と民間への普及

第二次大戦終結後、ＯＲ活動は戦争で荒廃した産業の復興と生産活動の効率化に有効な分析手法であると認められて、広く民間に普及していく。それに伴い大学でのＯＲの専門教育や研究組織も整備され、学術レベルの理論研究も急速に進展した。特に米国では、戦後、戦場から凱旋する若者逮に奨学金を与えて大学に吸収し、高等教育を授ける政策がとられた。それに伴って大学や研究所も整備され、それが戦後の科学技術の分野で世界を席巻する米国の指導力醸成の基盤を形成した。その大学整備の一環として、新しい学問：ＯＲの教育・研究機関も急速に充実され、ＯＲの発展に拍車をかけることになり、更にそれに伴い学会活動も活発に行われるようになった。

また戦後間もなく、米国では寧の指導と資金援助の下に大規模なシンクタンクが設立されて活発に活動し、ＯＲの理論・応用研究を推進した［29］。ランド社（RAND Co.）米空軍のＯＲ分析）、ＳＤＣ（System Development Co. 防空システム）、ＯＲＯ ＪＨＵ（Operations Research Office, Johns Hopkins Univ. 米陸軍のＯＲ分析）、ＲＡＣ（Research Analysis Co. 米陸軍のＯＲ分析）、ＯＥＧ（Operations Evaluation Group. 米海軍のＯＲ分析）、ＣＮＡ（Center for Naval Analyses. 米海軍のＯＲ分析〉等である。上記のシンクタンクは寧の予算で運営される研究所であるが、研究内容は軍事ＯＲの戦術問題の分析に限定することなく、ＯＲの基礎理論や戦略問題の分析等、非常に幅広いテーマについて活発な研究が行われた。その例として一九六〇年代前半までのランド社の研究成果を挙げれば、ＯＲの基礎理論では、Ｍ・ドレッシャー、Ｊ・Ｃ・Ｃ・マッキンゼイ、Ｌ・シャープレイ達のゲーム理論の研究、Ｒ・ベルマンやＳ・Ｅ・ドレフィスの動的計画法、Ｇ・ダンチィッフィの線形計画法、Ｌ・フォード・Jr.及びＤ・Ｒ・フルカーソンのネットワーク・フローの研究、Ｈ・マルコビッツやＢ・ハウスナーによるシミュレーション言語ＳＩＭＳＣＲＩＰＴの開発、その他モンテカルロ法の研究や乱数表の作成等が著名である。また応用研究では、Ｅ・パックソンの『戦略爆撃のシステム分析（一九五〇）』、Ａ・Ｌ・ウォルスッテターの『戦略航空基地運用の選択問題（一九五四）』、Ｈ・カーンの『熱核戦争論

（一九六〇）』、Ｃ・Ｊ・ヒッチ&Ｒ・Ｎ・マッキーンの『核時代の国防経済学（一九六〇）』、Ｅ・Ｓ・クエードの『軍事意思決定の分析（一九六四）』等が挙げられる。これらの研究はＯＲの基礎理論の爆発的発展を推進し、また米国の実際の安全保障態勢のシステム造りに大きな影響を与えた。前節のＯＲ誕生の歴史に見たとおり、ＯＲの「Operations」は「軍事作戦」を意味し、ＯＲを字義に正確に訳せば「作戦研究」であり、中国語では「運籌学」という妙訳を与えている。当初ＯＲはこの意味で用いられたことは明らかである。また第二次大戦中のＯＲは素朴な野外科学であったことも前述した。そこでは現実のシステムの正確なデータをとり、学際的な科学者逮の訓練された観察眼によって物事の本質を読み取り、衆知を集めて対策や行動案を考究・案出し、改善案を提案するという活動であった。大戦後、ＯＲ分析は民間の生産活動や通信、交通、在庫等のシステム分析、又は長中期の公共政策の計画分析に有効な技法として活用され、民間に普及した。またＯＲ活動の発展・成長につれて、成熟した技術の研究分野が常にそうであるように、ＯＲも基礎的な理論研究と実務的な応用研究に分離して発展し、基礎理論面でも爆発的な発展を遂げて新しいシステム分析科学として認知された。表２は一九四〇年代の後半から一九六〇年にかけて提出されたＯＲの理論モデルのマイル・ストーン的な研究業績と主な国のＯＲ学会発足の年表である。

一方、ＯＲ以外にもＩＥ（Indus trial Engineering）、ＭＳ（Management Science）、ＳＥ（System Engineering）、ＳＡ（System Analysis）等、いろいろな呼称で呼ばれる各種のシステム・アプローチが提唱され、それぞれやや異なった側面を主張しながら、ＯＲと類似のシステム概念と共通の分析手法をもつシステム分析科学として発展した［10］。それらはいずれもシステムの開発や効率的運用、又は行動選択の意思決定に関する科学的分析の理論研究や応用研究の分野として位置付けられており、その中でＯＲは「各種のシステム分析技法に支えられた合理的意思決定分析の科学」として捉えられている。表３は二〇〇〇年春に日本ＯＲ学会が編纂し、ＣＤ－ＲＯＭで出版した『改訂ＯＲ事典二〇〇〇』［31］の基礎理論編の目次項目を示したものである。ここではＯＲの基礎理論として二十八の理論研究分野が取り上げられて解説されており、今日のＯＲの多様な分析技法と豊富な内容を明示している。これらはシステムの最適化や特性値の定量的評価モデルの構築を目指す所謂「ハードなＯＲ理論」であるが、一九七〇年代以後、これらの手法では解

表２.ＯＲ理論及び学会発足の年表年

年	事　　　項
1944	von Neumann and O. Morgenstern の著書（ゲーム理論）
1945	第二次世界大戦終結
1946	OEG Rep.No.51, 54, 56：OEG の３部作.（探索理論、交戦理論）
1948	Operational Research Club（英ＯＲ学会）発足
〃	G.B. Dantzig の論文（線形計画法）
1949	C.E. Shannon の論文（情報理論）
1950	W. Feller の著書（確率過程）
1951	D.G. Kendall の論文（待ち行列理論）
〃	H.W. Kuhn and A.W. Tucker の論文（非線形計画法）
1952	R. Bellman の論文（動的計画法）
〃	Operations Research Society of America（米ＯＲ学会）発足
1953	The Institute of Management Science（米 TIMS 学会）発足
1957	日本オペレーションズ・リサーチ学会発足
〃	M.R.Walker, J.E. Kallen, Jr. 達の PERT CPM 開発（日程計画法）
1959	国際ＯＲ学会連合（IFORS）発足

表３.「ＯＲ事典」の基礎理論項目

分　類	ＯＲの基礎理論
A. 最適化系	1. 線形計画　2. 非線形計画　3. 組合せ最適化　4. グラフ、ネットワーク　5. 動的計画、多目的計画　6 確率計画、同 近似　7. ゲーム　8. 階層分析法　9. 包絡分析法
B. 待ち行列・確率系	10. 待ち行列　11. 待ち行列ネットワーク　12. 待ち行列応用　13. 確率と確率過程　14. 信頼性・保全性　15. 探索理論　16. 統計　17. 予測　18. シミュレーション
C. 応用系（経営を含む）	19. スケジューリング　20 生産管理、プロジェクト管理　21. ロジステックス　22. 公共システム　23 計算幾何　24. 都市システム　25. ファイナンス　26. マーケッティング　27. 品質管理　28. 経営、経済性工学

決策の見出せない複雑な複合問題に対して、システム要素の関係の整合的理解と学習による共生の構築を目指す「ソフトＯＲ」アプローチの研究も提案されている。

二　軍事ＯＲの学会活動

一般的な意思決定分析の科学としてのＯＲ研究の中では、「軍事ＯＲ」の研究は如何なる特徴をもつ研究分野として位置付けられるであろうか。この「軍事ＯＲとは、どのような内容のＯＲ研究活動を指すのか」という「軍事ＯＲの定義」については、ＯＲ学会等の公的機関の基準的な文書（学会編纂の事典やハンドブック）等には見出せないが、常識的に考えれば、軍事ＯＲは「軍事問題に固有のＯＲ分析の理論又は応用研究」と理解できる。

軍の作戦行動や兵力運用の意思決定分析には、軍事問題特有の特殊な問題も存在するが、各種の装備の機種選定や人事・教育・調達・補給・整備等のシステムの効率的運用に関する応用的研究に対しては、ほとんどの場合一般的なＯＲ理論が適用でき、理論の軍用と民需の区別はない。数理計画法の最適化理論の適用には、一般社会の問題と軍事応用の問題の区別はあるはずはないからである。しかし若干のＯＲ理論や応用的分析問題は、軍の活動だけを対象とし、一般社会には見られない問題を扱うものがある。それらを「軍事ＯＲ」と呼ぶことは自然であろう。第二次大戦後の暫くの間は「軍事ＯＲ」研究はかなりの比重を占めたが、ＯＲ活動の普及とその研究対象領域の拡大につれて、相対的に縮小して漸次影を潜め、今日ではＯＲの名称の由来が「作戦研究」にあると知る人も少なくなった。特にわが国では軍事ＯＲの研究は、すでに消滅したかに見える。しかしながら欧米のＯＲ研究の中では、軍事問題に固有の戦術解析の理論研究として、捜索理論、射撃理論、交戦理論、資源配分問題や機会目標問題の軍事応用、ゲーム理論応用の決闘モデル、捜索ゲーム、微分ゲーム、攻防戦のゲーム等のＯＲ研究（これらについては第一・三節に後述する）が継続的に行なわれており、軍事ＯＲは決して淘汰された過去の研究分野ではない。即ち米国では古くから軍事ＯＲの学会活動が活発に行われ、一九五二年設立の米国ＯＲ学会ＯＲＳＡ（The Operations Research Society of America）には、常設の軍事応用部会ＭＡＳ（Military Applications Section）が設けられて国際会議や研究発表会を開催し、多くの軍事ＯＲ理論のテキストを出版した。また米国には長い間もう一つのＯＲ学会ＴＩＭＳ（The Institute of Management Science. 一九五三設立）が並立して活動していたが［22］、一九九五年、これらは合併してＩＮＦＯＲＭＳ（The Institute for Operations Research and Management Science）となりＭＡＳはこの学会に引継がれた。一方、米国では一九六〇年代から軍事ＯＲ学会ＭＯＲＳ（Military Operations Research Society）が活発に活動しており、シシポジュウムの開催（非公開を含む）、論文誌やニューズ・レター誌の刊行にまで活動の手を広げ、現在の会員は約三千人（日本ＯＲ学会と同規模）と言われている［29］。なお米国では海軍がスポシサーとなって出版しているＯＲの学術専門誌：Naval Research Logistics（一九五四 年発刊）が著名である。このＯＲ専門誌は、内容を軍事ＯＲに限定しない一般的なＯＲの理論研究の学術論文誌であるが、軍事ＯＲ問題に関する論文の発表が多い。

第一・三節　大戦後の米軍の軍事ＯＲの発展

前節では第二次大戦後のＯＲが、一般社会の各種の活動やシステムの効率化の分析理論として爆発的に発展したことを述べたが、それを推進したのは米軍及びその契約下で運営された大学や民間の研究所であった。本節では第二次大戦後の米軍の軍事ＯＲの展開について概説する［29、31、34、36］。

一　米陸軍

第二次世界大戦中、米陸軍では航空部隊を除いては組織的なＯＲ活動が見られなかったことは前述したが、しかし陸軍内部でも戦時中の英国のプラケット・チームの活躍と軍のＯＲ活動の必要性は強く認識されていた。陸軍は一九四八年に安全保障及び防衛事案に関する客観的かつ科学的な研究の実施を目的としてＯＲＯ（Operations Research Office）を設立し、ジョンスホプキンス大学ＪＨＵに運営を委託した。ＯＲＯ ＪＨＵは対日機雷封鎖作戦・飢餓作戦（Operation Starvation）の企画者Ｅ・Ａ・ジョンソンを所長に迎え、専従分析者四十名、及び百名以上のコンサルタント及び多数の研究分析会社の連携の下に活発な研究を実施した。また一九五〇年五月、朝鮮戦争の勃発に即応して、ＯＲＯは戦線に野戦分析チーム（Field Analysis Team）四十名を新たに展開し、これらの分析者は数百の作戦分析のケース・スタディを実施して作戦に多大の影響を与えたという。一方、西独のハイデルベルグの在欧米陸軍司令部内にＯＲＯの事務所を開設し、ＮＡＴＯ軍の作戦のウォー・ゲーミングや、演習の支援に大いに貢献した。ＯＲＯ ＪＨＵは一九六一年まで十三年間にわたり米陸軍のＯＲ活動を行うが、その問のＯＲ分析の対象は、航空作戦、防空戦、ゲリラ戦、市街地域の非正規戦闘、戦術的・戦域横断的又は戦略的機動力及び兵站、兵器体系、市民防衛、情報、心理戦及び民間事案、陸軍の即応態勢全般等、広範なテーマについて重要な分析・提言を行い、発刊された報告書は六四八件に上ったという。しかしながら一九六一年、ＪＨＵは研究所の管理上の問題で陸軍と合意できず契約を破棄し、八月にＯＲＯ　ＪＨＵは閉鎖され、業務はＲＡＣ（Research Analysis Co.）に引き継がれた。ＲＡＣの研究業務の対象は、単に陸軍のＯＲ分析に止まることなく、大統領府、国家安全保障会議、国防省等の安全保障に係わる九つの部局、その他の約四十の政府部局、及び多くの財団に及ぶものであり、米国内外の経済社会開発に関する研究から、公共安全問題、裁判・犯罪・非行管理に至るまで、経済的、政治的、社会科学的研究を幅広く含むものであった。その中で軍事問題に対するＲＡＣの顕著な業績は、人的資源と徴兵制度の問題、軍事費及びその他の費用分析、ウォー・ゲーミング及びシミュレーション、戦略及び制限戦争、軍備管理及び軍縮に関する研究等であり、軍事計画の立案者や国家安全保障に関与する人々にとって必須の「政治一軍事分析」の研究分野を確立したことである。また陸軍に対する研究分析業務としては、兵力構成分析、兵力整備計画立案、兵站、人的資源、一般資源分析、費用分析、軍事ゲーミング等々の広汎な分野で集中的な研究が行われた。それらは兵力運用や計画の効率化問題はもとより、情報や研究開発に関する問題まで含まれていた。ＲＡＣはこのように活発な研究を行っていたが、一九七二年、ＧＲＣ社（General Research Co.）に買収された。

二　米海軍

第二次世界大戦の終結に伴い海軍の多くの機関や施設は廃止されるが、一九四五年八月、合衆国艦隊司令長官Ｅ・Ｊ・キング大将は海軍長官Ｊ・Ｖ・フォレスタルに書簡を送り、司令部のＯＲＧは平時においても戦時要員の約四分の一の規模で海軍のＯＲ分析機能を継続すべきことを要請し、二日後に許可された[36]。また組織の運営は、人材確保の観点から戦時のＮＤＲＣの契約形態が望ましいとされた。これに従い一九四五年十一月、マサチューセッツ工科大学ＭＩＴとの間で契約が交わされ、ＯＲＧはＯＥＧ（Operations Evaluation Group）と名称をかえて、平時の海軍のＯＲ活動を開始した。その後、ＯＥＧは徐々に増員され、朝鮮戦争勃発時（一九五〇・五）には四十名の専従分析者が活動していた。しかし戦争が始まるとともに第一線司令部から分析者の派遣要請が相次ぎ、その需要を満たすために増員され、戦争終結時には六十名になっていた。分析者逹は、戦術目標に対する海軍航空機の武器の割当て、近接航空支援のスケジューリング、空対空戦闘の分析、沿岸陣地の艦砲射撃の分析、ゲリラ船舶の侵入阻止、及び陸上輸送路の遮断等の作戦について、前線においてデータを集めて分析し、作戦行動の改善策を提案し、軍の活動を援けた。朝鮮戦争終結後もＯＥＧの業務は増え続け、分析者逹は全ての国家防衛上の危機の度に司令部の勤務についた。一方、原子動力や誘導ミサイルの発達等の技術の進歩は国防費の高勝を惹き起し、それに伴いＯＥＧが扱う問題の範囲も急速に広がり「政治‐軍事分析」の分野の問題に踏み込んでいった。またこの時期、海軍は新たにＭＩＴの中に長期研究プロジェクトを設けた。この組織は後に海軍調査研究所ＩＮＳ（Institute for Naval Studies）に発展した。

一九六一年、Ｒ・Ｓ・マカナマラが国防長官に就任すると、軍事費の高騰に対処し無駄のない効率的な安全保障・軍備システムを構築するために、総合的なシステム分析の費用対効果分析に基づく国防予算の策定方式：ＰＰＢＳ（Planning Programming Budgeting System）の導入を決定した。国防次官補Ｃ・Ｊ・ヒッチを中心とするランド研究所の分析者達がこれを強く推進した。一九六一年にはＯＥＧの中に経済分析部門が設けられ、また一九六二年には海軍長官はＯＥＧとＩＮＳを統合し拡充することを決定した。しかしこの新しい企画に対してＭＩＴは契約を断り、研究所の運営はフランクリン研究所に委ねられることとなった。一九六二年八月、ＯＥＧとＩＮＳは新しい組織：海軍分析センターＣＮＡ（Center for Naval Analyses）に統合された。ただしＯＥＧの名称はＣＮＡの部局名として残された。新組織の発足後間もなく、ＣＮＡは海軍の実施部隊の戦術分析に関与することになる。海上兵力によるキューバ孤立化計画の封鎖作戦、南ベトナムへのゲリラの侵入阻止作戦、北ベトナムにおける破壊活動等の分析が行われた。一方、この時期、ＣＮＡのワシントン事務所は、軍事行動に関する大規模なデータ・ベースの構築と維持管理システムを確立した。またベトナム戦の激化に伴い、海上作戦の実施部隊を直接支援するためにベトナムに数名の分析員が派遣された。また海軍作戦部：ＯＰＮＡＶ（Office of the Chief of Naval Operations）内に東南アジア戦闘分析グループ：ＳＥＡＣＡＧ（Southeast Asia Combat Analysis Group）が新編され、ＣＮＡはその支援のために東南アジア戦闘分析課：ＳＥＡＣＡＤ（Southeast Asia Combat Analysis Division）を新設した。このグループはベトナム戦での戦闘機の損失、攻撃戦闘と空母防衛、ゲリラ船舶の哨戒監視、艦砲支援等の各種の作戦分析を行った。一九六一年八月、ＣＮＡの契約はフランクリシ研究所からロチェスター大学に移された。一九一〇年代のソ連の軍備増強に対抗して一九八〇年代には米国が軍事力を拡大させるが、このため海軍戦略は世界的規模に拡がり、世界的戦争（Global War）のレベルにおける艦隊の作戦構想が鮮明化されることになった。一九八二年、ＣＮＡは大西洋艦隊の作戦構想に関する広範囲な研究を行い、戦術的革新をもたらす成果を挙げた。この一連の米国の施策の影響は、ゴルバチョフの一九八一年の軍縮路線への政策変換を促し、更に一九九一年にはソ連邦の崩綾に繋がったと言われる。一九八〇年代のＣＮＡは海軍と海兵隊の高級指揮官からの分析支援要求が急激に増加し、トップレベルの重要な意思決定分析に深く係わるようになり、ＣＮＡの分析者は質・量ともに増大した。そのような中で一九八三年には海軍省とロチェスター大学の間でＣＮＡの管理に関する意見の不一致を生じ、公開の競争入札の結果、十月から契約がハドソシ研究所に変更された。ＣＮＡの組織は数年の間にしばしば改編されたが、一九九〇年春、関係機関の間でＣＮＡを独立機関として運営することが合意され、十月から海軍省と直接連携して分析業務を実施する独立機関となった。一九九〇年八月、湾岸戦争の勃発と同時にＣＮＡは二十数名の要員を現地に派遣し、中東において米海軍中東艦隊司令官を始め各級指揮官に対する作戦分析の支援を行った。特にトマホーク巡航ミサイルの目標分析、ＬＣＡＣ（Air-cushioned Landing Craft）の運用、海上事前展開部隊の有効性に関する分析は、本作戦を通じて実証的に検証された。またＣＮＡは砂漠の盾・嵐作戦（Desert Shield / Storm Operation）に関するデータ収集・分析の海軍の主務担当に指定され、この作戦の再構成作業（交戦図の作成と事象や判断のデータ・ベース化）と作戦データ分析を実施し、その後も全ての戦争と海軍作戦の大規模なデータ・ベースを管理することとなった。ソ連邦の崩壊後の一九九〇年代は、第三世界の戦争の脅威が顕在化しかつ分散する新しい戦略環境の中で、海軍の兵力構成や部隊編成、兵力の展開・運用、作戦の態様が大きく変化した。ＣＮＡはそれに関して新たな国家安全保障環境の分析、海軍及び海兵隊の兵力構成、通信機能、沿岸作戦、戦闘海域の調整、教育訓練のあり方等の代替案の効率性及び経済性をテーマとする分析評価を実施し、海軍の意思決定分析の中心的機能を果たしている。

三　米空軍

米陸軍航空部隊（Army Air Corps）のOASが第二次大戦中活発な活動を行い、ORの有効性を実証したことは前述したが、このセクションは平時においても維持されることが決定された。米陸軍航空部隊は一九四一年に陸軍から分離して、空軍として独立した軍種となった。これより前、米陸軍航空部隊の総司令官H・H・アーノルド大将の強い指導により、米軍がヨーロッパ戦線で入手したドイツのロケット技術の完成と将来の大陸間航空作戦の技術を研究するために、一九四五年十二月、ダグラス航空機会社との契約の下でランド計画（Project RAND）が開始された。一九四八年、空軍はこの計画を継続し更に発展させるために、ロックフェラー財団の支援を得て非営利法人のランド研究所（RAND Co.）を設立し、十一月、ランド計画はダグラス航空機会社からランド研究所へ移管された。ランド研究所では研究員六百名（ほかに支援要員五百名）が学問分野別の研究部門に編成されたが、約36％がOR関連の要員であった。ランド研究所の研究業績の一部は前節に述べたが、これ以後ランド研究所は空軍のOR分析の中心として、また世界的な戦略研究所として、現在まで目覚ましい業績を挙げていることは周知のとおりである。一方、空軍内では、空軍規則AFR20－1（Air Force Regulation 20-1）により、空軍省及び米空軍司令部に作戦分析部門が置かれることとなり、また地方部隊の指揮官にはその司令部に作戦分析部門を設置する権限が与えられた。一九五一年時点で地方の十の司令部に作戦分析部門が設置され、九十五名の定員（実員十名。ほとんどが文官）が活動した。当時、ランド研究所は空軍の将来システムの問題を主な研究テーマとしており、部隊司令部の作戦分析部門は現時点の部隊レベルの戦術問題に力を集中した。朝鮮戦争中はランド研究所やその他のシンクタンクからの応援も受けた。一九五〇年代中期の空軍司令部の作、戦分析部門（定員二十五名）は五つのグループ：①核兵器、②弾道及び巡航ミサイル、③作戦戦闘情報、④幕僚の作戦計画の作成支援、⑤地方の分析部門の支援、からなり活発に活動した。一九六〇年代に入ると、上述の状況は大きく変化し始める。それは国防省のPPBS導入に伴い、空軍の諸計画に対する費用対効果のシステム分析の需要が爆発的に増加し、また電子計算機のハード・ソフト両面の能力向上に伴うシミュレーション・モデルの開発・維持・管理業務が増大した。そのために分析要員はこれらの業務に振り向けられ、ベトナム戦の作戦分析に十分な対応ができない状況となり、新たな部局の新設や組織の統廃合が頻繁に行われた。一九一一年の空軍研究分析局（Air Force Studies and Analyses Office）の発足もその一つである。一九一〇年代には明確であったランド研究所と空軍部内の作戦分析部門の差異は消滅し、空軍はこれらの機能を強化するために一九九三年には空軍分析研究所（Air Force Studies and Analyses Agency）とモデリング・シミュレーション分析評議会（Directorate of Modeling, Simulations and Analyses）を発足させた。軍事OR技術の研究活動として一九一〇年代半ばまで、毎年、空軍の作戦分析の研究者を中心に作戦分析技術シンポジュウム（Operations Analyses Technical Symposia）が聞かれていた。その後、この研究会は軍事OR学会（Military Operations Research Society）に組織化され、軍穏を越えて秘密事項を扱ラ研究会となった。

　以上、本節では第二次世界大戦後から現在までの米軍の軍事ORの発展について概説した。引き続き次節では、防衛庁のOR・SAの歴史について述べる。

第二節　防衛庁のOR&SA活動の歴史

第二・一節　わが国の軍事OR前史

　これまで英米のORの誕生と発展の経緯を概説したが、第二次大戦期にはわが国でも、当然、科学者・研究者の軍事技術の研究開発への動員を図ることは緊要の施策であった。一九四〇年（昭和十五年）四月、「科学動員実施計画要綱」が閣議決定され、それに基づいて学術研究会議はしばしば改組・拡充された。一九四三年（昭和十八年）八月には、閣議は更に「科学研究の緊急整備方策要綱」を決定し、同年末には学術研究会議に戦時研究班が多数設置され、多くの科学者が軍の要請によって兵器の改良開発に従事した。一方、一九四四年（昭和十九年）九月には「陸海軍技術運用委員会」が設置され、これと緊密に連携して戦時科学研究を推進するために、一九四五年（昭和二十年）一月に学術研究会議の改革を実施し、研究班は大幅に再編成された。第二次大戦期の数学者の戦時研究を系統的に調査した木村［16］は、この時期の「ORに類似した調査分析活動」として次の活動を挙げている。

(一) **内閣戦力計算室**（内閣参事官室。一九四三年〜一九四四年一月）

迫水久常内閣参事官を責任者として、室長橋本元三郎

〈技術院数理課長〉以下、数学者三名ほか工学、医学、農学、労働科学の専門家及び数名の動員学徒達がメンバーとして働いた。研究テーマは、食料問題、航空機や軍需品の生産計画、在庫問題、取替え問題、船団輸送問題等の分析が行われたと言う。例えば航空機の生産予測問題では、従来の航空機工場の能力と一次的原材料のみによる予測ではなく、二次、三次の関連業種の生産活動を含めた循環構造を考慮し、Ｗ・Ｗ・レオンチェフの産業連関分析に似た手法によって十三の関連産業の生産活動を含めて分析した結果、南方からの輸送船舶の高い被害率の下では従来の予測の1／10程度の機数しか生産できないという実際的な結果を得た。この研究室は一九四四年初めに東条首相が研究室を視察した際、今後の戦争の経過予測としていろいろなケースの感度分析を行い、①日本大勝、②やや有利に展開し勝利、③引分け、④やや不利に敗北、⑤惨敗、の五ケースに分けて条件と結果を提示し、部屋からはみ出して廊下にまで貼り出した。ここで「今の日本の状況はどの表に該当するのか」という首相の質問に、橋本室長は躊躇なく惨敗想定の分析表を指さし、「現在の日本はジリ貧で惨敗は必至」と答えた。激怒した首相は、即日、戦力計算室の閉鎖を命じグループは解散された。

㈡　**陸軍航空本部総務部調査班**（一九四二年末（又は一九四三年初め）～一九四五年春）

ドイツ駐在の大谷修陸軍中将が「ドイツ参謀本部の科学的な作戦研究」の日本導入を進言し、これにより航空出身の飯島正義大佐を班長に理工学出身の将校十数名を集めて編成された。大戦敗戦時の軍事資料の焼却のために明確な記録に乏しいが、米国のＢ－29の生産機数予測や統計データによるＢ－29の爆撃来襲時期と機数のパターン分析、ドイツに対する連合軍の航空作戦のデータから本土防空作戦の在り方を分析した事例研究、特攻機の命中率解析による突入戦術の分析等が行われたという。研究成果は参謀本部の参謀達には高く評価されたが、大戦末期には「軍の統制を乱す」という批判が起こり、この調査班の活動は制約され、間もなく解散された。

㈢　**海上護衛総司令部調査部**（一九四三年十一月～一九四五年八月）

海軍では一九四三年十一月に創設された海上護衛総司令部に、多数の要員を配し充実した調査部が置かれた。この組織は通信諜報班による傍受通信の分析をはじめ、物資輸送や軍需・民需の生産活動等、有益な統計資料や調査報告を数多くまとめた[33]。

上述したとおり、わが国でも第二次大戦中に科学的な調査活動や戦術分析の事例があるが、英国のように軍人と科学者の深い信頼関係の中で確立されたＯＲ活動とはならず、また米国のように軍・学・民を通じた組織的なＯＲ活動に成長することもなく消滅した。

(四)　交戦理論・ランチェスター・モデルの研究

上では第二次大戦中の日本の科学的アプローチによる調査分析活動について述べたが、わが国ではかなり古くから交戦理論の「ランチェスター・モデル」が研究されていた[16]。わが国で初めて交戦理論:ランチェスター・モデルを論じたのは、京都大学理学部教授兼海軍教授（砲術学校）野満隆治理学博士（一八八四－一九四六、地球物理学）であった。大正十年十二月（一九二一）の「交戦中彼我勢力逓減法則ヲ論ズ」[32]と題する論文が、海軍砲術学校の教材の参考資料に残っている。ランチェスターの著書「Aircraft in Warfare［21］」の出版は一九一六年であるから、この理論モデルが数年後に極東の海軍で議論されていることになる。この資料は二章二十五頁からなり、ランチェスターの二次則モデルを艦隊の打撃戦に適用し、「第一章：両軍各艦ノ機力、術力、同等ナル場合、第二章：両軍ノ術力相異ナル場合」について、①損害微分方程式、②両軍勢力逓減法則、③劣勢軍ノ全滅時間ト優勢軍ノ残存艦数、④一艦ノ威力係数ノ推定、⑤勢力集中ト機先ヲ制スルノ大利、の五小節の構成（二章は②、③、④で例題の解曲線の図表を添えて二次則モデルを詳細に説明している。単なるランチェスター理論の紹介ではなく、二次則モデルから導かれる兵力集中の原理、威力係数の作用、先制攻撃の効果、敵兵力分断戦術の有効性等の独創的な分析を丁寧に議論している。このようにランチェスターの二次則を艦隊の打撃戦に適用し戦術解析にまで拡張したのは野満博士の独創である。なおこの論文はワシントン海軍軍縮会議の反対論の理論的根拠に利用され、雑誌『大日本』の大正十一年五月号所載の川島清治郎『精兵海軍論』に上述の論文の第一章④節を省略）が掲載されている。またランチェスター・モデルは海軍大学校でも教授されており、井上成美大将の伝記・『井上成美』の資料編に、昭和七年（一九三二）当時、井上大佐は海軍大学校戦略教官）の海軍大学校甲種学生に対する戦略教案「戦闘勝敗ノ原理ノ一研究」[13]が収録されている。この資料ではランチェスターの二次則を詳細に解説し、解の計算図表を付し、法則から導かれる兵理や兵術の原則を述べ、また五つの課題を提出し解答を求めている。（例えばその三・「百発百中ノ砲一門ハ百発一中ノ敵砲百門ニ対抗シ得トノ思想ヲ批判セヨ」。）また学生に配布された「比率問題研究資料」［14］では、二次則に基づき「主力艦ノ保有隻数ヲ英米各十隻日本六隻程度ニ減少スルノ兵術上ノ利害」を考察し、この比率は日本に有利と結論している。それは同じ比率の十五隻対九隻の戦闘では、劣勢軍九隻が六隻に減ずるときの優勢軍の残存隻数は十三・四隻であるから、条約で三・四隻を撃沈したのと同等の効果をもっと述べている。しかし上述の井上大佐の戦術講義も、校長高橋三吉中将から「純数学的な講義は士気に悪影響を及ぼす」と注意されたと伝えられるから、海軍大学校の教育でも数理的な分析が兵術の原理解明の理論として位置づけられてはいなかったと見られる。しかしながら昭和十年〜十二年の間甲種学生として海大に在校した源田実大佐（終戦時）の戦後の著書には、兵力整備や戦術展開に関してランチェスターの二次則の引用や言及が多いことから（例えば［3］）、その後の海軍大学校の教育でも二次則は教授されていたと恩われる。なお今日の交戦理論では艦対艦の打撃戦のような少数単位の交戦は平均値の決定論的モデルではなく確率論的ランチェスター・モデル又は確率論的決闘モデルによる分析が妥当とされている。また野満や井上の所論をフィスケ理論の発展形としている資料があるが、フィスケの論文［2］には理論モデルは示されておらず、ランチェスター・モデルとフィスケ理論の関係が明らかになるのは一九六〇年代のことであるから、損耗微分方程式を基本とする野満の論文はランチェスターの理論の流れに立つものである。以上は海軍でのランチェスター・モデルの記録であるが、陸軍でのこの理論の位置付けについては資料は何も残っていない。一方、民間では昭和十三年（一九三八）の数学教育誌『高等数学研究』に、森本清吾博士がランチェスターの二次則の兵力集中効果を応用した、敵兵力の分断による各個撃破戦術の問題を論じた小論文を発表している［28］。この論文は各個撃破の戦術問題の定式化と問題提起に止まり、その最適解には触れていない。しかしこの論文は決定論的ランチェスター・モデルの兵力損耗方程式の基本的前提である「両軍の砲火の全域的均質性の仮定」を緩和した二次則モデルの改良モデルを述べており、昭和の早い時期に民間の数学者の間でこのような議論があったことは、非常に興味深いことである。その後、ランチェスター・モデルは第二次大戦中に米海軍ＯＲグループが各種の戦術分析に適用し［30］、大戦後は軍事ＯＲの理論研究の中心的テーマの一つとして膨大な研究が蓄積された［8、12］。

上述したように、わが国でも第二次大戦の戦前・戦中にＯＲ活動に似た科学的分析や調査活動はあったが、それらの萌芽は成長することなく枯死した。わが国における組織的なＯＲ活動の原点になったのは、第二次大戦後に導入された米国のＯＲ活動である。

第二・二節　防衛庁のＯＲ・ＳＡ活動

第二次大戦後、わが国では軍事アレルギーが狙糠を極め、今日でもその後遺症は消えやらず、軍事ＯＲの理論研究の学会レベルの活動は望むべくもない状態である。日本ＯＲ学会は二〇〇〇年に設立四十周年を迎えたが、その間の論文誌に軍事的なＯＲ問題の理論研究（例えばランチェスター・モデルや交戦ゲーム等）が発表された事例は皆無であり、一般社会でも問題となる捜索理論や機会目標の選択問題等が、軍事色を隠して稀に発表されるにすぎない。しかしながら防衛庁では、米軍の第二次大戦中のＯＲ分析の研究がかなり早い時期から始められた。また防衛力整備計画の評価等のＯＲの応用研究が行われ、分析担当の組織も整備されていった。即ち一九五三年春、技術研究所にＯＲグループが設置されてＯＲの研究が開始され、一九五四年には陸・空の幕僚監部のＯＲ組織が、少し遅れて一九五六年には海上幕僚監部のＯＲグループが発足している。自衛隊の発足と同時期のことである。大戦の惨備たる敗北の原因が、旧軍の組織的な合理性・科学性の欠如にあることを反省し、科学的な合理的精神を組織運営の中心に据えようとしてＯＲの研究に取り組んでいった先輩達の熱き思いが感じられる。以下に防衛庁のＯＲ・ＳＡ分析の組織の発展を概観する。

一　技術研究本部

防衛庁で米国の戦時ＯＲの研究を始めたのは自衛隊発足以前の保安庁時代であり、一九五三年春、保安庁技術研究所第一部に数理解析担当が置かれたのが、わが国の軍事ＯＲ研究の嚆矢である。このグループは後に防衛庁技術研究本部・第一研究所の数理研究室となった。発足当初、日本周辺の機雷封鎖作戦の企画者Ｅ・Ａ・ジョンソン博士を招き、また一九六一年には米海軍のＯＲＧの指導者Ｐ・Ｍ・モース博士を招聘して指導を受けたという[35]。

二　陸上自衛隊

陸上自衛隊では三自衛隊創設の一九五四年、陸上幕僚監部第三部研究班にＯＲ担当の要員が配員され、一九五五年、幕僚副長直轄の幕僚庶務室研究室が新設されたのに伴い、ＯＲ担当は幕庶研究室に移された。この年、陸幕及び各学校の研究員に対してＯＲ手法の集合教育が始められている（一九六〇年まで継続）。その後、研究室は研究班と改名、一九五八年にはＯＲ担当は研究班のＯＲ別班となり、定員も増強された。次いで一九六三年八月にはＯＲ別班は幕僚庶務室運用解析班として独立し、逐次、増員されていった。この時期は防衛部に所属していなかったので、射撃問題の基礎的な分析や直射小火器、各種防空火器等の個別装備の研究、戦車戦闘の評価モデル等、かなり幅広い部隊レベルのＯＲ研究を実施している。その後、一九七八年二月、組織改編に伴い幕僚庶務室運用解析班は防衛部研究課分析班に改組され、一九八五年四月からは四幕とも分析室と改称した。このように陸上自衛隊のＯＲ活動は一九七〇年代以後、防衛力整備計画に関する装備の選択・編成・防衛能力の評価等を中心としたマクロなＯＲ・ＳＡ分析に移ってくが、これは陸幕に限らず三幕共通の傾向であり、この時期の米国の国防予算システムＰＰＢＳの日本導入の動き（後述）に影響されたものと考えられる。その後、ＰＰＢＳの導入は沙汰止みとなったが、各幕のＯＲ活動がマクロな行政ＯＲに偏重する傾向は続いた。二〇〇〇年度末、陸上自衛隊は各学校の研究部を統合して研究本部を発足させたが、その際、陸幕の分析室は新設の研究本部に移された。ＯＲ担当の研究本部の総合研究部第五課は従来の陸幕分析室より も増強され、行政ＯＲに加えてそれまでは実施されていなかった部隊運用のＯＲ分析も行うこととされた。

三　海上自衛隊

海上自衛隊では一九五六年四月、海上幕僚監部防衛課にＯＲ担当が配員され、一九五九年に研究班（当初の定員Ｕ×三、Ｃ×三）が発足した。一九六一年には部隊研究を主務とする研究班の新設に伴いＯＲ所準の従来の研究班は分析班と改称し、また一九八五年四月に分析室と改められた。このように海幕では当初から防衛課内の班に位置づけられ、二次防（一九六二〜一九六六年）から防衛力整備計画の評価の政策ＯＲの分析を始めた。一方、実施部隊のＯＲ分析の組織としては、まず一九六〇年に実用実験隊第二試験科（運用試験担当）にＯＲ要員が配置され、また一九六三年に第五十一航空隊（実験航空隊）にオペレーショナル・データ班が置かれて運用試験の解析や訓練データの分析等に当った。ただしいずれも一〜二名の配員に過ぎず、本格的な部隊ＯＲの取り組みにはほど遠い状態であった。この体制が暫らく続いたが、一九七五年に航空集団司令部に解析評価室が置かれ、その中にＯＲ班が設置されて部隊の運用問題のＯＲ分析が始められた。そこでは対潜哨戒の重点海域の決定問題、パッシブ・ソノブイの区域捜索や対潜ヘリコプターのデイタム捜索の最適パターンの分析等、各種の戦術問題が分析された［1］。またこの時期、自衛艦隊司令部、各地方総監部、空団司令部、各航空群司令部を結んだ電算機ネットワーク・システム・自衛艦隊指揮支援システムが稼働し始める。それに伴いＡＳＷ連続情勢判断の支援プログラムやＡＳＷの戦術解析の戦闘シミュレーション・モデルが空団司令部のＯＲ班を中心に急速に整備された［6］。それにより従来の兵力整備や作戦準則の評価問題中心の静的なＯＲ分析が、時々刻々変化する作戦状況の動的なＯＲ評価に拡大された。しかし空団司令部の解析評価室は間もなく音響隊の発足に伴って縮小され、空団の部隊運用のＯＲ活動も終息した。また一九七八年には自衛艦隊司令部にオペレーショナル・データの収集・活用のための運用解析室が設置され、一九八五年には更に増強された。その後、プログラム業務隊（一九七九）、音響業務支援隊（一九八二）、電子業務支援隊（一九八三）、運用開発隊及び装備実験隊（一九八一）、対潜資料隊（一九九四）にも分析要員が配置された。更に二〇〇一年にはプログラム業務隊が解隊され、指揮通信開発隊、艦艇開発隊及び航空プログラム開発隊に再編されＯＲ要員が配置されている。現在の海上自衛隊のＯＲ業務は、海幕の行政ＯＲ、自衛艦隊司令部以下の部隊運用及び研究開発のＯＲに区分され、海幕の行政ＯＲの二〜三倍の要員が自衛艦隊司令部以下に配置されている。

四　航空自衛隊

航空自衛隊では、一九五四年七月、防衛庁の発足と同時に航空幕僚監部装備部装備第一課にＯＲ担当が置かれ、一九五七年には装備部技術一課分析班となり（当初の定員Ｕ×二、Ｃ×一）、一九五八年には技術部の新設と共に技術第一課分析班となった。更に一九五九年には防衛課に移り、逐次増員され、一九八五年に現在の防衛課分析室になった。ＯＲ班の発足当初はＴ－１やＦ86Ｆ搭載の空対空ロケットの性能評価、航空作戦のシミュレーション等の研究に当ったが、防衛部所属となってからは防衛力整備計画策定の各種の分析、特に航空自衛隊の中核的な装備である戦闘機等の機種選定問題の分析評価が中心的なテーマとなった。一方、部隊レベルでは一九七〇年代に航空総隊司令部に分析要員が配置されたこともあったが、その後中断し、一九九五年に同司令部防衛課に研究室が設置されて、逐次、増強されていった。

五　統合幕僚会議事務局

統幕では統合作戦レベルの中期計画の評価グループとして。一九六〇年二月に第五幕僚室にＯＲ班（定員：班長ほか陸海空自衛隊から各三名）が設けられ、一九八五年四月には分析室となった。

六　防衛庁内局システム分析室

前述したとおり一九六〇年代後半、大蔵省主導で米国の国防省のＯＲ・ＳＡを基本とする計画策定・予算編成システム・ＰＰＢＳ（Planning Programming Budgeting System）の導入の動きがあり、一九六九年四月に防衛庁経理局に準備室としてシステム分析室が置かれた。その後、米国のＰＰＢＳの凋落と共にその導入は沙汰止みとなったが、システム分析室は性格を変えて防衛局計画官付のシステム分析室となった。平成四年に防衛局計画課システム分析室に改編され、長・中期兵力整備計商のＯＲ分析グループとなり、現在は計画課の装備体系・システム分析室と称している。なお内局システム分析室が中心となり一九八六年から米太平洋軍司令部のＯＲ関係者と防衛庁のＯＲグループのセミナーが定期的に聞かれ（二〇〇一年に第十回を開催）、日米の軍事ＯＲの交流が行われている。

七　教育組織

防衛庁のＯＲ組織の発展に伴いＯＲ要員養成の教育組織も整備されていく。防衛大学校・理工学研究科（前期課程）は一九六二年に十一講座（系列と呼ばれた）で発足したが、その中に軍事ＯＲを教育研究のテーマとするＯＲ－Ⅰ：運用分析系列が開講された。その後、一九六六年に確率過程や待ち行列理論をテーマとするＯＲ－Ⅱ（応用確率）、一九六八年には信頼性理論のＯＲ－Ⅲ（システム工学）、一九六九年にシステム理論のＯＲ－Ⅳ（計画管理）の四系列が開設され、それぞれ応用物理学、数学物理学、電気工学、応用物理学の各教室に所属した。これらの四系列でＯＲ専門を形成し、学科横断的な教育が二十数年間行われた。その間、一九九一年度の卒業生からは本科・研究科ともに開校以来懸案の学位授与が実現し、研究科の卒業生には学位授与機構の審査を経て修士（工学又は理学）の学位が授与されることとなった。またそれに伴い一九九六年度には理工学研究科の再編成が行われた。その組織改編では研究科は本科の学科に直結して置かれることとなり、従来の理工学研究科のＯＲ専門は学科横断的な構成であったために廃止され、それぞれの縦割りの学科の中に分散配置されて、整合性のないＯＲ教育が行われる事態に立ち至った。今日のシステム科学は、人間及び社会科学、ＯＲ、数理科学、計算機科学を横断的につないだ学際的研究・教育が常態であるのに反して、まことに無定見な組織改編であったと言わざるを得ない。更に防衛大学校は二〇〇〇年度に従来の教室講座制を改め、学群制に移行した。その際、管理運営組織や本科教育のカリキュラムは大幅に改編され、本科のＯＲ教育は電気情報学群の情報工学科に集められたが、理工学研究科は旧制度のまま存続された。しかしこのままでは本科の専門教育と整合しないので、早晩、研究科前期課程の再編成が必要である。また二〇〇一年度から理工学研究科の後期（博士）課程として三専攻（電子情報工学系、装備・基盤工学系、物質・基礎科学系）の十二研究分野が開設された。その中でＯＲは電子情報工学系専攻の情報知能メディア学・教育研究分野に位置付けられた。また海上自衛隊では一九七九年から毎年一～二名のＯＲ研修（運用分析研究室、期間一年）を実施している。

一方、一九七〇年には陸上自衛隊業務学校にＯＲ課程：研究技法課程（長短二コース）が開設され、海・空自衛隊の学生も受け入れてＯＲ要員の教育が始められた。二〇〇一年には業務学校は調査学校と統合されて小平学校となり、この課程はそのまま引き継がれた。小平学校では情報化時代に対応する自衛隊の情報処理の要員を養成するために、システム教育部が置かれ、システム、ＯＲ、戦闘シミュレーションの課程教育を実施している。

以上、防衛庁のＯＲ・ＳＡ組織の発展の経緯を述べたが、現在の防衛庁のＯＲ・ＳＡ組織の概略を示せば、図１のとおりである。図１は防衛庁全体の概略のＯＲ組織図であるが、前述したとおり海上自衛隊では一九七〇年代の後半から海幕の行政ＯＲ以外に自衛艦隊司令部以下の実施部隊のＯＲ組織の充実を図り、オペレーショナル・データの収集処理や部隊運用の戦術分析、研究開発の企画、実験結果の分析等を行っている。これらの部隊ＯＲの組織は二〇〇一年度に再編成されたが、その要員数は海幕分析室の要員の約三倍弱の規模に達しており、海幕の行政ＯＲと並んで実施部隊の運用ＯＲ及び研究開発のＯＲ活動を重視する態勢をとっている。このことから直ちに海上自衛隊が実施部隊の運用や研究開発のＯＲ機能が確立されているとは即断できないが、海上自衛隊のこのような努力によって将来のＯＲ活動の新たな展開と充実が期待される。また前述したとおり陸上自衛隊でも二〇〇一年度末から行政ＯＲの組織を陸上幕僚監部から研究本部に移し、要員を増員して部隊運用のＯＲ分析も実施す

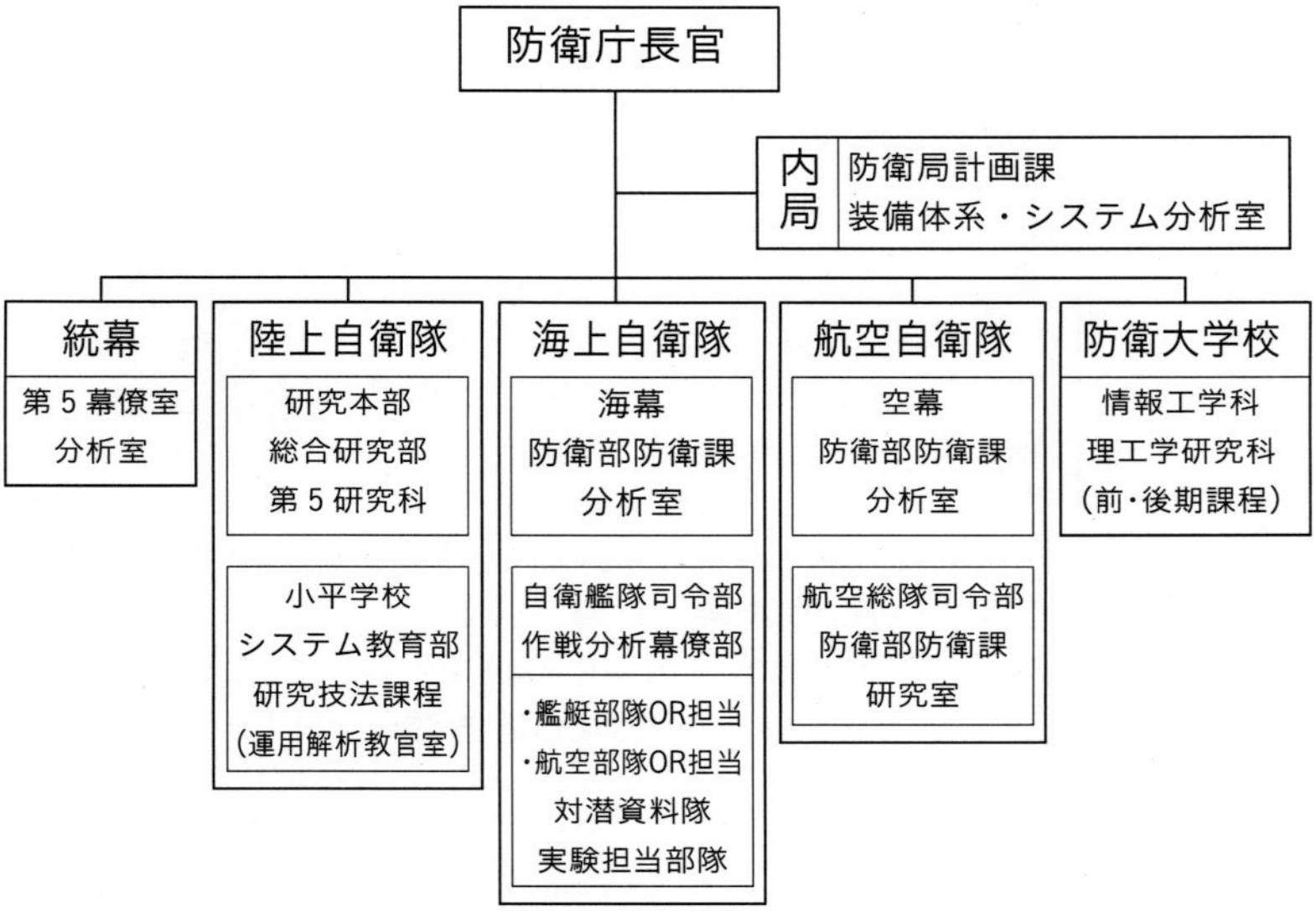

図１．防衛庁のOR組織図（2002.3.現在）

ることとなり、更に航空自衛隊でも航空総隊司令部の研究室が最近強化された。

以上、防衛庁のＯＲ活動の歴史を概説したが、これを整理したものが表４である。

本節では防衛庁のＯＲ・ＳＡ活動の発展の経緯を概説した。前述したとおり科学技術の研究分野の分化・専門化の流れはＯＲの分野でも例外ではなく、第二次大戦中に誕生したＯＲは、戦後の発展期を経て成熟するに伴い、学術的な理論研究の分野と、実社会の意思決定分析をテーマとする応用的ＯＲ分析の活動とに分離していった。次節では軍事ＯＲの活動を、このような理論研究と応用的実施研究とに分けて概観する。

第三節　軍事ＯＲの理論研究と応用研究

第三・一節　軍事ＯＲの理論研究

前述したとおりＯＲを「各種のシステム分析技法に支えられた合理的意思決定分析の科学である」と見るならば、一般的なＯＲの理論のほとんど全ては防衛問題に関する意思決定分析に応用できる。しかしながら軍事ＯＲの理論研究を「軍事問題に固有のＯＲ分析上の数学モデルや戦闘プロセスの特性分析の理論（所謂、戦闘モデ

表４．防衛庁におけるOR組織の発展の経緯

年	所属	事　　項
1950	全	警察予備隊発足。
1952	全	海上警備隊発足。
1953	技研	保安庁技術研究所第１部に数理解析担当を配員。（後、防衛庁第１研究所第５部数理研究室。）
1954	全	防衛庁、陸海空・３自衛隊発足。
〃	空	空幕装備部装備第１課にOR担当を配員。1957：技術１課分析班。1959：防衛課分析班。1985：防衛課分析室。
〃	陸	陸幕第３部の研究班にOR担当を配員。1955：幕僚庶務室研究班の一部に改組。1963：幕庶運用解析班として独立。 1978：防衛部研究課分析班。1985：防衛課分析室。
1956	海	海幕防衛課にOR担当を配員。1959：防衛課研究班。 1967：同分析班。1985：防衛課分析室。
1960	統幕	統幕第５幕僚室にOR班が発足。1985：第５室分析室。
〃	海	実用実験隊第二試験科にOR要員を配員。
1962	海	第51航空隊（実験航空隊）にOR要員を配員。
〃	防大	防衛大学校理工学研究科のOR-I系列（運用分析）が開設。その後、数年おきにOR-Ⅱ（応用確率）、OR-Ⅲ（システム工学）、OR-Ⅳ（計画管理）の３系列が開設。４系列でOR専門を形成。
1969	内局	経理局システム分析室が発足。（現防衛局装備体系・システム分析室。）
1970	陸	業務学校にOR課程（研究技法課程）が発足。
1975	海	航空集団司令部・解析評価室OR班が発足（数年後に廃止）。
1978	海	自衛艦隊司令部・運用解析室が発足。以後逐次、プログラム業務隊、運用開発隊、対潜資料隊等の実施部隊にOR要員を配置。
1985	全	統・陸・海・空・４幕のOR班を分析室に昇格。
1995	空	航空総隊司令部防衛課に研究室を設置。
1996	防大	防衛大学校・理工学研究科の再編成：OR専門の廃止。
2000	陸	研究本部が発足。陸幕・分析室は研究本部に移る。部隊ORを開始。
2001	陸	業務学校と調査学校を統合、小平学校となりシステム教育部が発足。
〃	防大	防衛大学校理工学研究科・後期課程開設。
〃	海	部隊OR組織を指揮通信、艦艇装備、航空、その他に再編。

ル）」と狭義に限定すれば、次の理論研究分野（又は理論モデル）が挙げられる［8、34］。

一　搜索理論（Search Theory）

捜索理論は目標発見の効率化の理論であり、第二次大戦中の米海軍のＯＲグループ：ＡＷＯＲＧのクープマン（B.O. Koopman）博士を中心とする研究者達の対潜捜索問題の研究［26］によって体系化された。捜索行動は人間にとって日常的な行動であり、その効率化・最適化のニーズは決して軍事問題に固有のものではない。しかしながら広大な大洋中を隠密裏に行動する高性能潜水艦の捜索は非常に困難な捜索問題であり、それはまた米ソ冷戦時代の核戦略を支える弾道ミサイル搭載の原子力潜水艦に対する鍔競り合いの捜索問題であったので、多彩かつ精緻な理論研究が行われた。それは一九九一年にポルトガルで聞かれたＮＡＴＯ主催の技術研究シンポジユームが「捜索理論」をテーマとし、特別課題に「移動目標の最適捜索問題」を取り上げ、世界各国の研究者が多数集って熱心な討論が行われたことからも知られる［4］。この分野の理論研究は、①目標分布の推定、②捜索センサーの探知理論、③捜索オペレーションの特性分析、④捜索計画の最適化、の研究に大別される。また軍事捜索では逃避・欺蛸等の対応行動を考慮する必要があるので、双方的な捜索ゲームや先制探知問題等、軍事捜索に特有の理論的研究がある［11］。

二　射撃理論（Firing Theory）

射撃理論は射撃による目標撃破の確率論的特性の分析と、その効率化・最適化の理論である。戦闘射撃の特性分析問題は軍事に特有のＯＲ問題であり、射撃の応用確率論と言うことができる。ここでは射撃システムの確率要因を、①目標位置の不確実性（目標分布）、②砲の特性のバラツキや砲座の堅確性等による射弾の散布（武器誤差）、③照準・射撃指揮装置の照準誤差や動揺修正、弾道計算等の誤差（照準誤差）、④発射・飛弾段階の弾道誤差、⑤弾の威力や目標の脆弱性及び弾着点と目標の距離の関数として目標撃破確率を表わす損傷関数（小目標の場合）又はカバレッジ（大目標の場合）、の五つの確率変数で扱い、各種の形状の目標に対する単発撃破確率や、多数発射撃の目標撃破確率を求める。また射撃の最適化モデルは、資源配分の最適化理論の応用であるが、サルボ射撃やパターン射撃等の射法の最適化問題、弾着観測に基づく逐次修正射撃及び目標撃破の評定を含む観測射撃（Shoot-Look- Shoot）の最適化問題、既出現目標又は逐次出現目標に対する最適火力配分や兵力指向問題等、各種の問題が研究されている［12］。

三　交戦理論（Combat Theory）

交戦理論は撃ち合いの兵力損耗過程と交戦の最適兵力配分を分析する理論モデルである。前述の射撃理論と交戦理論の違いは、前者が一方的な射撃の効率化を図るのに対して、後者は交戦に伴う両軍の兵力の変化、勝利の条件、残存兵力、交戦時間等の評価や、交戦中の最適な火力指向や兵力配分に関心がある。この研究は、①両軍の平均的な兵力損耗の経過を連立微分方程式で扱う古典的なランチェスターの決定論モデルやその拡張モデル、②異種混成兵力のモデル、③兵力損耗プロセスを確率過程として扱う確率論的ランチェスター・モデル、④撃ち合いでの先制撃破を分析する確率論的決闘モデル等の研究がある。また異種混成兵力関の交戦でランチェスター型の兵力損耗の微分方程式をシステムの運動方程式として、敵の撃破兵力、我の残存兵力、残存兵力差（優勢度）等を目的関数とする火力指向の最適制御を求める問題（Isbell-Marlow 問題）や、第一線の交戦部隊と後方部隊等からなる構造化された軍団関の交戦での火力指向の最適化問題の研究等がある［12］。

四　資源配分モデルの応用（Resource Allocation Problem）

資源配分モデルは応用性の高い一般的なＯＲ理論の一つであり、一定の総資源量の制約下で、各種のジョブに如何に資源を配分するのが最適かを求める。この問題は数理計画法（線形計画法、非線形計画法、整数計画法、動的計画法）や変分法を適用して解かれる。乙のモデルは一般的理論であるので、捜索、射撃、交戦等の軍事問題の最適資源配分問題に適用され、捜索計画の努力配分や交戦の最適兵力配分等の多くの事例研究がある。最適資源配分の最初の論文は捜索努力の最適配分を扱ったクープマン博士の論文である。ただしこのモデルは相手の対応行動を考慮しない一方的な最適化モデルであるので、軍事問題（特に戦闘モデル）にこのモデルを応用する場合は、目標側の対応行動（防御や反撃等）に対する資源投入効果の影響を考慮する必要がある。

五　機会目標問題の応用（Opportunity Assignment Problem）

一般的なＯＲ理論の機会目標の選択問題や最適資源配分問題は、確率的に出現する投資機会に、どの程度の資源を投入すべきかを求める問題である（投資機会が一回の場合は最適停止問題と呼ばれる）。この最適化問題の軍事的な応用として、逐次出現目標の選択や最適射弾配分が研究されており、動的計画法を応用して解かれることが多い。この問題では、作戦期間と攻撃資源の総量が制限されている状況下で、目標撃破確率、会敵目標数やその価値等が確率的に分布し、事前には確定できない場合に、作戦期間中の総戦果を最大にする最適な攻撃資源配分（各時点で会敵したいろいろなレベルの価値や特性をもつ目標に対する攻撃兵力の配分基準）を求めるものである。作戦期間中に補給が受けられない状況下の機会目標の目標選択や兵力配分問題がこれに当たる。またこのモデルの拡張モデルとして、会敵率が不明な場合、目標の防護力や反撃力を考慮する場合、指向兵力と弾薬の2種類の資源を考える場合（残存兵力は再使用可能であるが、弾薬は消費される）、目標攻撃時の拘束時間がある場合、護衛又は防御戦闘の場合、目標の捜索や弾薬補給のコスト、スクラップ・コストを考慮する場合等、各種の状況のモデルが研究されている。

六　ゲーム理論の応用（Game Theory）

全知的合理性（予測や決定に誤りのない完全な合理主義者）の相手を想定して、資源配分問題を双方化したモデルがゲーム理論である。軍事的な戦術問題は、敵味方が明瞭であり、通常、支払の零和（われの戦果は敵の損失）の概念が成り立つので、二人零和の単純な型のゲームに定式化できる場合が多い。ゲーム理論応用の軍事ORの問題としては、次に列挙するいろいろな形のゲーム理論モデルが研究されている［8、34］。

(一)　捜索ゲーム（Search Game）

①　潜伏・捜索ゲーム（Hide-and-Search Game）　目標は複数の地域（又は地点）のいずれかに静止して潜伏し、捜索者は一定量の総捜索努力を各地域に配分して捜索する一段階の捜索ゲームである。捜索者と目標が取り合うゲームの支払は、目標発見確率、期待捜索コストや期待利得（目標発見時の報酬－捜索コスト）の場合が研究されている［11］。目標が複数の経路の中の一つを選んで移動する場合（経路型移動目標という）も上述の静止目標と同様の一段階ゲームとして定式化される。

②　逃避・捜索ゲーム（Evasion-and-Search Game）　目標は移動可能であり、捜索者の過去の捜索地域（又は地点）の履歴を知って逐次的に潜伏位置を変更できる場合の多段階捜索ゲームである。捜索資源が各時点で制約されている場合は、問題は時点ごとのゲームとなるので、目標のエネルギー制約（在来型潜水艦の動力電池容量）や使用速度とエネルギー消費率等を考慮した現実的な捜

索ゲームが研究されている。

③　**待ち伏せゲーム**（Ambush Game）　目標は複数の経路の一つを選んで移動し、捜索者は経路上又は経路の交叉点に捜索努力を配分して待ち伏せる捜索ゲームである［1］。

㈡　**攻防戦の兵力配分ゲーム**（Col. Blotto Game）　資源配分問題を攻防の双方的な意思決定問題に拡張したものであり、両軍それぞれの総兵力を制約条件として、攻者は総戦果の最大化を図り、防者は損害が最小になるように、それぞれ複数の正面に最適に兵力を配分するゲームである。ミサイル攻防戦等の軍事問題に適用されるゲーム問題として、いろいろなモデルが研究されている。

㈢　**決闘モデル**（Duel）　競争状況下の行動の最適タイミングを古典的なピストル決闘で抽象化したゲームであり、決闘者が接近しつつ、いつピストルを発射するのが最適かをゲーム理論で分析する。

①　**静粛な決闘モデル**（Silent Duel）　相手の行動（発射）が観測できず適応行動がとれない決闘ゲームである。

②　**ノイジィな決闘モデル**（Noisy Duel）　相手の行動の観測に基づき適応的に戦術変更ができる決闘ゲームである。更に拡張モデルとして複数発の射撃ができる場合や、非対称型（一方が静粛、他方がノイジイ）の決闘モデル等も研究されている。このモデルは拳銃発射をある行動の実施、弾数を意思決定回数、単発撃破確率の距離分布を行動成功率の時間分布、ゲームの静粛性を情報構造等と読み替えれば、一般的な意思決定問題の最適タイミングのモデルとなる。

㈣　**微分ゲーム**（Differential Game）　制約条件にシステムの状態変化を表わす微分方程式の運動方程式が含まれる場合の連続時間のゲームである。システムの運動方程式の内容に応じて、いろいろなゲームが分析されており、軍事応用としては次のゲームが研究されている。

①　**追跡ゲーム**（Pursuit Game）　両プレーヤーの制約条件が連続的な運動の軌跡を表わす運動方程式で与えられる場合のゲームである。

②　**逃避者に対する照準ゲーム**（Aiming and Evasion Game）「戦艦と爆撃機のゲーム」とも呼ばれ、ジグザグ運動をとって回避する戦鑑の回避戦術と、弾着までに時間遅れがある爆撃機の照準点の選択ゲームである。

③　**交戦ゲーム**（Combat Game）　制約条件としてランチェスター型の兵力減耗微分方程式が与えられる場合の両軍の兵力（又は火力）の最適指向を決定する交戦ゲームである。前述の Isbell-Marlow 問題を双方型のゲーム・モデルに拡張したモデルである［12］。

七　マルコフ連鎖モデルの応用（Markov Chain Model）

システムがある状態から別の状態に確率的に変化する場合、システムの長期的なふるまい（任意の時点の状態分布やある状態に到達するまでの経過時間分布等）を一回の状態変化の推移率によって定式化し、プロセスの確率的な特性値を理論的に求めるのが確率過程モデルである。特に状態が離散的で推移率が定常的な場合、マルコフ連鎖と呼ばれ、比較的簡単に各種のプロセス特性値が求められる。一般的なＯＲ問題では、システムの混雑問題を分析する待ち行列理論やシステムの信頼性解析等に広く応用されるが、この理論モデルの軍事応用として、対潜各種戦（区域哨戒、掃討、護衛、パリヤー哨戒、虚探知問題、欺瞞問題等）の分析に多くの適用例が報告されている［11］。待ち行列理論モデルや信頼性問題の場合は、全ての状態間で推移可能な連鎖（エルゴディック連鎖という）の定常状態が問題となり、定常分布が確率の平衡方程式から求められるが、軍事行動のマルコフ過程では目標撃破や目標離脱等の決着（吸収状態という。このとき連鎖は吸収マルコフ連鎖と呼ばれる）があるので、その状態に到達するまでの過渡状態の時間経過を分析する必要があり、解析は定常状態の分析に比してかなり複雑となる。

最近の軍事技術の進歩は、武器の能力、交戦の様相、戦術、兵力展開や状況変化のスピードを劇的に変化させ、いわゆる戦場の革命ＲＭＡ（Revolution in Military Affairs）が急速に進展した。即ちセンサー、精密制御、デジタル情報処理、高速通信及び衛星の利用等のハイテク諸技術の発達によって、戦場の情報の精密化・高速化が飛躍的に進み、また精密誘導兵器が著しく進歩した。そのため湾岸戦争（一九九一）、コソボ空爆（一九九九）、アフガン戦闘（二〇〇二）等に見られるように、交戦態様及び戦場の様相は従来とは全く一変してしまった。しかるに上述した軍事ＯＲの理論研究は、必ずしもこれらの環境の変化を十分に反映していない。それらはいわば一世代以前の戦闘の戦術分析理論と言えよう。今後の軍事ＯＲの理論研究は、現代の兵器の進歩とそれに伴う戦術・運用の変化に歩調を合わせて、研究内容を変革し充実させなければ、「軍事問題の意思決定の科学」としてのＯＲの役割を果たすことはできない。新時代の新たな軍事ＯＲの理論研究の速やかな展開が渇望される所以である。しかしこのことは従来の軍事ＯＲ研究や理論モデルが無意味になったと言うことではない。最近のＲＭＡの状況を踏まえて展開される新たな軍事ＯＲにおいても、戦闘プロセスの定量的分析モデルの構造や解析技法は、基本的には従来の理論モデルと共通の要素が多く、これまでに蓄積された軍事ＯＲの知識は新たなＲＭＡ環境下のＯＲ理論モデルの骨格となり、また戦術評価と意思決定分析の基礎として役立つであろう。

第三・二節　軍事ＯＲの応用研究

軍事ＯＲの応用的な戦術問題の研究は、上述した学術レベルの理論研究に対して、現実の具体的な問題について調査・分析を行い、最適な実行計画を策定する意思決定分析である。即ち将来システムについて調査・企画・試設計を行い、実行計画の代替案を創出・列挙し、評価モデルやシミュレーションによって各代替案の評価を行い、最適案を分析して意思決定者の判断を援ける活動である。ここでは新システムの選択問題とし述べたが、戦術や行動方針等の決定問題でも同じである。しかし防衛問題の応用研究は「高度の秘密事項」が多く研究事例が公表されることはほとんどないが、前述した米軍の応用的なＯＲ・ＳＡ分析や、これまでの自衛隊の研究事例及び今後考えられる応用研究等を列挙すれば、次の問題が挙げられる。

一　兵力整備計画やシステム計画のＯＲ・ＳＡ

㈠　**中期防衛力整備計画（中期防）のシステム分析問題**　脅威の変化を予測しそれに対処するための防衛力整備の総合的な質と量のＯＲ・ＳＡ分析であり、通常、五年ごとに行われる。特に現在では技術の急速な進歩に伴うシステムの質的検討が重要視される。この分析では兵力構成と新たに導入される新装備や事業計画の費用対効果分析が行われる。また冷戦構造崩壊後の極東の軍事情勢の変化により、従来の脅威対抗型の防衛力整備のあり方が見直され、基盤的防衛力の造成や、ＰＫＯから局地紛争及び大規模防衛行動事態に至る各種の危機管理事態に対する基幹戦闘単位の対処能力を基本とする防衛力整備等について検討されている。

㈡　**主要装備やシステムの機種選定問題**　航空機や各種の装備のシステムの選定に関する代替案の評価及び費用対効果分析

㈢　**施設の配置や更新計画の経済性分析**

二　部隊運用に関するＯＲ

㈠　**部隊運用の基本戦術のＯＲ分析**　各種の戦闘における基本戦術の準則やドクトリン設定のためのＯＲ分析で

あり、標準的な状況設定と事態シナリオについて各種の戦術代替案を検討評価し、基本的な行動方針や行動基準を明らかにする。

㈡　**部隊の事態対処能力の評価に関するＯＲ分析**　防衛行動事態の状況下での交戦等における対象目標の撃破能力やわれの被害の算定、及び弾薬・ソノブイ・燃料・糧食等の作戦資材の所要量の見積り等の分析が行われる。

㈢　**防衛行動事態における指揮官の意思決定支援及び幕僚要務の支援**　連続情勢見積りと動的な脅威評価及び対処行動や戦術の有効性のＯＲ分析であり、前項とは異なり現実に生起した事象の時系列から今後の対象目標の行動予測を行い、また自軍の兵力展開を考慮して具体的な対処行動を分析評価する動的なＯＲ分析である。

㈣　**整備システムの運用に関するＯＲ分析**　艦艇、航空機、戦闘車両、武器システム等の整備システムの効率的運用及び機器の点検・修理・整備計画に関するＯＲ分析。

㈤　**後方支援問題のＯＲ**　調達、補給及び在庫管理システムや、個艦・個機の保有する予備品の定数等に関する効率化のＯＲ研究。

㈥　**大規模な事業や作戦行動の実施スケジュールの時間管理（ＰＥＲＴ、ＣＰＭ）のＯＲ分析**　例えば日本周辺の大規模な防衛機雷原の構成に関する機雷の備蓄管理・火薬倖填・内機調定・輸送・敷設オペレーションのスケジュールや、離島防衛の陸海空の統合作戦の行動計画分析等の研究事例がある。

三　研究開発に関するＯＲ・ＳＡ

㈠　**研究開発計画に関するＯＲ・ＳＡ分析**　研究開発の対象となる新装備の艦艇、航空機、戦車等の主要装備の運用構想と、期待性能及び要求性能や各種の戦闘状況下における戦闘能力を幅広く評価し、開発目標を明確化するＯＲ・ＳＡ分析。

㈡　**研究開発の各段階における諸試験**　性能試験、実用試験、運用試験、性能改善試験等の計画と試験結果の評価に関するＯＲ分析。

四　データ・システムや評価システムの維持管理に関するＯＲ

㈠　訓練データ、オペレーショナル・データの収集・処理とその解析・評価に関するＯＲ分析

㈡　防衛問題に関する兵術及び技術情報のデータ（戦術研究、術科研究、諸試験、訓練データ）の蓄積・検索・流通システムの維持管理

㈢　作戦指揮支援システム中の作戦情報処理や連続情勢

見積り等の応用プログラムの設計と維持管理及び運用データの管理

㈣　ウォー・ゲーミングや戦闘シミュレーションのシステム開発・設計、及びそれらのシステム運用のデータ・ベースの維持管理

㈤　航空機、艦艇、武器システム等の整備データの管理と信頼性解析

五　その他

㈠　教育、人事に関するシステムや施策の効果の分析

㈡　隊員の意識調査、隊員募集等、人的要素の評価や諸施策に関する有効性の分析と評価及びデータ管理

㈢　自衛隊の医療システムの展開に関するＯＲ分析

㈣　防衛の基本問題の研究

イ　有事における（邦船積み取り）海上交通輸送量と護衛所要船舶量の見積り

ロ　有事における輸入量減少の見積りとそれによる産業構造及び経済動向の変化の予測

ハ　防衛関連の費用分析、等々。

以上、現実の防衛問題に関するＯＲ・ＳＡ分析の応用分野を列挙した。勿論、ＯＲ・ＳＡの応用分野が上記の項目で網羅されたり、或いはこれらに限定されるわけではなく、今後、現実的な要請から新たな問題が続々と提起されるであろう。また上述した事項の中には、防衛問題に固有のものではなく一般社会でも頻発する問題が含まれ、一般的なＯＲ・ＳＡの手法や応用プログラムが普及している場合も多い。更に防衛計画や戦術行動の意思決定問題では、通常コスト概念が不明確であるが、防衛力整備計画のシステムの選択問題ではしばしばライフ・サイクル全般の費用対効果分析が求められる。また上述した防衛関連のＯＲ・ＳＡの応用研究は、非定型的な複合問題であるのが普通であるから、前節に述べた軍事ＯＲの理論研究の捜索理論、射撃理論、交戦理論、資源配分問題や機会目標問題、ゲーム理論及びマルコフ連鎖モデル等の軍事応用等、の理論モデルだけで解決策の求まるようなものではない。しかしながら防衛問題の応用的なＯＲ・ＳＡ分析の基礎として、或いはサブ・システムの性能を評価する上で、軍事ＯＲの理論研究は重要な役割をもつことが多い。

第四節　軍事ＯＲの彰往考来

これまで述べたように第二次戦中のＯＲ活動の輝かしい成功と戦後の理論及び応用研究の進展は、新しい科学の分野としてＯＲを生み出し、ＯＲ研究は戦後の一時期、

ブームとなった感がある。そのブームは電子計算機の発達と共に進行して、ＯＲの適用範囲をますます拡大した。一九六〇年代の米国の国防予算の策定システムＰＰＢＳの構築やＳＡを提唱する人々の主張に見られるように、その適用範囲は国家レベルの意思決定問題「政治―軍事分析」にまで拡大された。しかしこのようなＯＲのオーバー・セーリングに早くから警鐘を鳴らすＯＲ専門家もあった。例えば米国ＯＲ学会の第二代会長Ｒ・Ｆ・ラインハートは退任演説（一九五四）で、ＯＲの安易なオーバー・セーリングに対する深い憂慮を表明し、ＯＲ専門家に厳しい自省を求めた。またＯＲ・ＳＡのブームが商売と結びつき官公庁が定量的分析に塗り潰されたとき、ＯＲはまさしく浪花節を数字で語り虚偽を「dress it up with science」する道具となる危険を胎むことも否めない。例えば米国の弾道ミサイル防御網「Safeguard Phase 1」のシステム評価に関する紛糾はその一例である。一九六九年四月二十三日、米上院の特別委員会において弾道ミサイル防御網「Safeguard Phase 1」の必要性についての公聴会が聞かれたが、そこでの争点は、もしミニットマン・ミサイルをＡＢＭ網で護らなければ、一九七五年以後のソ連の先制攻撃に対して、ミニットマン千基のうち何基が生き残れるかという点にあった。ＭＩＴのＧ・Ｗ・ラスジェンス教授は二五〇基と証言し、シカゴ大学教授のＡ・Ｊ・ウォールステッターは五〇基以下と答える。この証言のＳＡ分析結果の食違いについて会議は紛糾した。各証人に対して評価の根拠となるデータや前提事項の提示が求められるが、ラスジェンス教授は書面での回答を約束しながら実行しなかった。民主党の実力者であるＨ・Ｍ・ジャクソン上院議員は激昂し、「ＳＡは科学だろうか？　分析者の人格を信ずることができるだろうか？」という手酷い罵声を浴びせたほどである。ＯＲ・ＳＡはそれを扱う分析者の倫理ばかりではなく、その科学性さえも疑われた。ウォールステッター教授はこの事態を憂慮し、十一月、米国ＯＲ学会（ＯＲＳＡ）会長のＴ・Ｅ・ケイウッドに書簡を送り、このＡＢＭ論争においてシステム分析者達のプロフェッショナリズムが守られたか否かの裁定を依頼した。ＯＲＳＡは学会長自ら委員長となって六名の特別委員会を設け、一年半にわたりこの問題を討議し報告書：「OR Guideline」をまとめ、一九七一年九月の学会誌の特別号として刊行した。国防施策の政治問題にＯＲ学会を巻き込んだこのＳＡ偽証事件は、確固たる方法論の裏づけなしにその範囲を拡大し過ぎたＳＡに対する厳しい鉄槌であった。今日ではＯＲの適用範囲の不用意な拡大については、多くの疑義が提出され、分析の有効性や信頼性を危惧する声が少なくない。射撃・爆撃や捜索問題の分析に成功したのと同類の手法が、世界的規模の軍備管理問題の解析に有効であると見るのは楽観的すぎるし、生産計画の合理化をもたらしたＯＲ手法が、環境問題や難民問題の解析に役立つと考えるのは、あまりに稚拙である。これらの高度に複合化された問題に関する我々の知識や経験は非常に貧弱であり、仮説と実証の科学的サイクルが働かない中で、形式的な定量化と表面的な論理性だけを際限なく肥大させることは、もはや合理性や科学性とは似て非なるものである。ＯＲ技術の錬磨と並行して、その限界について厳しい認識と倫理観を持たない専門家とそれを便宜的に利用する意思決定者が、これまでのＯＲの栄光の歴史を汚す者にならないとは誰が保証できるであろうか。合理性に対する鋭敏な感覚と良識をもつ意思決定者と、高い倫理性に裏づけられた黄金律と鍛えぬかれた分析者の実力によってのみ、ＯＲ は将来とも科学の一隅を占め続けることを許され、意思決定分析の科学としての機能を果たすことができるものと思う。

　ここで脚下照顧、わが自衛隊のＯＲ活動を点検してみよう。表４の年表に見るとおり自衛隊のＯＲ活動は、いずれも実施部隊の作戦行動や諸活動とは遠く離れた六本木の行政官庁：各幕僚監部において発足し、主として予算編成のための評価作業に従事する行政ＯＲの評価グループとして発展したのが特徴である。発足当初の一時期こそ米英のＯＲの勉強と基本戦術の解析に関心が持たれたものの、間もなく陸海空幕いずれのＯＲ班も、長・中期の防衛計画の評価問題と予算編成支援の分析を中心的な業務とするセクションに変貌した。前述した米国の軍事ＯＲの発展に見たとおり、米軍では第二次大戦中はもとより、朝鮮戦争、ベトナム戦争、湾岸戦争及びその他の危機において、ＯＲ分析チームは常に戦場にあった。即ち彼らのＯＲ活動は第一線の砲火の中で血をもってデータを勝いつつ、切実な戦術問題との格闘を通じて成長を遂げてきたと言えるが、わが自衛隊のＯＲ活動はそれとは全く逆の過程をたどり、マクロな行政ＯＲとして始まり、部隊運用の現場を離れて成長し現在に至った。これは中央官庁のＯＲ・ＳＡグループとしては当然の経過であるが、兵力運用の現場の問題を空白にしたまま、しかもデータ・システムの基盤なしにマクロな問題のＯＲ分析に取り組んでいったことは、その後のＯＲ活動の発展に大きな歪みを残すことになった。これまでデータ・ベース構築の努力は（皆無とは言わないまでも）ごく小規模又は特殊な分野に限定され非常に弱体であったことも、作戦分析のＯＲを空論に導く原因となった。このことが今日の自衛隊のＯＲ活動の基本的な体質に大きな影を落としていることは否定できない。海上自衛隊のＯＲ活動に長く従事した筆者の反省をこめた個人的見解ではあるが、防衛庁のＯＲの問題点として次の事項が指摘できると思う［8、9］。

第一点は、ＯＲ活動が自衛隊の現場の問題と乖離したために、ＯＲの本質的な考え方を組織内に定着させることができず、ＯＲに対する実施部隊の信頼と支持を克ち得ることに失敗したことである。前述した英国のブラケット・チームを歓迎する将兵達の群れや、米国のさまざまな危機の現場においてＯＲチームの派遣を要請する部隊指揮官達の姿は、我々のＯＲグループの周囲には遂に見ることがなかった。このことはこれまで国家防衛上の危機に際会することのなかった自衛隊の幸運というよりも、現場のニーズに立脚しないＯＲ活動に対する部隊の不信感の現れであると考えられる。

第二点は、予算編成に関する評価作業という極めて制約されたＯＲ分析に偏ったために、狭い選択肢の中の論証の技術、即ち説明資料の論理構成の技術としてＯＲを倭小化してしまったことである。そこではＯＲが意思決定分析の科学として、「問題解決の体系的アプローチである」という本来の機能で活用されたことはほとんどなかった。このことは第一点の実施部隊のＯＲに対する信頼の喪失とも関係がある。実施部隊では、屁理屈をこねまわす説明などは不要であり、問題解決の事実だけが要求されるからである。

影響の第三点は、ＯＲ活動が作戦・運用の現場と遊離し、しかも信頼性の高いデータ・ベースの構築を怠った結果、ＯＲの分析結果を現実のデータによって検証するという自然科学の基本的なメカニズムが働かなかったことである。このために防衛庁のＯＲは検証されることのない仮定と、それに基づく仮構の論理の連鎖の中で、切実さと活力を喪失してしまった。防衛庁のＯＲ技術者達は事実によって自分の行ったＯＲを試されることは一度もなかった。第二次大戦中、米海軍のＯＲ活動を指導したモース＆キンボール両博士の次の一文は我々にとってすこぶる教訓的である。

「ＯＲを役立てようとするならば、ＯＲを作戦の意思決定の厳しい現実に繰り返し曝らして、毎日変化する要求を突きつけ、鍛え上げなければならない。…そうしなければＯＲは哲学ではあり得ても、科学ではなくなってしまうであろう。［30］」

この言葉は、ＳＡやＰＰＢＳの理念にのみ熱中して、あたかもそれが進歩したＯＲ活動のごとく錯覚し、作戦活動の現場のニーズを顧みなかった結果、我々が失ったものが何であったかを痛烈に指摘している。

第四点は、ＯＲグループの支援を得られなかった実施部隊は、米軍の戦術マニュアルや武器システム等を通じて、長く米軍のＯＲの上澄みだけを安易に模倣し、自ら泥に塗れてデータを集め、部隊運用や戦術の展開を自主的に研究改善するという体質が希薄になってしまったように思われる。翻訳文書の模倣からは創造住に富んだ部隊は生まれない。最近まで信頼性の高いオペレーショナル・データの収集・分析システムは構築されなかったが、このようなデータ軽視の体質が酸成されてしまったことも、その一つの現れであろう。またこのため組織的に獲得した知識に対する意識がすこぶる希薄となり、防衛専門集団としての知的財産に関する価値観を喪失してしまった。これまで各種の戦術研究、術科研究、運用試験等のデータや報告書、訓練データ、防衛関連の論文誌・技術誌のレポート等々の蓄積・検索・流通の防衛専門技術情報システムは全く構築されず、研究作業が終われば報告書は秘文書に登録されて金庫に眠り、数年後にはシュレッダーの餌食となって紙屑と化し、貴重な知識は垂れ流しに失われてしまっている。またこのことが自衛隊のシステム造りの「他力本願」体質を醸成し、今日、技術立国を標携するわが国において、基本的な作戦情報処理システムやデータ・システムさえも、米軍システムの模倣以外には企画できない貧弱な発想と、またその安易な模倣をよしとする一般的な風潮を生み出していると考えられる。曾て昭和七年、帝国海軍が欧米列強に劣らぬ性能の航空機をわが国独自の技術で製作するために、「外国人技師に依存することなく自力で取り組むことを原則とする（七試計画）」ことを各航空機メーカーに指示したことが、名機「零式艦上戦闘戦」を生む基盤となったことを思い起したい。特に意思決定支援システムやデータ・システム、戦術開発の評価システム等は、各国に固有の文化の所産であり、安易に形式だけを外国から移植しても所望の機能を発揮できないという厳しい認識が、システムの企画者に欠けていることは実に憂慮すべきことである。しかもこれらのシステムやプログラム体系の選択は、決して機械装置の選択問題ではなく、それを使う意思決定者の考え方の枠組みを規定し、将来の意思決定の内容を支配する選択であることは、英国の歴史家Ａ・Ｊ・トインビー博士の『歴史の研究』の文明論を絡くまでもなく明らかである。このようにオペレーションやシステムの共用適合性の確保の名の下に、我々は怠惰な選択を行い、将来の意思決定を他国に委ねる危険を犯していることを厳しく認識すべきであると考える。

第五点として指揮官のＯＲに対する姿勢を問題にしたい。「ＯＲ組織がうまく機能するか否かは、それを使うトップの意思決定に対する考え方にある」ことは、企業のＯＲでは言い古されたことであるが、このことは軍事ＯＲについても例外ではない。英国でＯＲの誕生を促したのはロンドシ防空の指揮官パイル大将であり、米陸軍航空部隊のＯＲは第八航空軍司令官スパッツ大将によって始められ、総司令官のアーノルド大将によって全航空部隊に拡げられた。また米海軍のＡＳＷＯＲＧは大西洋艦隊の対潜部隊指揮官ベーカー大佐により始動し、合衆国艦隊司令長官のキング大将によって米海軍全般に拡大され、更に大戦後のＯＥＧの態勢もキング提督の献策によって造られた。また世界的な戦略研究所でありＯＲ技術の開発のメッカでもあったラシド研究所は、アーノルド大将の強い支持によって創設されたことも忘れてはならない。更に米軍のＯＲ活動の節に詳述したとおり、陸海空の軍種を問わずＯＲ分析グループの派遣を切望したのは、常に砲火に曝された第一線の指揮官達であった。

このようにＯＲ活動は常に指揮官によって発動し機能してきた。意思決定者が直面する不確実性への深刻なる葛藤が、ＯＲを必要としたのである。戦場であれ平時の司令部であれ、指揮官が自らの意思決定問題の不確実性を縮小するために、如何に悩み、如何に努力するか、このことが重要である。指揮官自らが意思決定の不確実性に挑戦する姿勢のないところには、ＯＲ活動は存在し得ないと言ってよい。前述したとおり防衛庁のＯＲ活動が行政ＯＲに偏し、部隊運用の現場から遊離した弊害を指摘したが、これを許容したのは指揮官達であり、彼らの「意思決定の合理性の追求」が「論理的な理詰めのシステム思考を嫌う」程度の代物であった証左である。これこそが我々の組織の致命的欠陥の本質かもしれない。これを「日本的意思決定の風土」として大目に見る向きもあるが、それでは我々はあの大戦の惨傍たる敗北から何も学ばなかったことになる。ＯＲは指揮官自身の「意思決定の質を高める」切実なる欲求によってのみ支えられ、ＯＲグループを生かすも殺すも、「意思決定の科学化・合理化」に対する指揮官の取り組みにあることは疑う余地はない。もし自衛隊のＯＲ活動に欠陥があり、役に立っていないＯＲグループがあるとすれば、それは指揮官の怠惰な意思決定の反映であり、その源泉は指揮官自らの姿勢にあると言っても過言ではないと思われる。

最後に第六点として、防衛庁のＯＲ業務の従事者の意識変革を強く要望したい。そのためには先ず分析者自身が、上述した怠惰なＯＲにこれまであまりに押れすぎたことを自覚し、ＯＲは平時の軍隊でも予算要求や報告書作成のためだけではなく、実施部隊の日々の行動の合理化に寄与すべきものであることを確認する必要がある。防衛庁のＯＲに携わる者は、自衛隊の業務の全般の合理化・科学化の推進こそが本来の仕事であり、隊員全体の科学思想の醸成に責任があることを胆に銘じたい。前述の第三・二節に自衛隊のＯＲ応用の分野として列挙した適用分野のほとんどは、自衛隊のＯＲ活動の開始以来四十年を経て今なお手つかずに放置され、その多くは方向付けさえなされていない。ここに挙げた二十項目の分野の適確な意思決定のために、ＯＲをどのように活用できるか、自衛隊の情報革命の成否はこの取り組みにあると思われるが、そのためのアプローチの提案と実施の工夫はＯＲ業務従事者の責任である。この責任を果たすには自衛隊全体の業務に関してＯＲセンスに富んだ専門家の視点で監視を怠らない問題意識が必要であり、ＯＲの理論と技術に関する高いレベルの知識と日進月歩するこの世界の最新情報が要求される。そのためにＯＲ専門家としての日々の研鏡に弛みがあってはならないと思う。わが国では軍事ＯＲの研究は、防衛庁のＯＲ技術者以外は一切手を触れる者のない「禁忌の技術」分野である。従って理論と応用のいずれの面においても、日本のこの分野のレベルを維持し推進する者は、防衛庁のＯＲ分析者のみである。我々軍事ＯＲの技術者にこれを担当する自覚と気迫に欠けるところはないであろうか。生涯教育が一般化した今日、との趨勢に逆行して防衛大学校では理工学研究科の志願者が激減している。特に研究科の軍事ＯＲコースには、海・空自衛隊からは平成三年以後の十年間、戦闘職種の学生の入校はなく、わが研究室は韓国海軍と海上保安庁の船乗り達のＯＲ研修の場になっている。この現状から見ても、自衛隊のＯＲ活動の将来を危ぶむのが、筆者の杞憂であれば幸いである。上述した自衛隊のＯＲ活動の問題点は、その後、部分的には修正されたものもあるが、大勢は今日でも変わらず、しかも事態の深刻さが正しく認識されているとは必ずしも言えない。従ってこれらは過去の過ちであると同時に今日の病弊であり、また解決すべき将来の課題でもある。「事に拠って直書すれば勧懲自ずから顕わる」とは大日本史（水戸藩が徳川光国公の立志以来二百五十年をかけて編纂した三百九十一巻の国史書）の序文の一節であるが、過去の失敗に学ぶことが将来を切り拓く指針となろう。

おわりに

本稿では軍事ＯＲの研究に焦点を当てて、その誕生の歴史と米軍及び防衛庁のＯＲ・ＳＡ活動の発展の経緯をスケッチし、更に軍事ＯＲの理論・応用の研究項目を整理して未開拓の問題を探り、また我々自衛隊のＯＲ活動についていくつかの問題点を考察した。第二・二節に前述したように、三自衛隊では行政ＯＲを実施する各幕（又は陸自研究本部）の分析室と、戦術・運用及び研究開発の部隊ＯＲを所掌するＯＲセクションがあり、組織の骨組みは概成している。また防衛大学校理工学研究科や運用分析研究室のＯＲ研修者、陸上自衛隊・業務（小平）学校の研究技法課程の修了者等も少なからぬ数に上っており、要員養成の教育も（十分とは言えないまでも）かなり進んでいると言えよう。加えて時あたかもＭ&Ｓ（Modeling and Simulation）と情報革命が叫ばれる時代であり、各部の関心もこの方向に収斂しつつある。しかしながら現今の自衛隊のＯＲ・ＳＡ活動には、それに応える動きと改革の熱意は必ずしも見られないように思われる。今日、欠落していることは、「自衛隊の全般的な活動の合理化・科学化と組織の活性化のために、ＯＲを知何に活用するか」というＯＲ運用の哲学と、それを遂行する確固たる意思と、その実行を推進する指導力であると考えるが、如何なものであろうか。

筆者は一九九八年、本稿とほぼ同じ趣旨の論考を海上自衛隊幹部学校の兵術同好会の機関誌『波涛』に投稿し、通巻一六〇、一六一号（二〇〇二・五&七）［9］に掲載された。今回、前稿に手を加えて記述を詳細にし、構成を若干変更して本稿を作成した。その結果、『波涛』の前稿に比して約十ページ増頁となったが、しかし読者中の『波涛』の講読者にとっては、多くの部分で記述が重複したことをお許し頂きたい。また筆者は昭和五十三年に海上自衛隊のＯＲ活動の現場を離れて防衛大学校に着任して以来、過ぎ去った歳月は既に久しく、曾ての経験や知識は今日の正鵠を得ない点も多いと思われる。従って上述の所論に不適切な過言があれば、読者の寛恕と叱正を乞う次第である。

最後に若干の私的な感懐を述べて本稿を閉じることとしたい。筆者は昭和三十九年に公募技術幹部（造船）として海上自衛隊に入隊したが、技術分野の職務には全く関わる事なく、その後は一貫して軍事ＯＲの業務に携わり、昭和五十三年からは防衛大学校のＯＲの教官として勤務し、そのまま平成四年に一等海佐の停年を防衛大学校で迎えた。その後引き続き文官教官として軍事ＯＲの教育・研究に従事したが、それも平成十五年三月には再度の停年を迎え、ここに四十年に亘る軍事ＯＲとの関わりも漸く修業することとなった。この間、筆者は日本ＯＲ学会論文誌、数理科学協会誌、防衛大学校理工学研究報告（欧文誌を含む）、防衛技術協会誌、研究季報（海上自衛隊第一術科学校論文誌）、外国の学会誌等々のジャーナルに軍事ＯＲの論文を多数発表した。これらの論考は筆者自身の研究論文もあるが、防衛大学校の当研究室の理工学研究科学生や研修生の卒業研究を、指導教官の立場から見直してまとめたものも少なくない。常々、軍事ＯＲの研究者として自衛隊の戦術研究に何らかの形で寄与することが己れの職責であり、また幹部学生の苦心の労作を公開の論文誌上に発表することなく研究室の書棚に死蔵することは、指導教官として怠慢であると考えたからに他ならない。（ただし論文発表は完成度の高いものに限ったことは言うまでもない。）卒業生諸君との共同制作によるこれらの論文は、今後も各種の戦術問題のＯＲ分析に直接・間接に応用できる有用な資料であり、将来に亘って自衛隊の貴重な知的財産として役立つものと思う。従ってこの機会にこれまでの筆者の軍事ＯＲの研究を整理・分類して、本稿の末尾に付録としてまとめておくこととした。これらの論文の繙読を希望する読者は、防衛大学校情報工学科運用分析研究室に連絡すれば、（飯田の退官後も）在庫がある限り論文の抜き刷りを提供できると思うので活用して頂きたい。ここに読者諸兄の渾身の健闘と今後の発展を心より祈念しつつ筆を擱く。

（注記　以下の「参考文献」及び「付録 筆者の軍事ＯＲの研究論文リスト」は英文の表題が多いので、横組みとする。）

参考文献

[1] Crowther, J. G. and Widdington, R., Science at War, Philosophical Library INC., N. Y., 1948, 185 pp.

[2] Fiske, B. A., "American Naval Policy," The Proceedings of the United States Naval Institute, Vol. 31, NO.1 (1905), pp.1-80.

[3] 源田実, 真珠湾作戦回顧録, 文春文庫, 1998.

[4] Haley, K. B. and Stone, L. D., Search Theory and Applications, NATO Conference Series, Ⅱ : Systems Science Vol.8, Plenum Press, N. Y., 1980, 277 pp.

[5] Her Majesty's Stationary Office, The Origins and Development of Operational Research in the Royal Air Force Air Pub. 3368, 1963.

[6] 飯田耕司, 福楽勲, ASW 作戦情報処理・戦術解析のためのシミュレーション・モデルについて, 航空集団司令部, 1977, 66 pp.

[7] 飯田耕司, 福楽勲, 戦術オペレーションズ・リサーチ事例集: 第1集 (TAG Rep. No. 1-23), 空集団司令部, 1977, 272 pp.

[8] 飯田耕司, 防衛応用 のオペレーションズ・リサーチ理論：捜索理論，射撃理論, 交戦理論, 三恵社, 2002, 278 pp.

[9] 飯田耕司,「軍事 OR の彰往考来」, 波涛（海上自衛隊幹部学校）, 前編，通巻 160 号（2002.5）, pp. 88-105. 後編, 161 号（2002.7）, pp. 71-91.

[10] 飯田耕司, 宝崎隆祐, 小宮享, オペレーションズ・リサーチ概論（3 改訂）, 黎明社, 2002, 345 p.

[11] 飯田耕司, 宝崎隆祐, 改訂 捜索理論：捜索オペレーションの数理, 三恵社, 2003, 450 pp.

[12] 飯田耕司, 3 改訂戦闘の数理, 統幕5室分析室, 2003, 284 pp.,（CD-ROM 版予定）.

[13] 井上成美伝記刊行会編,「井上成美」, 井上成美伝記刊行会, 1982, 資料編（その四）「戦闘勝敗ノ原理」,（昭和 7 年 4 月）, pp. 80-86.

[14] 同上, 資料編（その五）「比率問題研究資料」,（昭和 7 年 5 月）, pp. 86 -91.

[15] Johnson, E. A. and Katcher, D. A., Mines Against Japan, U. S. Nav. Ord. Lab., 1973.（海上自衛隊幹部学技研究部訳.）

[16] 木村洋,「第二次世界大戦期における日本人数学者の戦時研究」, 京都大学数理解析研究所講究録 1257（数学史の研究）, 2002. 4, pp.260-274.

[17] 岸尚,「オペレーションズ・リサーチの 25 年」, 防衛大学校紀要, 5（1968）, pp.399-422.

[18] 岸尚,「OR 誕生の必然と偶然」, オペレーションズ・リサーチ，13 巻，10 号（1968），pp. 2-7.

[19] 岸尚,「OR 活動の離陸, その背景」, オペレーションズ・リサーチ, 14 巻, 5 号 (1969), pp.23-27.
[20] 岸尚,「OR 活動の離陸, その条件」, オペレーションズ・リサーチ, 14 巻, 9 号 (1969), pp.25-29.
[21] 岸尚,「OR はいかにつくられたか -1」, オペレーションズ・リサーチ, 15 巻, 4 号 (1970), pp.24-29.
[22] 岸尚,「二つの学会 -ORSA と TIMS」, 経営科学, 19 (1975), pp. 45-49.
[23] 岸尚,「OR；来し方行く末」, オペレーションズ・リサーチ, 22 巻 (1977), pp. 413-420.
[24] 岸尚,「OR, そのみなもとをたずねる：I」, オペレーションズ・リサーチ, 24 巻 (1979), pp.353-358.「同上：II」, 同誌, pp.421-426.
「同上：Ⅲ」, 同誌, pp. 485-490.
[25] B. Jackett, P.M.S., Studies of War：Nuclear and Conventional, Oliver & Boyd, London, 1962.
邦訳：岸田純之助, 立花 . 昭, 戦争研究, みすず書房, 1964, 244 pp.
[26] Koopman, B.O., Search and Screening OEG Rep. No.56, 1946.
邦訳：佐藤喜代蔵, 捜索と直衛の理論, 海自 1 術校 .
[27] Lanchester, F.W., Aircraft in War fare：the Dawn of the Fourth Arm, Constable and Company Limited, London, 1916.
[28] 森本清吾,「各個撃破に就て」, 高等数学研究, 7 巻, 7 号 (1938), pp. 1-3.
[29] 森村英典, 刀根薫, 伊理正夫 監訳, 経営科学 OR 用語大事典, 朝倉書房, 1999, 726pp.
原著：Edited by S. I. Gass and C.M. Harris, Encyclopedia of Operations Research and Management Science, Kluwer Academic Publishers, Boston, Mass., USA.
[30] Morse, P.M. and Kimball, G.E., Methods of Operations Research, OEG Rep. No.54, 1946.
邦訳：中原勲平, オペレーションズ・リサーチの方法, 日科技連, 1954, 212 pp.
[31] 日本 OR 学会編, 改訂 OR 事典 2000, 日本 OR 学会, CD-ROM 版, 2000.
[32] 野満隆治,「交戦中彼我勢力逓減法則ヲ論ズ」, 海軍砲術学校 昭和七年度 基戦参考資料 第 12 号, 1932.
[33] 大井篤, 海上護衛参謀の回想, 原書房, 1975.
[34] 大山達雄 監訳, 公共政策 OR ハンドブック, 朝倉書店, 1998. 第 4 章 軍事のＯＲ, (A.R. Washburn 担当執筆, 丸山明訳). pp. 68-110.
原著：Edited by S.M. Pollock, M. H. Rothkopf and A.Barnett. Hand-books

in OR/MS, Opertions Research and the Public Section, Elsevier Science B. V., Amsterdam, 1994.

［35］寺部甲子男,「オペレーションズ・リサーチとは何か」, 世界の艦船, 1986. 7, pp. 134-139.

［36］Tidman. K.R.. The Operations Evaluation Group：A History of Naval Operations Analysis, Naval Institute Press, Annapolis. Maryland, 1984, 359 pp.

［37］Waddington, C. H., OR in World War II, Operatinal Research against the U-boat, Elek Science, London. 1973, 253 pp.

付録：筆者の軍事 OR の研究論文リスト

掲載誌一覧（以下の論文リストではイタリック体で示す）

学会誌

・日本ＯＲ学会

　邦文：*経営科学*

　英文：*Journal of the Operations Research Society of Japan*

・国際数理科学協会：*Mathematica Japonica*

・国際ロジスティクス学会日本支部：*月刊ロジステイック・ビジネス*

・NATO：*European Journal of the Operational Research*

・米軍事ＯＲ学会：*Naval Research Logistics*

機関誌

・海上自衛隊幹部学校：*波涛*

・海上自衛隊第１術科学校：*研究季報*

・防衛大学校紀要

　理工学研究科

　　邦文：*防衛大学校理工学研究報告*

　　英文：*Memoirs of the National Defense Academy*

　防衛学教室：*防衛学研究*

・京都大学：*京都大学数理解析研究所講究録*

・防衛技術協会：*防衛技術ジャーナル*

・日本学協会：*日本*

・水戸史学会：*水戸史学*

1. 論 文

I -A. 搜索理論に関する研究

(1)　飯田耕司：移動目標物の探索，*経営科学*（日本 OR 学会邦文論文誌），16 巻，4 号（1972.7），pp. 204-215.

(2)　Koji Iida：Optimal Stopping Rule in a Tow-Box Continuous Search, *Memoirs of the National Defense Academy*, Vol. 22, No. 4 (1982.12), pp. 271-284.

(3)　飯田耕司：目標側の先制探知を考慮した探索モデル，*防衛大学校理工学研究報告*，21 巻，1 号（1983.3），pp.1-17，（防衛技術論文賞受賞（1983））.

(4)　飯田耕司，明石真宜：同上，そのⅡ：先制探知効果の持続時間が指数分布に従う場合，*防衛大学校理工学研究報告*，21 巻，4 号（1983.12）．pp. 265-292.

(5)　飯田耕司：同上，そのⅢ：出現／消滅型目器物の場合，*防衛大学校理工学研究報告*．23巻，1号（1985.3），pp. 83-105.

(6)　Koji Iida and Teturo Kanbasbi：The Optimal Whereabouts Search Policy Minimizing the Expected Risk, *Memoirs of the National Defense Academy,* Vo l. 23, No. 3（1983.9），pp.187-209.

(7)　Koji lida：Optimal Search and Stop in Continuous Search Process, *Journal of the Operations Research Society of Japan*, Vol. 27, No. l（1984. 3）, pp. 1-30.

(8)　飯田耕司，平本行：移動目標物に対する準最適な探索努力配分について，*防衛大学校理工学研究報告*，22巻，2号（1984.6）, pp. 169-196.

(9)　飯田耕司，倉谷昌伺：移動目標物の期待探索時間を最小にする最適精査計画その1：コンタクトに伴う遅れ時間がある場合，*防衛大学校理工学研究報告*，24巻，3号（1986.9），pp. 275-296.

(10) Koji Iida：Optimal Whereabouts Search for a Target with a Random Lifetime, *Memoirs of the National Defense Academy*, Vol. 28, No. 1（1988.3）, pp. 71-85.

(11) Koji Iida, and Ryusuke Hohzaki：The Optimal Search Plan for a Moving Target Minimizing the Expected Risk, *Journal of the Operations Research Society of Japan*, Vol. 31, No. 3（1988.9）, pp. 294-320.

(12) Koji Iida：Studies on the Optimal Search Plan, 大阪大学博士論文（1988.12）, pp. 1-115.

(13) Koji Iida：Optimal Stopping of a Contact Investigation in Two-Stage Search, *Mathematica Japonica*, Vol. 34, No.2（1989.3）, pp.169-190.

(14) Koji Iida：Optimal Search Plan Minimizing the Expected Risk of the Search for a Target with Conditionally Deterministic Motion, *Naval Research Logistics*, Vol. 36, No. 5（1989.10）, pp. 597-613.

(15) 飯田耕司，鈴木秀明：先制目標探知確率を最大にする最適捜索計画：目標倒の先制探知効果が永続的な場合，*研究季報*（海上自衛隊第1術科学校論文誌），通巻113号（1990.7）, pp. 27-45.

(16) 飯田耕司，伍賀祥裕，川田英司：連続スキャン・センサーの一般的な発見法則：逆n乗法則について，*研究季報*，通巻119号（1992.1）, pp. 77-93.

(17) Koji Iida：Detection Probability of Circular Barrier, *Memoirs of the National Defense Academy*, Vol. 32, No. 2（1993.3）, pp. 51-59.

(18) Koji lida：Inverse Nth Power Detection Law for Washburn's Lateral Range Curve, *Journal of the Operations Research Society of Japan*, Vol.36, No. 2（1993.6）, pp. 90-101.

(19) 飯田耕司，浜久保徹：逆n乗発見法則のパラメータ推定法について：目標物の直上通過経路の探知実験の場合，*研究季報*，通巻122号（1993.10），pp. 128-146.

(20) 飯田耕司，宝崎隆祐，新川栄作：目標舗の先制探知を考慮した最適捜索努力配分：指数時間の不完全先制探知効果をもつ逆n乗発見法則の場合，*防衛技術ジャーナル*，13巻，11号（1993.11），pp. 28-43.

(21) Ryusuke Hohzaki and Koji Iida：An Optimal Search for a Disappearing Target with a Random Lifetime, *Journal of the Operations Research Society of Japan*, Vol. 37, No.l（1994.3），pp. 64-79.

(22) Koji lida and Ryusuke Hohzaki：A Model of Broad Search Taking Account of Forestalling Detection by the Target, *Memoirs of the National Defense Academy*, Vol. 34, No. l（1994.9），pp. 29-43.（防衛技術論文賞受賞（1995））.

(23) Ryusuke Hohzaki and Koji Iida：An Optimal Search Plan for a Moving Target When a Search Path Is Given, *Mathematica Japonica*, Vol. 41, No.l（1995.2），pp. 175-184..

(24) 飯田耕司，山口正之：移動目標物の拡散分布の近似式について，*防衛技術ジャーナル*，15巻，5号（1995.5），pp24-36.

(25) Ryusuke Hohzaki and Koji Iida：Path Constrained Search Problem for a Moving Target with the Reward Criterion, *Journal of the Operations Research Society of Japan*, Vol. 38, No.2（1995.6），pp. 254-264.

(26) Ryusuke Hohzaki and Koji Iida：Optimal Strategy of Route and Look for the Path Constrained Search Problem with Reward Criterion, *European Journal of Operational Research*, No. 100（1997），pp. 236-249.

(27) Koji Iida, Ryusuke Hohzaki and Tamotu Kanbashi：Optimal Investigating Search Maximizing the Detection Probability, *Journal of the Operations Research Society of Japan*, Vol. 40, No. 3（1997.9），pp.294-309.

(28) 宝崎隆祐，飯田耕司：捜索経路制約のある場合のマルコフ型移動目標捜索について，*防衛大学校理工学研究報告*，35巻，2号（1998.3），pp. 29-34.

(29) Koji Iida, Ryusuke Hohzaki and Kenji Inada：Optimal Survivor Search for a Target with Conditionally Deterministic Motion under Reward Criterion, *Journal of the Operations Research Society of Japan*, Vol. 41, No. 2（1998.6），pp. 246-260.

(29a) 飯田耕司，宝崎隆祐，稲田健二：荒天下の洋上救難捜索の最適計画，*防衛技術ジャーナル*，18巻，2号（1998.2），pp. 10-19.

(30) Ryusuke Hohzaki, Koji Iida and Masaaki Kiyama：Randomized Look Strategy for a Target When a Search Path fs Given, *Journal of the Operations Research Society of Japan*, Vol. 41, No. 3 (1998.9), pp.374-386.

(31) Ryusuke Hohzaki, Koji Iida and Masayosi Teramoto：Optimal Search for a Moving Target with No Time Information Maximizing the Expected Reward, *Journal of the Operations Research Society of Japan*, Vol. 42, No.2 (1999.6), pp.167-179.

(31a) 宝崎隆祐，飯田耕司，寺本国義：ネットワーク上の待ち伏せ捜索にける離散捜索努力量の最適配分，*防衛大学校理工学研究報告*，36 巻，1 号（1998.9), pp. 39-46.

(32) Ryusuke Hohzaki and Koji Iida：A Moving Target Search Problem with Doubly Layered Constraints of Search Effort, *Proceeding of the 2nd Joint International Workshop：Putting OR/MS Theory into Real Life, 2000.6.*, pp. 213-220.

(33) Ryusuke Hohzaki and Koji Iida：Optimal Ambushing Search for a Moving Target, *European Journal of the Operational Research*, 133 (2001), pp. 120-129.

(34) Koji Iida, Ryusuke Hohzaki and Tadahiko Sakamoto：Optimal Distribution of Searching Effort Relaxing the Assumption of Local Effectiveness, *Journal of the Operations Research Society of Japan*, Vol. 45, No. 1 (2002.3), pp.13-26.

(34a) 飯田耕司，宝崎隆祐，坂元忠彦：捜索努力の局所有効性の仮定を緩和した最適捜索努力配分について，*防衛大学校理工学研究報告*, 38 巻, 2 号（2001.3), pp.15-26.

(35) 小宮享，飯田耕司，宝崎隆祐，松崎徹：2 段階捜索の精査の過誤を考慮した最適精査計画，*防衛大学校理工学研究報告*，41 巻，1 号（2003.9)，pp.113-122.

Ⅰ-B. 捜索ゲームに関する研究

(1) 飯田耕司，松田靖：先制探知による目標側の探索回避を考慮した探索・潜伏ゲーム，*研究季報*，通巻 114 号（1990.10), pp. 80-101.

(2) 飯田耕司，延秀樹：目標側の先制探知のある探索・潜伏ゲームそのⅠ：目標側の先制探知効果が永続的な場合，*防衛大学校理工学研究報告*．28 巻，2 号（1991.3), pp. 223-238.

(3) 飯田耕司，石橋督悦：同上，そのⅡ：先制探知効果が不完全な逆 n 乗発見法則の場合，*防衛大学校理工学研究報告*，30 巻，1 号（1992.9), pp. 61-71.

(4) Koji Iida, Ryusuke Hohzaki and Kenjyo Sato：Hide-and-Search Game with the Risk Criterion, *Journal of the Operations Research Society of Japan*, Vol. 37, No. 4 (1994.12), pp. 287-296.

(5) Koji Iida and Ryusuke Hohzaki：Hide-and-Search Game Taking Account of the Forestalling Detection by the Target, *Mathematica Japonica*, Vol. 44, No. 2 (1996.9), pp. 245 -260.

(6) Koji Iida, Ryusuke Hohzaki and Shingo Furui：A Search Game for a Mobile Target with the Conditionally Deterministic Motion Defined by Paths, *Journal of the Operations Research Society of Japan*, Vol. 39, No.4 (1996.12), pp. 501-511.

(7) 宝崎隆祐，飯田耕司：連続無限戦略と有限戦略の２人ゼロ和凹ゲームの解法について，*情報処理学会：数理モデルと問題解決部会報告*，18-7 (1998.3), pp. 37-42.

(8) Ryusuke Hohzaki and Koji Iida：A Search Game with Reward Criterion, *Journal of the Operations Research Society of Japan*,Vol. 41, No. 4 (1998.12), pp. 629-642.

(9) 宝崎隆祐，飯田耕司：捜索理論のゲームに関する若干の考察，*情報処理学会シンポジュウム／シリーズ*, 98 巻, 18 号 (1998.12), pp. 9-16.

(10) Ryusuke Hohzaki and Koji Iida：A Solution for a Two-Person Zero-Sum Game with a Concave Payoff Function, *Proceedings of the International Conference on Nonlinear Analysis and Convex Analysis*. Edd. Wataru Takahashi and Tamaki Tanaka, World Scientific, Singapore, 1999, pp. 157-166.

(11) Ryusuke Hohzaki and Koji Iida：A Search Game When a Search Path is given, *European Journal of the Operational Research*, 124 (2000.6), pp.114-124.

(12) 飯田耕司，小林卓雄：捜索時間が不確実な双方的潜伏・捜索ゲーム；目標側の先制探知効果が一時的な場合，*防衛技術ジャーナル*．20 巻．10 号 (2000.10), pp. 14-24.

(13) 宝崎隆祐，飯田耕司：エネルギー制約のあるデイタム探索ゲームの近似解，*京都大学数理解析研究所講究録* 1194，不確実性の下での数理モデルの構築と最適化，2001 3., pp. 204-212.

(14) 宝崎隆祐，飯田耕司：捜索割当ゲームにおける確率過程とゲームの解，*統計数理研究所共同研究レポート*，No. 148，最適化「モデリングとアルゴリズム 15」，2002.2, pp. 94-103.

(15) 宝崎隆祐，飯田耕司：離散捜索割当ゲーム，*京都大学数理解析研究所講究録*, No. 1252,「あいまいさと不確実性を含む状況の意思決定」，2002.2, pp. 13-19.

(16) 飯田耕司，柳在学：不審船舶に対する常続的哨戒のゲーム理論モデル，*研究季報*，通巻 138 号 (2002.2), pp. 22-49.
(17) Ryusuke Hohzaki, Koji Iida and Toru Komiya：Discrete Search AlIocation Game with Energy Constraints, *Journal of the Operations Research Society of Japan*, Vol. 45, No. 1 (2002.3), pp. 93-108.

Ⅰ-C. 資源配分問題

(1) Ryusuke Hohzaki and Koji Iida：Integer Resource Allocation Problem with Cost Constraint, *Journal of the Operations Research Society of Japan*, Vol. 41, No. 3 (1998. 9), pp. 470-482.
(2) 宝崎隆祐，飯田耕司：二重総量制約下における凸計画問題，*京都大学数理解析研究所講究録*，No. 1068,「数理最適化の理論と応用」, (1998.10), pp.13-25.
(3) 宝崎隆祐，飯田耕司：総量制約をもつ凹計画問題の効率的な解法，*統計数理研究所共同研究レポート*，No. 113 (1998.11), pp. 168-179.
(4) Ryusuke Hohzaki and Koji Iida：A Concave Maximization Problem with Double Layers of Constraints on the Total Amount of Resources, *Journal of the Operations Research Society of Japan*, 43, No.l (2000.3), pp.l09-127.
(5) Ryusuke Hohzaki and Koji Iida：Efficient Algorithms for a Convex Programing Problem with a Constraint on the Weighted Total Amount, *Mathematica Japonica*, Vol. 52, No.l (2000.8), pp.131-142.
(6) 飯田耕司，宝崎隆祐，森尾俊博：単峰形の限界利得関数をもつ複数目標に対する最適資源配分，*防衛大学校理工学研究報告*，38 巻，1 号 (2000.9), pp. 103-113.
(7) 小宮享，飯田耕司，宝崎隆祐：処理時間を考慮した機会目標に対する最適資源配分，*防衛大学校理工学研究報告*，40 巻，2 号 (2003.3).

Ⅰ-D. 射撃，交戦理論に関する研究

(1) 飯田耕司：出現型目原物に対する最適射弾配分，*研究季報*，通巻 124 号 (1995.2), pp. 36-54.
(2) 飯田耕司：戦闘プロセスの数理的研究について：射撃と交戦の OR 研究のスキームと研究事例，*防衛学研究*，通巻 17 号 (1997.3), pp. 21-48.
(3) 飯田耕司，宝崎隆祐，和田雄大：複数の発射装置による単一小目標の最適サルボ射撃，*防衛大学校理工学研究報告*，35 巻，1 号 (1997.9)，pp.31-40.
(4) 飯田耕司，宝崎隆祐，和田雄大：複数の発射装置による集合型大目標の最適サルボ射撃，*防衛大学校理工学研究報告*，35 巻，2 号 (1998.3), pp.17-27.

(5) 飯田耕司：複数目標物に対する攻撃資源の最適配分，*研究季報*，通巻134号 (2000.2), pp. 28-51.

(6) 飯田耕司，小宮享：ミサイル打撃戦の決定論的ランチェスター・モデル：そのⅠ．3次則モデル試論，*防衛大学校理工学研究報告*, 41巻, 2号 (2004.3), pp.9-19.

(7) 小宮享,，飯田耕司：ミサイル打撃戦の決定論的ランチェスター・モデル：そのⅡ．地域防空能力と情報能力の評価モデル，*防衛大学校理工学研究報告*, 42巻，2号 (2005.3), pp.17-27.

(8) 飯田耕司，拡張ランチェスター・モデル：K次則，(M,N) 次則，*日本OR学会2011年秋期研究発表会アブストラクト集*，1-B-4 (2011), 26-27.

Ⅰ-E. 海上オペレーションの戦術分析

(1) 飯田耕司，福楽勣：ASW作戦情報処理・戦術解析のためのシミュレーション・モデルについて，*昭和51年度空団戦術研究報告*，海上自衛隊航空集団司令部，1977. 1, pp. 1-66.

(2) 飯田耕司：ASW情報処理モデルにおける目標分布の推定技法，*研究季報*，通巻79号 (1982.1), pp. 1-37.

(3) 飯田耕司，滝口英一，青山春光：目標側の観測下における最適パリヤー戦術，*研究季報*，通巻84号 (1983.2)，pp.1-24.

(4) 飯田耕司，中田高芳：マルコフ・モデルによる対潜捜索プロセスの分析，*研究季報*，通巻84号 (1983.2)，pp. 25-56.

(5) 飯田耕司，三井優一：同上，そのⅡ：対潜護衛における前程哨戒の制圧効果について，*研究季報*，通巻90号 (1984.10), pp. 123-148.

(6) 飯田耕司：対潜戦のための捜索理論の構造，*研究季報*，通巻87号 (1984.1)，pp. 30-55.

(7) 飯田耕司：対潜掃討オペレーションの分析モデル，*防衛技術ジャーナル*，4巻，9号 (1984.9)，pp. 2-19.

(8) 飯田耕司：対潜護衛オペレーションの分析モデル，*防衛技術ジャーナル*，5巻，7号 (1985.7)，pp. 2-30.

(9) 飯田耕司，安達公夫：対潜哨戒機の間欠レーダー捜索の解析モデル　そのⅠ：離散型不完全定距離センサーの場合，*研究季報*，通巻93号 (1985.7), pp.84-104.

(10) 飯田耕司，嵯峨田峰敏：同上，そのⅡ：連続型不完全定距瞳センサーの場合，*研究季報*，通巻94号 (1985.10), pp. 61-93.

(11) 飯田耕司：対潜海峡防備オペレーションの分析モデル，*防衛技術ジャーナル*，5巻，9号 (1985.9), pp. 2-13.

(12) 飯田耕司，大原知之：目標への接的を考慮した捜索オペレーションの評価モデル　そのⅠ：有効探知接的幅及び有効捜索接的率，*研究季報*，通巻 95 号（1986.1), pp. 119-134.
(13) 飯田耕司：対潜戦における囮戦術の分析，*研究季報*，通巻 96 号（1986.4), pp.103-124.
(14) 飯田耕司，中山善博：水上目標に対する離散時点監視オペレーションの評価モデル，*研究季報*，通巻 100 号（1987.4), pp. 137-157.
(15) 飯田耕司，長谷川保：対潜捜索プロセスのマルコフ連鎖モデル：汎用的 5 状態モデルについて，*研究季報*，通巻 102 号（1987.10)，P 乱 71-95.
(16) 飯田耕司：パリヤー哨戒における先制探知確率の評価モデル，*防衛大学校理工学研究報告*，26 巻，1 号（1988.3), pp. 43-62.
(17) 飯田耕司，古谷剛：先制探知確率を評価尺度とするバリヤー哨戒モデル，*防衛技術ジャーナル*，8 巻，9 号（1988.9), pp. 25-41.（防衛技術論文賞受賞（1988)).
(18) 飯田耕司，中村照義：目標側の先制探知を考慮したパリヤー哨戒モデル，*防衛大学校理工学研究報告*，27 巻，2 号（1989.12), pp. 215-231.
(19) 飯田耕司，中村照義：目標側の先制探知のあるパリヤー哨戒の最適パターンについて，*防衛技術ジャーナル*，10 巻，2 号（1990.2), pp. 35-50.
(20) 飯田耕司，廻立和昭：偽目標物のあるデイタム探索の最適探索領域について，*防衛技術ジャーナル*，10 巻，12 号（1990.12), pp. 2-17.
(21) 飯田耕司，市田真澄：区域捜索のモンテカルロ・シミュレーションにおける分散減少法の有効性について，*研究季報*，通巻 116 号（1991.4)，pp.77-97.
(22) 飯田耕司：音波伝播損失曲線を利用した目摂位置局限法：CODAP モデルの適用事例，*研究季報*，通巻 120 号（1992.4), pp. 70-105.
(23) 飯田耕司，宝崎隆祐，興梠一人：指揮支援システムの作戦評価モデルに対するマルコフ連鎖の応用，*研究季報*，通巻 126 号（1996.2), pp. 87-116.
(24) 飯田耕司，宝崎隆祐，小阿瀬清和，目賀田瑞彦：捜索努力の周辺効果を考慮したデイタム捜索の最適努力配分について，*研究季報*，通巻 131 号（1998.8), pp. 91-101.
(25) 飯田耕司：同上，そのⅡ 周辺効果関数によるモデル，*研究季報*，通巻 136 号（2001.2), pp. 55-68.
(26) 松岡良和，飯田耕司：固定翼哨戒機による在来型潜水艦に対する対潜哨戒オペレーションの評価モデル，*研究季報*，通巻 135 号（2000.8), pp. 55-80.
(27) 敦賀宣夫，飯田耕司：捜索ゲームによる常続的対潜哨戒オペレーションの分析，*研究季報*，通巻 137 号（2001.8), pp. 62-83.

Ⅱ．総説等

Ⅱ-A. 展望，解説等

(1) 岸尚，飯田耕司：総合報告探索論の現状，*経営科学*（日本OR学会邦文論文誌），15巻，1号（1971.1），pp. 13-28.

(2) 飯田耕司：ORの潮流　探索理論編，*経営科学*，18巻，5，6号合併号（1974.10），pp. 239-243.

(3) 飯田耕司：捜索オペレーションにおける目標分布の推定について，*波涛*（海上自衛隊幹部学校）
上，通巻40号（1982.5），pp. 94-111.
下，通巻41号（1982.7），pp. 76-94.

(4) 飯田耕司：ゲーム理論を適用したデイタム捜索のモデルについて，*研究季報*，通巻82号（1982.10），pp. 10-27.

(5) 飯田耕司：ゲーム理論を適用したパリヤー哨戒のモデルについて，*研究季報*，通巻83号（1983.1），pp. 1-14.

(6) 飯田耕司：センサー・システムのモデルと距離対探知率曲線：ソーナー・システムを例として，*研究季報*，通巻85号（1983.7），pp. 43-68.

(7) 飯田耕司：センサー，ビークルの捜索能力の定式化について，*研究季報*，通巻86号（1983.10），pp. 37-62.

(8) 飯田耕司：目標存在分布推定の確率論，*研究季報*，通巻88号（1984.4），pp. 13-44.

(9) 飯田耕司：静止目標に対する捜索オペレーションの評価モデル，*研究季報*，通巻89号（1984.7），pp. 83-113.

(10) 飯田耕司：移動目標に対する捜索オペレーションの評価モデル，*研究季報*，
その I：基本捜索オペレーションのモデル，通巻91号　(1985.1)，pp. 79-111.
その II：最適捜索努力配分とその近似解，通巻92号（1985.4），pp. 143-174.

(11) 飯田耕司：虚探知のある捜索オペレーションの評価モデル，*研究季報*，
その I：基本捜索オペレーションのモデル，通巻97号（1986.7），pp. 96-122.
その II：広域捜索段階の最適捜索努力配分，通巻98号（1986.10），pp. 110-129.　その III：目標識別段階の最適化モデル，通巻99号（1987.1），pp. 69-87.

(12) 飯田耕司：最適捜索計画の理論モデル，*研究季報*，通巻115号（1991.1），pp. 45-73.

（13）飯田耕司：オペレーションズ・リサーチ概論，*研究季報*，
その I ：OR の定義と研究の枠組み，通巻 116 号（1991.4），pp. 61-76.
その II ：OR 活動の誕生の歴史，通巻 117 号（1991.7），pp. 85-11.
その III ：OR の一般的手順と防衛庁の OR 組織，通巻 118 号（1991.10），pp. 79-102.
（14）飯田耕司：階層化意思決定法，*研究季報*，通巻 121 号（1992.10），pp. 75-95.
（15）飯田耕司：捜索の最適停止に関する OR 理論，*研究季報*，通巻 129 号（1997.8），pp. 23-49.
（16）飯田耕司：システム工学と OR，*研究季報*，通巻 130 号（1998.2），pp. 54-71.
（17）飯田耕司：システムの要因構造の解析モデル，*研究季報*，通巻 132 号（1999.2），pp. 27-41.
（18）飯田耕司：多目的計画法と階層分析法，*研究季報*，通巻 133 号（1999.9），pp. 81-104.
（19）飯田耕司：軍事 OR の彰往考来，*波涛*，
前編，通巻 160 号（2002.5），pp. 88-105.
後編，通巻 161 号（2002.7），pp. 71-91.

II-B. ハンドブック

（1）「OR 事典」，日本 OR 学会，*日科技連出版*，1975.8,（協同執筆者多数，探索理論の項を担当）.
（2）「経営科学OR用語大事典」，（原書：Encyclopedia of Operations Research and Management Science, Edited by S. I. Gass & C.M. Harris, Kluwer Academic Publishers, 1996），*朝倉書店*，1999. 1,（協同翻訳者多数，探索理論の項を担当）.
（3）「OR 用語辞典」，*日科技連出版*，2000.4,（協同執筆者多数，探索理論の項を担当）.
（4）「OR 事典 2000」，（CD-ROM 版），*日本 OR 学会*，2000.5,（協同執筆者多数，基礎編及び用語編の探索理論の項を担当）.
（5）「情報システムと情報技術事典」，*培風館*，2003.9.（協同執筆者多数，探索理論の項を担当）.

III. 著書，モノグラフ等

（1）飯田耕司：捜索理論：海上捜索オペレーションの評価モデル，*海上幕僚監部*，1976.2, 202 pp.

(2)　飯田耕司，福楽勲：戦術オペレーションズ・リサーチ事例集第１集，*海上自衛隊航空集団司令部*．1977.11, 272 pp.
(3)　飯田耕司：捜索計画の最適化理論，*梅上幕僚監部*，1983.3, 162 pp.
(4)　A.R. Washburn 著，飯田耕司 訳：捜索と探知の理論（原書：Search and Detection, MAS of ORSA，1981），*海上自衛隊第１術科学校研究部*，1992. 10, 106 pp.
(5)　Koji Iida：Studies on the Optimal Search Plan，*Springer-Verlag*, Lecture Notes Series in Statistics, Vol. 70, Berlin, 1992, 130 pp.
(6)　飯田耕司：戦闘の数理，*防衛大学校*，1995.3, 232 pp.
飯田耕司：改訂戦闘の数理，*海上幕僚監部防衛課分析室*，2000. 3，293 pp.
飯田耕司：3改訂戦闘の数理，*統幕５室分析室*, 2003.3, 284 pp.（CD-ROM）.
(7)　飯田耕司：オペレーションズ・リサーチ概論，*海上幕僚監部防衛課分析室*, 1995. 8, 350 pp.
飯田耕司，宝崎隆祐：改訂オペレーションズ・リサーチ概論，*MORS 会*, 1998. 1, 388 pp.
飯田耕司，宝崎隆祐，小宮享：オペレーションズ・リサーチ概論（3改訂），*黎明社*，2002.10, 345 pp.
(8)　飯田耕司：意思決定の科学．*MORS 会*, 1997. 12, 211 pp.
(9)　飯田耕司：捜索理論：捜索オペレーションの数理，*MORS 会*，1998.12, 431 pp.
飯田耕司，宝崎隆祐：捜索理論：捜索オペレーションの数理（改訂版），*三恵社*，2003. 1, 450 pp.
(10)　飯田耕司：防衛応用のオペレーションズ・リサーチ理論：捜索理論，射撃理論，交戦理論，*三恵社*，2002.2，278 pp.

Ⅳ．口頭報告：44件（省略）

追記

Ⅰ．国家安全保障問題に関する論文

(1)　飯田耕司：国防の危機管理システム―軍事ＯＲ研究のすすめ －上－，*日本*，第60巻 第2号（2010.12），pp.23-29.
同：同－中－，同 誌 第61巻　第1号（2011.1），pp.26-36.
同：同－下－，同 誌　同 巻　第2号（2011.2），pp.18-28.
(2)　飯田耕司：日本を取り戻す道 ―「日本国憲法」の改正に関する私見―，*水戸史学*，通巻通巻80号（前会長名越時正先生帰幽十年追悼号），(2013.6)，103-125).

(3)　飯田耕司：戦後レジームの原点（1）― 大東亜戦争の敗北と連合軍の日本占領，*日本*，第 65 巻，第 1 号（2015.1），pp. 19-27.
同：同（2）― 連合軍による日本弱体化の占領政策，同誌，同巻，第 2 号（同年 2 月），pp.27-36..
同：同（3）― 同（続），同誌，同巻 第 3 号（同年 3 月），pp.22-31.
同：同（4）―「占領実施法」としての「日本国憲法」，同誌，同巻，第 5 号（同年 5 月），pp.43-52.
同：同（5）― サンフランシスコ条約と戦後レジーム，同誌，同巻，第 6 号（同年 6 月），pp.21-30.

(4)　飯田耕司：海上自衛隊のＯＲ＆ＳＡ活動の概要，*月刊ロジステイック・ビジネス*（2015.6）国際ロジスティクス学会［SOLE］日本支部，pp.98-101.

(5)　飯田耕司：国家安全保障の基本問題　第 1 部　世界の紛争と現代の国家安全保障環境，*日本*，第 66 巻 第 6 号（2016.6），pp.24-31.
同：同　第 2 部　我が国周辺の軍事情勢（1），同誌，同巻 第 7 号（2016.7），pp.30-37.
同：同　第 2 部（2），同誌，同巻 第 9 号（同年 9 月），pp.21-30.
同：同　第 3 部　国防の内的脅威・戦後レジーム，同誌，同巻 第 10 号（同年 10 月），pp.24-31.
同：同　第 4 部　国家安全保障体制確立のための諸改革，同誌，同巻，第 12 号（同年 12 月），pp.26-33.
同：同　第 5 部　危機管理と防衛力整備の重点施策，同誌，第 67 巻 第 2 号（2017.2），pp. 26-33.

Ⅱ -A. 展望，解説等

(1)　飯田耕司：軍事 OR の温故知新，*防衛大学校*，（2003.3），pp.1-39 .
(2)　飯田耕司：戦闘を科学的に分析する　軍事ＯＲの理論，『ＯＲ大研究』エコノミスト増刊号，*毎日新聞社*　（2010.3），pp.80-85.
(3)　飯田耕司：海上航空部隊の部隊ＯＲ活動について，海上自衛隊『苦心の足跡』，第 7 巻（2017.3），*公益財団法人 水交会*，pp.566-571.

Ⅲ．著書

(1) 飯田耕司：改訂 軍事ＯＲ入門（初版，2004），*三恵社*，235 pp.
(2) 飯田耕司：改訂 軍事ＯＲの理論（初版，2005），*三恵社*，2010，514 pp.
(3) 飯田耕司：意思決定分析の理論，*三恵社*，2005，461 pp.
(4) 飯田耕司，宝崎隆祐：三訂 捜索理論（初版，1998），*三恵社*，2007，472 pp.
(5) 飯田耕司：捜索の情報蓄積の理論，*三恵社*，2007，338 pp.

(6) 飯田耕司：国防の危機管理と軍事 OR，*三恵社*，2011，342 pp.
(7) 飯田耕司：国家安全保障の基本問題，*三恵社*，2012, 360 pp.
(8) 飯田耕司：国家安全保障の諸問題—飯田耕司・国防論集，*三恵社*，2017，291 pp.

おわりに

本書に収録した論文や解説が扱っている「軍事ＯＲ＆ＳＡ」の分野は、我が国のＯＲ研究の中では未開拓な分野である。それは扱うテーマが軍事的な特殊な問題であり、加えて「日本国憲法」の「夢想的平和主義」の時代思潮により、研究者の数が非常に少ないためと考えられる。欧米のＯＲ学会や情報関連の学会では、「軍事ＯＲ」は中心的な研究テーマである。特に米国では、軍事問題に特化した「軍事ＯＲ学会」が活発に活動しており、会員数も我が国のＯＲ学会よりもやや多い盛況である。

我が国では、防衛大学校の理工学研究科の情報工学分野で、「捜索理論、射撃・爆撃理論、交戦理論」等を教えているが、一般大学で「軍事ＯＲ」に関する教科目が講義されいることを、筆者は寡聞にして知らない。「軍事ＯＲ」では、上記の「捜索理論、射撃・爆撃理論、交戦理論」が代表的な研究テーマであるが、それ以外にも埋没している研究対象の問題は多い。また公刊された書籍も欧米では著名な専門書があるが、我が国では左記のネット出版の飯田の著作以外は皆無である。

我が国ではこのように学術研究の「軍事ＯＲ」が、「禁忌の研究分野」であることは、平和を希求する国の「知の世界の偏向」として、不健全であると筆者は考える。

筆者はこの「軍事ＯＲ」の禁忌を改善する一助として、『軍事ＯＲ＆ＳＡシリーズ』の執筆に努め、本書を含めて以下の八冊のテキストを上梓した。

① 『改訂 軍事ＯＲ入門』、三恵社、二〇〇八．★
② 『改訂 軍事ＯＲの理論』、三恵社、二〇一〇．
③ 『三訂 捜索理論』、三恵社、二〇〇七．
④ 『捜索の情報蓄積の理論』、三恵社、二〇〇七．
⑤ 『意思決定分析の理論』、三恵社、二〇〇六．
⑥ 『国防の危機管理と軍事ＯＲ』、三恵社、二〇一一．★

⑦『国家安全保障の基本問題』、三恵社、二〇一三．★
⑧『国家安全保障の諸問題』、三恵社、二〇一七．（本書）★

上記の書物の内容は、①～④が「軍事ＯＲ」の捜索理論、射爆・爆撃理論、交戦理論に関するもの、⑤は軍事的な意思決定を中心に「ＯＲ＆ＳＡ全般」を概説したテキスト、⑥～⑧は「安全保障問題とＯＲ＆ＳＡ」の解説書である。末尾に★印付きの書物は入門書であり、数式のない解説書、無印の書物は数学モデルを含んだ専門書である。

読者諸氏には、本書の論考を手掛かりに、上記のテキストについて、更に「軍事ＯＲ＆ＳＡ」分野の研鑽を進めて頂きたい。

平成二十九年五月十日

飯田耕司

飯田 耕司

大阪府立大学 工学部 船舶工学科 卒（1961 年）
防衛大学校 理工学研究科 ＯＲ専門 修了（1969 年）
工学博士（大阪大学）
元 防衛大学校 情報工学科 教授
元 海上自衛官 一等海佐

著 書

第九編 付録 参照

国家安全保障の諸問題
飯田耕司・国防論集

2017 年 7 月 24 日 初版発行

著 者 飯田 耕司
定 価 本体価格 2,100 円＋税
発行所 株式会社 三恵社
〒462-0056 愛知県名古屋市北区中丸町 2-24-1
TEL 052-915-5211 FAX 052-915-5019
URL http://www.sankeisha.com

 ISBN 978-4-86487-628-5 C3031 ¥2100E